O fantástico mundo dos números

Ian Stewart

O fantástico mundo dos números
A matemática do zero ao infinito

Tradução:
George Schlesinger

Revisão técnica:
Samuel Jurkiewicz
Professor da Politécnica e da Coppe/UFRJ

3ª reimpressão

Copyright © 2015 by Joat Enterprises

Tradução autorizada da primeira edição inglesa, publicada em 2015 por Profile Books, de Londres, Inglaterra

Grafia atualizada segundo o Acordo Ortográfico da Língua Portuguesa de 1990, que entrou em vigor no Brasil em 2009.

Título original
Professor Stewart's Incredible Numbers

Capa
Sérgio Campante

Revisão
Tamara Sender
Eduardo Monteiro

CIP-Brasil. Catalogação na publicação
Sindicato Nacional dos Editores de Livros, RJ

	Stewart, Ian
S871f	O fantástico mundo dos números: a matemática do zero ao infinito / Ian Stewart; tradução George Schlesinger. – 1ª ed. – Rio de Janeiro: Zahar, 2016.
	il.
	Tradução de: Professor Stewart's Incredible Numbers. ISBN 978-85-378-1552-6
	1. Matemática. I. Título.

16-30061

CDD: 510
CDU: 51

Todos os direitos desta edição reservados à
EDITORA SCHWARCZ S.A.
Praça Floriano, 19, sala 3001 — Cinelândia
20031-050 — Rio de Janeiro — RJ
Telefone: (21) 3993-7510
www.companhiadasletras.com.br
www.blogdacompanhia.com.br
facebook.com/editorazahar
instagram.com/editorazahar
twitter.com/editorazahar

Sumário

Prefácio 9

Números 13

Números pequenos

1 A unidade indivisível 31

2 Par e ímpar 35

3 Equação cúbica 57

4 Quadrado 67

5 Hipotenusa pitagórica 84

6 Número beijante 96

7 Quarto primo 102

8 Cubo de Fibonacci 114

9 Quadrado mágico 121

10 Sistema decimal 128

Zero e números negativos

0 Nada é um número? 143

−1 Menos que nada 154

Números complexos

i Número imaginário 163

Números racionais

$\frac{1}{2}$ Dividindo o indivisível 173

$\frac{22}{7}$ Aproximação para π 179

$\frac{466}{885}$ Torre de Hanói 182

Números irracionais

$\sqrt{2}$ ~ 1,414213 Primeiro irracional conhecido 193

π ~ 3,141592 Medida do círculo 200

φ ~ 1,618034 Número áureo 214

e ~ 2,718281 Logaritmos naturais 223

$\frac{\ln 3}{\ln 2}$ ~ 1,584962 Fractais 236

$\frac{\pi}{\sqrt{18}}$ ~ 0,740480 Empilhamento de esferas 245

$\sqrt[12]{2}$ ~ 1,059463 Escala musical 252

$\zeta(3)$ ~ 1,202056 Constante de Apéry 265

γ ~ 0,577215 Constante de Euler 268

Números pequenos especiais

11 Teoria das cordas 273

12 Pentaminós 281

17 Polígonos e padrões 289

23 O paradoxo do aniversário 302

26 Códigos secretos 309

56 Conjectura da salsicha 321

168 Geometria finita 324

Números grandes especiais

26! = 403 291 461 126 605 635 584 000 000 Fatoriais 339

43 252 003 274 489 856 000 Cubo de Rubik 344

6 670 903 752 021 072 936 960 Sudoku 349

$2^{57\,885\,161} - 1$ (total de 17 425 170 dígitos) Maior primo conhecido 352

Números infinitos

$\aleph_0$ Alef-zero: o menor infinito 359

$\mathfrak{c}$ Cardinal de continuum 368

Vida, o Universo e...

42 Chato coisa nenhuma 375

Leituras complementares 381

Créditos das figuras 383

Prefácio

Sempre fui fascinado por números. Minha mãe me ensinou a ler e a contar muito antes que eu começasse a ir à escola. Aparentemente, quando comecei, voltei no fim do primeiro dia de aula reclamando que "nós não *aprendemos* nada!". Desconfio que meus pais vinham me preparando para esse dia difícil dizendo-me que eu aprenderia todo tipo de coisas interessantes, e levei a propaganda um pouquinho a sério demais. Mas logo estava aprendendo sobre planetas e dinossauros e como fazer um animal de gesso. E mais sobre números.

Ainda sou encantado por números, e ainda aprendo cada vez mais sobre eles. Agora, sempre me apresso em ressaltar que a matemática trata de muitas ideias diferentes, não só de números. Por exemplo, também trata de formas, padrões e probabilidades – mas os números escoram toda a matéria. E todo número é um indivíduo único. Alguns números especiais se destacam acima do resto e parecem desempenhar um papel central em muitas áreas diferentes da matemática. O mais familiar deles é π (pi), que encontramos primeiro em conexão com círculos, mas que tem uma notável tendência de aparecer subitamente em problemas que não parecem envolver círculos de modo algum.

A maioria dos números não pode aspirar a tais píncaros de importância, mas geralmente você pode encontrar alguma presença incomum até mesmo do número mais humilde. No *Guia do mochileiro das galáxias*, o número 42 era "a resposta para a grande questão da vida, do Universo e de tudo". Douglas Adams disse que escolheu tal número porque uma rápida pesquisa entre seus amigos sugeriu que era um número totalmente chato. Na verdade, não é, como será demonstrado no capítulo final.

O livro está organizado em termos dos próprios números, embora nem sempre em ordem numérica. Tal como os capítulos 1, 2, 3, e assim por diante, há também um capítulo 0, um capítulo 42, um capítulo −1, um capítulo $\frac{22}{7}$, um capítulo π, um capítulo 43 252 003 274 489 856 000 e um capítulo $\sqrt{2}$. É claro que uma porção de potenciais capítulos nunca chegaram a participar da numeração. Cada capítulo começa com um breve resumo dos principais tópicos a serem incluídos. Não se preocupe se esse resumo ocasionalmente parecer críptico, ou se houver afirmações rasas sem sustentação de nenhuma evidência: tudo será revelado à medida que você for lendo.

A estrutura é simples e direta: cada capítulo enfoca um número interessante e explica *por que* ele é interessante. Por exemplo, 2 é interessante porque a distinção par/ímpar aparece em toda a matemática e na ciência; 43 252 003 274 489 856 000 é interessante porque é o número de maneiras possíveis de rearranjar um cubo de Rubik.

Como 42 está incluído, deve ser um número interessante. Bem, de qualquer maneira, *um pouquinho interessante*.

A esta altura devo mencionar a canção de Arlo Guthrie "Alice's Restaurant Massacree" (O massacre no restaurante de Alice), uma história musical longuíssima e cabeluda que relata em minuciosos e repetitivos detalhes fatos que envolvem jogar fora o lixo. Dez minutos depois do início da música,* Guthrie para e diz: "Mas não foi isso que eu vim aqui contar." Acabamos descobrindo que na verdade foi isso, sim, que ele veio contar, mas que esse lixo é só a parte de uma história maior. Hora do meu comentário tipo Arlo Guthrie: este *não é* realmente um livro sobre números.

Os números são apenas a porta de entrada, uma rota pela qual podemos mergulhar na impressionante matemática associada a eles. *Todo número é especial*. Quando você chega a apreciá-los como indivíduos, eles são como velhos amigos. Cada um tem uma história para contar. Muitas vezes essa história conduz a montes de outros números, mas o que realmente importa é a matemática que os une. Os números são personagens

---

*A gravação original tem mais de dezoito minutos. (N.T.)

num drama, e a coisa mais importante é o drama em si. Mas você não pode ter um drama sem personagens.

Para evitar que o livro ficasse desorganizado demais, eu o dividi em seções segundo o tipo de número: números inteiros pequenos, frações, números reais, números complexos, infinitos... Com algumas inevitáveis exceções, o material é desenvolvido em ordem lógica, então os primeiros capítulos assentam a base para os posteriores, mesmo que o tópico mude completamente. Esta exigência influencia a maneira como os números são arranjados, e requer algumas concessões. A mais significativa envolve números complexos. Eles aparecem bastante cedo, porque eu preciso deles para discutir algumas características de números mais familiares. De modo similar, um tópico avançado ocasionalmente aparece de repente em algum lugar porque esse é o único lugar sensato para mencioná-lo. Se você deparar com uma dessas passagens e achar difícil seguir adiante, pule e vá em frente. Você pode voltar a ela mais tarde.

Os números são verdadeiramente incríveis – não no sentido de que você não pode acreditar em nada que ouve sobre eles, mas no sentido positivo: eles decididamente são incríveis! E você experimenta essa sensação sem ter que fazer nenhuma soma. Você pode ver como os números evoluíram historicamente, apreciar a beleza de seus padrões, descobrir como são usados, maravilhar-se com as surpresas: "Eu nunca soube que 56 era tão fascinante!" Mas é. Realmente é.

E assim são todos os outros. Inclusive o 42.

Números

1, 2, 3, 4, 5, 6, 7, ... O que poderia ser mais simples que isso? Contudo, são os números, talvez mais que qualquer outra coisa, que possibilitaram à humanidade arrastar-se para fora da lama e visar às estrelas.

Números individuais têm seus próprios traços característicos e conduzem a uma variedade de áreas da matemática. Antes de examiná-los um por um, porém, vale a pena dar uma rápida olhada em três grandes questões. Como os números se originaram? Como o conceito de número se desenvolveu? E o que *são* números?

A origem dos números

Cerca de 35 mil atrás, no Paleolítico Superior, um ser humano entalhou 29 marcas na fíbula (osso da panturrilha) de um babuíno. Isso foi encontrado numa caverna nos montes Lebombo, na Suazilândia, e ficou conhecido como osso de Lebombo. Acredita-se que seja um bastão de contagem: algo que registra números como uma série de entalhes: |, ||, |||, e assim por diante. Há 29,5 dias num mês lunar, então poderia ser um calendário lunar primitivo – ou o registro de um ciclo menstrual feminino. Ou ainda uma coleção aleatória de marcas entalhadas. Um rabisco em osso.

O osso do lobo, outro bastão de contagem com 55 marcas, foi encontrado na Checoslováquia em 1937, por Karl Absolon. Tem cerca de 30 mil anos de idade.

Em 1960 o geólogo belga Jean de Heinzelin de Braucourt descobriu uma fíbula de babuíno entalhada entre os restos de uma pequena comunidade pesqueira que ficara soterrada pela erupção de um vulcão. A localização exata é onde atualmente fica Ishango, na fronteira entre Uganda e Congo. O osso é de cerca de 20 mil anos atrás.

A interpretação mais simples do osso de Ishango é, mais uma vez, de que se trata de um bastão de contagem. Alguns antropólogos vão mais longe e detectam elementos de estrutura aritmética, tal como multiplicação, divisão e números primos; alguns pensam que é um calendário lunar de seis meses; outros estão convencidos de que as marcas tinham sido feitas para que se pudesse agarrar bem o osso como cabo de uma ferramenta, sem significado matemático algum.

FIG 1 Frente e verso do osso de Ishango no Museu de Ciências Naturais, Bruxelas.

Com toda a certeza ele é intrigante. Há três séries de entalhes. A série central usa os números 3, 6, 4, 8, 10, 5, 7. Duas vezes 3 são 6, duas vezes 4 são 8 e duas vezes 5 são 10; no entanto, a ordem deste último par está invertida, e 7 não se encaixa em nenhum padrão. A série da esquerda é 11, 13, 17, 19: os números primos de 10 a 20. A série da direita fornece os números ímpares 11, 21, 19, 9. Cada uma das séries da esquerda e da direita soma 60.

Um dos problemas com a interpretação de padrões como este é que é difícil não encontrar um padrão em *qualquer* série de números pequenos. Por exemplo, a Tabela 1 apresenta uma lista das áreas de dez ilhas das Bahamas, nomeados números 11-20 em termos de área total. Para embaralhar a lista botei as ilhas em ordem alfabética. E eu juro: essa foi a primeira coisa que tentei. Admito que teria substituído por alguma outra coisa se não tivesse conseguido mostrar o meu ponto – mas consegui, então não fiz a substituição.*

O que notamos nesse "padrão" de números? Há uma porção de sequências breves com características comuns:

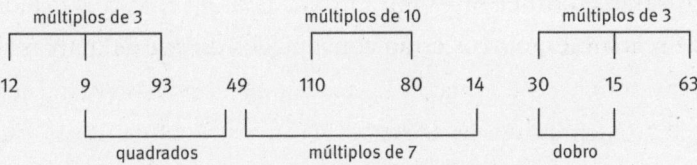

FIG 2 Alguns padrões aparentes nas áreas das ilhas das Bahamas.

nome	área em milhas quadradas
Berry	12
Bimini	9
Crooked Island	93
Little Inagua	49
Mayaguana	110
New Providence	80
Ragged Island	14
Rum Cay	30
Samana Cay	15
San Salvador	63

TABELA 1

Para começar, há uma bela simetria na lista inteira. Em cada ponta um trio de múltiplos de 3. No meio, um par de múltiplos de 10 separando

---

* Embora alguns nomes de ilhas tenham correspondência em português, não foram traduzidos para que fosse mantida a ordem alfabética optada pelo autor; pelo mesmo motivo as áreas foram mantidas em milhas quadradas, sem conversão para quilômetros quadrados, para que o padrão pudesse ser constatado. (N.T.)

dois múltiplos de 7. Além disso, dois quadrados, $9 = 3^2$ e $49 = 7^2$ – ambos quadrados de números *primos*. Outro par adjacente consiste em 15 e 30, um o dobro do outro. Na sequência 9-93-49 todos os números têm o algarismo 9. Os números tornam-se alternadamente maiores e menores, com exceção de 110-80-14. Ah, e você notou que *nenhum* desses dez números é primo?

Já dissemos o suficiente. Outro problema com o osso de Ishango é a virtual impossibilidade de descobrir evidência adicional para sustentar qualquer interpretação específica. Mas as marcas no osso certamente são intrigantes. Quebra-cabeças de números sempre são. Então passemos para algo menos controverso.

Dez mil anos atrás os povos do Oriente Próximo usavam minúsculos objetos de argila – *tokens* – para registrar números, talvez com propósitos de fixar impostos ou como prova de propriedade. Os exemplos mais antigos são de Tepe Asiab e Ganj-i-Dareh Tepe, dois sítios na cordilheira de Zagros, no Irã. Os *tokens* eram pequenos punhados de argila de diversos formatos, alguns contendo marcas simbólicas. Uma bola com a marca + representava uma ovelha; sete bolas registravam sete ovelhas. Para evitar fazer grandes quantidades de *tokens*, um tipo diferente de *token* representava dez ovelhas. Outro ainda representava dez cabras, e assim por diante. A arqueóloga Denise Schmandt-Besserat deduziu que os *tokens* representavam elementos básicos da época: grãos, animais, jarras de óleo.

Por volta de 4000 a.C., os *tokens* eram amarrados num barbante, como se fosse um colar. No entanto, era fácil mudar os números acrescentando ou removendo *tokens*, então foi introduzida uma medida de segurança. Os *tokens* eram embrulhados em argila, que era então queimada. Uma disputa acerca dos números podia ser resolvida quebrando o invólucro de argila. A partir de 3500 a.C., para evitar a quebra desnecessária, os burocratas da antiga Mesopotâmia passaram a inscrever símbolos no invólucro, listando os *tokens* no seu interior.

Então, com um grande lampejo, percebeu-se que os símbolos tornavam os *tokens* redundantes. O desfecho foi um sistema de símbolos nu-

Números

FIG 3 Invólucro de argila e *tokens* de contabilidade, período de Uruk, de Susa.

méricos escritos, pavimentando o caminho para todos os sistemas subsequentes de notação numérica, e possivelmente da própria escrita.

Este não é basicamente um livro de história, então vamos dar uma olhada em sistemas de notação posteriores à medida que forem surgindo relacionados a números específicos. Por exemplo, antigas e modernas notações decimais são abordadas no Capítulo 10. No entanto, como observou o grande matemático Carl Friedrich Gauss, o importante não são notações, mas noções. Tópicos subsequentes farão mais sentido se forem vistos dentro do contexto da mutável concepção de números da humanidade. Então, começaremos com uma rápida viagem pelos principais sistemas numéricos e alguma terminologia importante.

O sempre crescente sistema numérico

Temos a tendência de pensar nos números como algo fixo e imutável: uma característica do mundo material. Na realidade, eles são invenções humanas – mas invenções muito úteis, porque representam aspectos importantes da natureza. Tais como quantas ovelhas você possui ou a idade do Universo. A natureza repetidamente nos surpreende formulando novas perguntas, cujas respostas às vezes requerem novos conceitos matemáticos. Às vezes as exigências internas da matemática dão pistas para novas estruturas potencialmente úteis. De tempo em tempo essas pistas e problemas levaram os matemáticos a estender os sistemas numéricos inventando novos tipos de número.

Vimos que os números primeiro surgiram como um método de contar coisas. Nos primórdios da Grécia antiga, a lista de números começava com 2, 3, 4, e assim por diante: 1 era especial, não um número "realmente". Mais tarde, quando essa convenção começou a parecer de fato tola, 1 foi condenado a ser também um número.

O grande passo seguinte na ampliação do sistema numérico foi introduzir frações. Elas são úteis se você quer dividir alguma quantidade entre diversas pessoas. Se três pessoas recebem partes iguais de dois alqueires de grãos, cada um recebe ⅔ de um alqueire.

FIG 4 *Esquerda:* Hieróglifos egípcios para ⅔ e ¾. *Centro:* Olho de Hórus. *Direita:* Hieróglifos de frações derivadas dele.

Os antigos egípcios representavam frações de três maneiras diferentes. Tinham hieróglifos especiais para ⅔ e ¾. Usavam várias porções de um olho de Hórus, ou olho de wadjet, para representar 1 dividido pelas seis primeiras potências de 2. Finalmente, divisaram símbolos para frações unitárias, aquelas do tipo "1 sobre alguma coisa": ½, ⅓, ¼, ⅕, e assim por diante. Eles exprimiam todas as outras frações como somas de distintas frações unitárias. Por exemplo:

$$\frac{2}{3} = \frac{1}{2} + \frac{1}{6}$$

Não é claro por que não escreviam ⅔ como ⅓ + ⅓, mas o fato é que não o faziam.

O número zero veio muito depois, provavelmente porque havia pouca necessidade dele. Se você não tem rebanhos, não há necessidade de contar ou listar as ovelhas. O zero foi introduzido primeiramente como um símbolo, e não era considerado um número como tal. Mas quando [ver −1] matemáticos chineses e hindus introduziram números negativos, o 0 precisou ser considerado também um número. Por exemplo, 1 + (−1) = 0, e a soma de dois números seguramente precisava ser contada como número.

Os matemáticos chamam o sistema de números

0, 1, 2, 3, 4, 5, 6, 7, ...

de *números naturais*, e quando os números negativos são incluídos temos os *inteiros*

... , −3, −2, −1, 0, 1, 2, 3, ...

Acrescentando as frações, o zero e as frações negativas formamos os *números racionais*.

Um número é *positivo* se for maior que zero e *negativo* se for menor que zero. Assim, todo número (seja inteiro ou racional) cai em exatamente uma de três categorias distintas: positivo, negativo ou zero. Os números que servem para contar

1, 2, 3, 4, 5, 6, 7, ...

são inteiros positivos. Esta convenção leva a outra peça de terminologia bastante esquisita: os números naturais

0, 1, 2, 3, 4, 5, 6, 7, ...

são frequentemente citados como inteiros *não negativos*. Peço desculpas por isso.

Por um longo tempo, as frações foram o máximo até onde chegava o conceito de número. Mas os gregos antigos provaram que o quadrado de uma fração nunca pode ser exatamente igual a 2. Posteriormente, isso foi expresso como "o número $\sqrt{2}$ é irracional", ou seja, não racional. Os gregos tinham um modo mais desajeitado de dizer isso, mas sabiam que $\sqrt{2}$ tinha de existir: pelo teorema de Pitágoras, é o comprimento da diagonal de um quadrado de lado 1. Logo, são necessários mais números: só os racionais não dão conta. Os gregos descobriram um método geométrico complicado para lidar com números irracionais, mas não era totalmente satisfatório.

O passo seguinte rumo ao conceito moderno de número foi possibilitado pela invenção da vírgula decimal (,) e da notação decimal. Isto possibilitou representar números irracionais com uma precisão bastante elevada. Por exemplo,

$\sqrt{2} \sim 1,4142135623$

está correto até dez casas decimais (aqui e ao longo do livro o sinal ~ significa "aproximadamente igual a"). Esta expressão não é exata: seu quadrado é na verdade

1,9999999979325598129

Uma aproximação melhor, correta até vinte casas decimais, é

$\sqrt{2} \sim 1,41421356237309504880$

porém mais uma vez não é exata. No entanto, há um sentido lógico rigoroso no qual uma expansão decimal infinitamente longa *é* exata. É claro que tais expressões não podem ser escritas em sua totalidade, mas é possível configurar as ideias de modo que elas façam sentido.

Decimais infinitamente longos (inclusive os que param, que podem ser pensados como decimais terminando em infinitos zeros) são chamados de *números reais*, em parte porque correspondem diretamente a medidas do mundo natural, tais como comprimentos ou pesos. Quanto mais acurada a medida, mais casas decimais você necessita; para obter um valor exato, precisará de infinitas casas. Talvez seja irônico que "real" seja definido por um símbolo infinito que não pode ser escrito em sua totalidade. Números reais negativos também são permitidos.

Até o século XVIII não houve outros conceitos matemáticos que fossem considerados números genuínos. Mas mesmo no século XV, alguns matemáticos se perguntavam se poderia haver um novo tipo de número: a raiz quadrada de menos um. Ou seja, um número que dá -1 quando você o multiplica por ele mesmo. À primeira vista é uma ideia maluca, porque o quadrado de qualquer número real é positivo ou zero. Contudo, acabou se revelando uma boa ideia forçar o caminho independentemente disso e equipar -1 com uma raiz quadrada, para a qual Leonhard Euler introduziu o símbolo i. É a letra inicial de "imaginário" (em latim, inglês, francês, alemão e português) e recebeu esse nome para distinguir esse novo tipo de número dos bons e velhos números reais. Infelizmente isso levou a um monte de misticismo desnecessário – Gottfried Leibniz certa vez referiu-se a i como "um anfíbio entre ser e não ser" –, o que obscureceu o fato principal. Ou seja: tanto números reais como imaginários têm exatamente o mesmo status lógico. São conceitos humanos que modelam a realidade, mas não são reais em si mesmos.

A existência de i torna necessário introduzir uma porção de outros números novos para se fazer a aritmética – números como $2 + 3i$. Estes são chamados de *números complexos* e têm sido indispensáveis em matemática e na ciência nos últimos séculos. Este fato curioso, mas verdadeiro, é novidade para a maioria da raça humana, porque não é frequente travar contato com os números complexos em matemática escolar. Não por falta de importância, mas porque as ideias são sofisticadas demais e as aplicações demasiado avançadas.

Os matemáticos usam símbolos rebuscados para os principais sistemas numéricos. Não vou voltar a usá-los, mas você provavelmente já deve ter deparado com eles alguma vez:

$\mathbb{N}$ = o conjunto de todos os números naturais 0, 1, 2, 3, ...
$\mathbb{Z}$ = o conjunto de todos os inteiros –3, –2, –1, 0, 1, 2, 3, ...
$\mathbb{Q}$ = o conjunto de todos os números racionais
$\mathbb{R}$ = o conjunto de todos os números reais
$\mathbb{C}$ = o conjunto de todos os números complexos

Esses sistemas estão inseridos um dentro do outro como bonecas russas:

$$\mathbb{N} \subset \mathbb{Z} \subset \mathbb{Q} \subset \mathbb{R} \subset \mathbb{C} \ ...$$

onde o símbolo da teoria dos conjuntos $\subset$ significa "está contido em". Note que todo inteiro é também racional; por exemplo, o inteiro 3 é também a fração ³⁄₁. Nós habitualmente não escrevemos assim, mas ambas as notações representam o mesmo número. Da mesma maneira, todo número racional também é real, e todo número real também é complexo. Sistemas mais antigos são incorporados em sistemas novos, não sobrepostos.

Mesmo os números complexos não são o fim das extensões do sistema numérico que os matemáticos criaram ao longo dos séculos. Há os quatérnions $\mathbb{H}$ e os octônios $\mathbb{O}$ [ver 4], por exemplo. No entanto, estes são mais proveitosos quando vistos algebricamente em vez de aritmeticamente. Então terminarei mencionando um número mais paradoxal – o infinito. Filosoficamente, o infinito difere dos números convencionais e não pertence a nenhum sistema numérico padrão, desde os naturais até os complexos. Não obstante, ele sempre pairou nas bordas, com cara de número mas sem ser número como tal. Até que Georg Cantor revisitou nosso ponto de partida, a contagem, e mostrou que infinito não só é um número no sentido da contagem, mas também que havia infinitos de *tamanhos diferentes*. Entre eles estão $\aleph_0$, o número de números inteiros, e $\mathfrak{c}$, o número de números reais. Que é maior. *Quanto* maior é discutível: depende de qual sistema de axiomas você usa para formalizar a matemática.

Mas vamos deixar isso de lado até termos construído intuição suficiente sobre números mais comuns. O que me leva à minha terceira pergunta.

O que é um número?

A pergunta parece simples, e é. Mas a resposta não é.

Todos nós sabemos como usar números. Todos nós sabemos o aspecto de sete vacas, sete ovelhas ou sete cadeiras. Todos sabemos contar até sete. Mas o que *é* sete?

Não é o símbolo 7. Este é uma escolha arbitrária e é diferente em muitas culturas. Em árabe seria ٧, em chinês é 七 ou, mais formalmente, 柒.

Não é a palavra "sete". Em inglês seria *seven*, em francês *sept*, em alemão, *sieben*.

Por volta da metade do século XIX, alguns matemáticos com mentalidade lógica perceberam que, embora todo mundo viesse usando alegremente os números por milhares de anos, ninguém realmente sabia o que eles são. Então formularam a pergunta que jamais deveria ter sido feita: o que *é* um número?

É mais traiçoeiro do que parece. Um número não é algo que se possa mostrar a alguém no mundo físico. É uma abstração, um conceito mental humano – derivado da realidade, mas não verdadeiramente *real*.

Isso pode soar perturbador, mas os números não estão sozinhos sob este aspecto. Um exemplo familiar é "dinheiro". Todos sabemos como pagar alguma coisa e receber o troco, e fazemos isso – tranquilamente imaginamos – trocando dinheiro. Assim, temos a tendência de pensar no dinheiro como as moedas e notas nos nossos bolsos ou carteiras. No entanto, não é tão simples assim. Se usamos um cartão de crédito, não há moedas ou notas trocando de mãos. Em vez disso, são transmitidos sinais através do sistema telefônico para a companhia do cartão, e eventualmente para o nosso banco, e os números nas diversas contas bancárias – nossas, da loja, da companhia do cartão – são alterados. Uma nota britânica de £5 costumava trazer as palavras "Eu prometo pagar ao portador sob demanda a soma de cinco libras". Não é dinheiro de modo algum, mas uma promessa de pagar dinheiro. Era uma vez o tempo em que você podia levar a nota ao banco e trocá-la por ouro, que era considerado o dinheiro *de verdade*. Agora, tudo que o banco fará é trocá-la por outra nota de £5. Mas o ouro tampouco era realmente dinheiro; era só uma manifestação física dele. Como prova, o valor do ouro não é fixo.

Então dinheiro é um número? Sim, mas apenas dentro de um contexto legal específico. Escrever $1 000 000 num pedaço de papel não faz de você um milionário. O que torna o dinheiro *dinheiro* é um corpo de convenções humanas sobre como representamos números monetários e como os trocamos por bens ou outros números. O que importa é o que você faz com esses números, não o que eles são. Dinheiro é uma abstração.

Assim também são os números. Mas isso não serve como resposta, porque *toda* a matemática é uma abstração. Então alguns matemáticos continuaram se perguntando *que tipo* de abstração poderia definir "número". Em 1884, um matemático alemão chamado Gottlob Frege escreveu *As fundações da aritmética*, apresentando os princípios fundamentais nos quais os números eram baseados. Uma década depois ele foi além, tentando deduzir esses princípios das leis mais básicas da lógica. O seu *Leis básicas da aritmética* foi publicado em dois volumes, o primeiro em 1893 e o segundo em 1903.

Frege começou a partir do processo de contagem e focalizou não os números que usamos, mas as coisas que contamos. Se pusermos sete xícaras sobre a mesa e as contarmos "1, 2, 3, 4, 5, 6, 7", os objetos importantes parecem ser os números. Frege discordou: ele pensou nas xícaras. A contagem funciona porque temos uma coleção de xícaras que queremos contar. Com uma coleção diferente, poderemos ter um número diferente. Frege chamou essas coleções de (em alemão) *classes*. Quando contamos quantas xícaras esta classe particular contém, estabelecemos uma *correspondência* entre a classe das xícaras e os símbolos numéricos 1, 2, 3, 4, 5, 6, 7.

FIG 5 Correspondência entre xícaras e numerais.

Da mesma maneira, dada uma classe de pires, podemos também estabelecer tal correspondência:

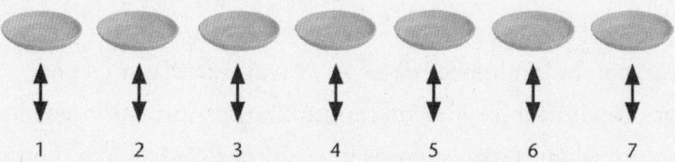

FIG 6 Correspondência entre pires e numerais.

Assim sendo, podemos concluir que a classe de pires contém o mesmo número de pires que a classe de xícaras contém xícaras. Até sabemos quantos são: sete.

Isso pode parecer óbvio, beirando a banalidade, mas Frege percebeu que nos diz algo bastante profundo. Ou seja, que podemos provar que a classe de pires contém o mesmo número de pires que a classe de xícaras contém de xícaras, *sem* usar os símbolos 1, 2, 3, 4, 5, 6, 7 e sem saber quantas xícaras ou pires há na respectiva classe. Basta estabelecer uma correspondência entre a classe de xícaras e a classe de pires.

FIG 7 Correspondência entre xícaras e pires sem precisar de numerais.

Tecnicamente, esse tipo de correspondência é chamado correspondência *1-a-1*, ou *biunívoca*: cada xícara se associa exatamente a um pires, e cada pires se associa exatamente a uma xícara. A contagem não dá certo se você deixar xícaras de fora ou contar a mesma xícara várias vezes. Vamos simplesmente chamar de correspondência, sempre lembrando essa condição técnica.

Aliás, se você algum dia já se perguntou por que crianças em idade escolar passam algum tempo "associando" conjuntos de vacas a conjuntos de galinhas, ou seja lá o que for, desenhando linhas em figuras, a culpa é toda de Frege. Alguns pedagogos tinham esperança (e ainda têm) de que esta abordagem pudesse melhorar a intuição das crianças para os números. Estou inclinado a ver isso como promover o lógico e ignorar o psicológico, gerando confusão sobre o significado de "fundamental".

Mas não vamos começar de novo as Guerras Matemáticas.*

Frege concluiu que associar classes usando correspondência está no coração daquilo que entendemos por "número". Contar quantas coisas uma classe contém simplesmente associa essa classe a uma classe padrão, cujos membros são representados por símbolos convencionais 1, 2, 3, 4, 5, 6, 7, e assim por diante, dependendo da cultura. Mas Frege não pensou que o conceito de número devesse ser dependente da cultura, então veio com uma maneira de dispensar totalmente símbolos arbitrários. Mais precisamente, inventou um supersímbolo universal, o mesmo em qualquer cultura. Mas não era algo que se pudesse escrever: era puramente conceitual.

Ele começou ressaltando que os membros de uma classe podem ser eles próprios classes. Não precisam ser, mas não há nada que os impeça. Uma caixa de latas de ervilhas é um exemplo do cotidiano: os membros da caixa são latas, e os membros das latas são ervilhas. Então, tudo bem usar classes como membros de outras classes.

O número "sete" é associado, por correspondência, a qualquer classe que possa ser associada à nossa classe de xícaras, ou aos correspondentes pires, ou à classe que consiste dos símbolos 1, 2, 3, 4, 5, 6, 7. Escolher

---

* *Math Wars:* Nome dado ao debate sobre educação matemática nos Estados Unidos, envolvendo currículos e livros-textos, entre a chamada "matemática tradicional" e a "matemática reformista", significativamente diferentes em abordagem e conteúdo. (N.T.)

qualquer classe particular entre essas, e chamar *isso* de número, é uma decisão arbitrária, que carece de elegância e dá uma sensação insatisfatória. Então, por que não aproveitamos tudo e usamos todas essas classes? Então "sete" pode ser definido como *classe de todas as classes* que estão em correspondência com qualquer uma das (portanto todas) classes recém-mencionadas. Tendo feito isso, podemos dizer se uma dada classe tem sete membros verificando se ela é um membro dessa classe de classes. Por conveniência, rotulamos esta classe de classes como "sete", mas a classe em si faz sentido mesmo que não o façamos. Assim, Frege distinguiu o número de um nome (ou símbolo) arbitrário para esse número.

Ele pôde então definir o que é número: é a classe de todas as classes que estão em correspondência com uma dada classe (portanto também entre si). Este tipo de classe é aquilo a que me referi como "supersímbolo". Se você embarcou nesta maneira de pensar, é uma ideia brilhante. Com efeito, em vez de escolher um nome para o número, conceitualmente agrupamos *todos os nomes possíveis* num único objeto e, em vez disso, usamos esse objeto.

Isso deu certo? Você pode descobrir mais tarde no Capítulo $\aleph_0$.

Números pequenos

Os números mais familiares de todos são os números inteiros de 1 a 10.

Cada um é um indivíduo, com características incomuns que o definem como algo especial.

Apreciar essas características especiais faz com que os números sejam familiares, amigáveis e interessantes por serem como são.

Em breve você será um matemático.

1

A unidade indivisível

O MENOR NÚMERO INTEIRO positivo é 1. Ele é a unidade indivisível da aritmética: o único número positivo que não pode ser obtido pela soma de dois números positivos menores.

Base do conceito de número

O número 1 é onde começamos a contar. Dado qualquer número, formamos o número seguinte adicionando 1:

2 = 1 + 1
3 = (1 + 1) + 1
4 = ((1 + 1) + 1) + 1

e assim por diante. Os parênteses nos dizem qual operação executar primeiro. Geralmente são omitidos, porque neste caso a ordem não importa, mas é bom ser cuidadoso já desde o começo.

A partir dessas definições e das leis básicas da álgebra, que dentro de um desenvolvimento lógico formal devem ser enunciadas explicitamente, podemos até mesmo provar o famoso teorema "2 + 2 = 4". A prova cabe em uma linha:

2 + 2 = (1 + 1) + (1 + 1) = ((1 + 1) + 1) + 1 = 4

No século XX, quando alguns matemáticos estavam tentando assentar as fundações da matemática sobre uma base lógica firme, usaram a mesma ideia, mas por motivos técnicos começaram pelo 0 [ver 0].

O número 1 expressa uma importante ideia matemática: a da *unicidade*. Um objeto matemático com uma propriedade particular é único se somente *um* objeto tem essa propriedade. Por exemplo, 2 é o único número par primo. A unicidade é importante porque nos permite provar que algum objeto matemático ligeiramente misterioso é na realidade um que já conhecemos. Por exemplo, se pudermos provar que algum número positivo *n* é ao mesmo tempo par e primo, então *n* deve ser igual a 2. Para um exemplo mais complicado, o dodecaedro é o único sólido regular com faces pentagonais [ver 5]. Então, se em alguma peça de matemática encontrarmos um sólido regular com faces pentagonais, saberemos imediatamente, sem nenhum trabalho adicional, que deve ser um dodecaedro. Todas as outras propriedades de um dodecaedro então vêm de graça.

Tabuada do 1

Ninguém jamais reclamou de ter de aprender a tabuada do 1. "Um vezes um é um, um vezes dois é dois, um vezes três é três…" Se qualquer número é multiplicado por 1, ou dividido por 1, ele permanece inalterado.

$$n \times 1 = n \qquad n \div 1 = n$$

É o único número que se comporta dessa maneira.

Consequentemente, 1 é igual ao seu quadrado, cubo e todas as potências mais altas.

$$1^2 = 1 \times 1 = 1$$
$$1^3 = 1 \times 1 \times 1 = 1$$
$$1^4 = 1 \times 1 \times 1 \times 1 = 1$$

e assim por diante. O único outro número com esta propriedade é 0.

Por esse motivo, o número 1 é geralmente omitido em álgebra quando aparece como coeficiente numa fórmula. Por exemplo, em vez de $1x^2 + 3x + 4$ escrevemos simplesmente $x^2 + 3x + 4$. O único outro número tratado dessa maneira é 0, quando acontece algo ainda mais drástico: em vez de

$0x^2 + 3x + 4$ escrevemos simplesmente $3x + 4$, e deixamos o termo $0x^2$ totalmente de fora.

1 é primo?

Costumava ser, mas não é mais. O número não mudou, mas a definição de "primo", sim.

Alguns números podem ser obtidos multiplicando-se dois outros números entre si: por exemplo, $6 = 2 \times 3$ e $25 = 5 \times 5$. Esse tipo de número é dito *composto*. Outros números não podem ser obtidos desta maneira: estes são chamados *primos*.

Segundo esta definição, 1 é primo, e até 150 anos atrás essa era a convenção padrão. Mas acabou se mostrando mais conveniente considerar 1 como um caso excepcional. Atualmente ele não é considerado nem primo nem composto, e sim uma *unidade*. Explicarei o porquê em poucas palavras, mas primeiro precisamos de mais algumas ideias.

A sequência de primos começa

2   3   5   7   11   13   17   19   23   29   31   37   41   47

e parece ser altamente irregular, excetuando-se alguns padrões simples. Todos os primos exceto 2 são ímpares, porque qualquer número par é divisível por 2. Só 5 pode terminar em 5, e nenhum pode terminar em 0, porque todos esses números são divisíveis por 5.

Todo número inteiro maior que 1 pode ser expresso como um produto de números primos. Este processo chama-se *fatoração*, e os primos envolvidos são chamados *fatores primos* do número. Além disso, isso pode ser feito apenas de uma maneira, exceto mudando a ordem em que os primos ocorrem. Por exemplo,

$60 = 2 \times 2 \times 3 \times 5 = 2 \times 3 \times 2 \times 5 = 5 \times 3 \times 2 \times 2$

e assim por diante, mas o único meio de obter 60 é rearranjar a primeira lista de primos. Por exemplo, não há fatoração de primos que tenha o aspecto $60 = 7 \times$ alguma coisa.

Esta propriedade é chamada "unicidade da fatoração em primos". Ela provavelmente parece óbvia, mas a não ser que você tenha diploma em matemática eu ficaria surpreso se alguém tivesse lhe mostrado como provar. Euclides pôs uma prova em seu *Elementos*, e deve ter percebido que não é nem óbvio nem fácil porque dedica tempo elaborando o trabalho até chegar lá. Para alguns sistemas tipo-numéricos mais gerais, nem sequer é verdade. Mas é verdade na aritmética comum, e é uma arma muito efetiva no arsenal matemático.

As fatorações dos números de 2 a 31 são:

2 (primo)	3 (primo)	$4 = 2^2$	5 (primo)	$6 = 2 \times 3$
7 (primo)	$8 = 2^3$	$9 = 3^2$	$10 = 2 \times 5$	11 (primo)
$12 = 2^2 \times 3$	13 (primo)	$14 = 2 \times 7$	$15 = 3 \times 5$	$16 = 2^4$
17 (primo)	$18 = 2 \times 3^2$	19 (primo)	$20 = 2^2 \times 5$	$21 = 3 \times 7$
$22 = 2 \times 11$	23 (primo)	$24 = 2^3 \times 3$	$25 = 5^2$	$26 = 2 \times 13$
$27 = 3^3$	$28 = 2^2 \times 7$	29 (primo)	$30 = 2 \times 3 \times 5$	$31 = 31$ (primo)

O principal motivo para tratar 1 como um caso excepcional é que se contarmos o 1 como primo, então a fatoração em primos não é única. Por exemplo, $6 = 2 \times 3 = 1 \times 2 \times 3 = 1 \times 1 \times 2 \times 3$, e assim por diante. Uma consequência aparentemente incômoda desta convenção é que 1 não tem fatores primos. No entanto, ainda assim é produto de primos, de maneira bastante estranha: 1 é o produto de um "conjunto vazio" de primos. Ou seja, se você multiplicar *nenhum número primo entre si*, obterá 1. Pode parecer maluquice, mas há razões sensatas para esta convenção. Da mesma forma, se você multiplicar *um* número primo "entre si" obtém exatamente esse primo.

2

Par e ímpar

NÚMEROS PARES são divisíveis por 2; números ímpares não são. Então 2 é o único número par primo. É a soma de dois quadrados: $2 = 1^2 + 1^2$. Os outros primos com essa propriedade são precisamente aqueles que deixam resto 1 quando divididos por 4. Os números que são uma soma de dois quadrados podem ser caracterizados em termos de seus fatores primos.

A aritmética binária, usada em computadores, é baseada em potências de 2 em vez de 10. Equações de segundo grau, ou quadráticas, que envolvem a segunda potência da incógnita, podem ser resolvidas usando-se raízes quadradas.

A distinção entre par e ímpar estende-se a permutações – modos de arranjar um conjunto de objetos. Metade das permutações são pares e a outra metade ímpares. Vou mostrar uma aplicação elegante: uma prova simples de que um famoso quebra-cabeça não pode ser resolvido.

Paridade (par/ímpar)

Uma das distinções mais importantes em toda a matemática é entre números pares e ímpares.

Comecemos com os números inteiros 0, 1, 2, 3, ... Entre estes, os números pares são

0 2 4 6 8 10 12 14 16 18 20 ...

e os números ímpares são

1 3 5 7 9 11 13 15 17 19 21 ...

Em geral, qualquer número inteiro que seja múltiplo de 2 é par e qualquer número inteiro que não seja múltiplo de 2 é ímpar. Contrariando aquilo em que alguns professores parecem acreditar, 0 é par, porque é múltiplo de 2, a saber, 0 × 2.

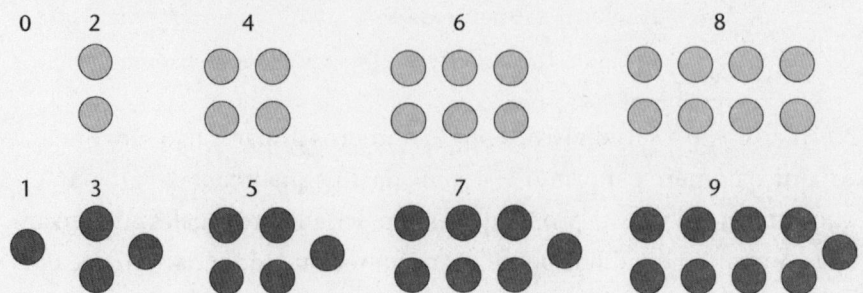

FIG 8 Números pares e ímpares.

Números ímpares deixam resto 1 quando são divididos por 2. (O resto é diferente de zero e menor que 2, o que só nos deixa 1 como possibilidade.) Então, algebricamente, números pares são da forma $2n$ onde n é um número inteiro, e números ímpares são da forma $2n + 1$. (Mais uma vez, fazendo $n = 0$, mostra-se que 0 é par.) Para estender o conceito de "par" e "ímpar" aos números negativos, permitimos que n seja negativo. Agora, $-2, -4, -6$, e assim por diante, são pares, e $-1, -3, -5$, e assim por diante, são ímpares.

Números pares e ímpares se alternam na reta numérica.

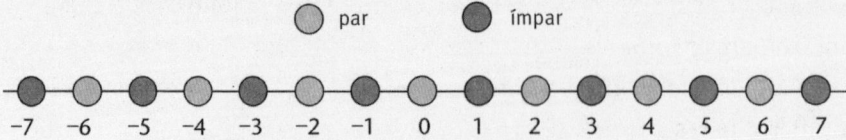

FIG 9 Números pares e ímpares se alternam ao longo da reta numérica.

Uma característica agradável dos números pares e ímpares é que eles obedecem a regras aritméticas simples:

par + par = par   par × par = par
ímpar + ímpar = par   ímpar × ímpar = ímpar
par + ímpar = ímpar   par × ímpar = par
ímpar + par = ímpar   ímpar × par = par

não importa quais sejam realmente os números. Assim, se alguém alegar que 13 × 17 = 222 estará errado *sem* precisar fazer quaisquer somas. Ímpar × ímpar = ímpar, mas 222 é par.

Menor e único número primo par

A lista de números primos começa com 2, então 2 é o menor número primo. É também o único número primo par, porque por definição todos os números pares são divisíveis por 2. Se o número em questão for 4 ou maior, é expresso como o produto de dois números menores, então é composto. Tais propriedades, por mais simples e óbvias que possam ser, conferem ao 2 um status único entre todos os números.

Teorema dos dois quadrados

No Natal de 1640 o brilhante matemático amador Pierre Fermat escreveu ao monge Marin Mersenne e fez uma pergunta intrigante. Quais números podem ser escritos como a soma de dois quadrados perfeitos?

O *quadrado* de um número é o que se obtém quando se multiplica o número por si mesmo. Logo, o quadrado de 1 é 1 × 1 = 1, o quadrado de 2 é 2 × 2 = 4, o quadrado de 3 é 3 × 3 = 9, e assim por diante. O símbolo para o quadrado de um número n é n^2. Então, $0^2 = 0$, $1^2 = 1$, $2^2 = 4$, $3^2 = 9$, e assim por diante.

Os quadrados dos números de 0 a 10 são:

0   1   4   9   16   25   36   49   64   81   100

Então 4 é o primeiro quadrado perfeito depois dos menos interessantes 0 e 1.

A palavra "quadrado" é usada porque os números aparecem quando se encaixam os pontos em quadrados:

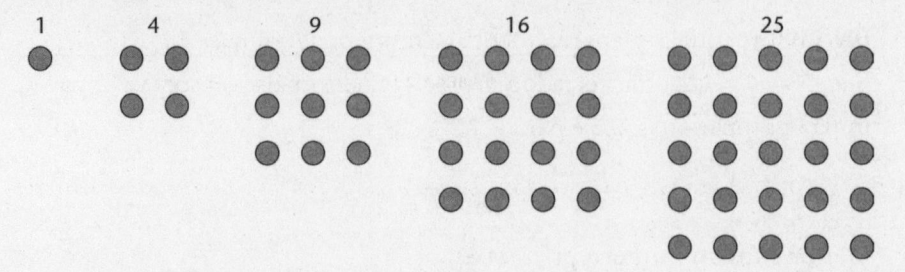

FIG 10 Quadrados.

Quando somamos quadrados em pares podemos, obviamente, obter quadrados: basta somar 0 a um quadrado. Mas podemos também obter números novos como

$1 + 1 = 2$ $4 + 1 = 5$ $4 + 4 = 8$
$9 + 1 = 10$ $9 + 4 = 13$ $16 + 1 = 17$

que não são quadrados. Muitos números continuam sem ocorrer: por exemplo, 3, 6, 7, 11.

Abaixo está uma tabela mostrando todos os números de 0 a 100 que são somas de dois quadrados. (Para obter o número em qualquer célula não em negrito, some o número em negrito no alto da coluna com o número em negrito à esquerda da linha. Por exemplo: **25** + **4** = 29. Somas maiores que 100 estão omitidas aqui.)

	0	**1**	**4**	**9**	**16**	**25**	**36**	**49**	**64**	**81**	**100**
0	0	1	4	9	16	25	36	49	64	81	100
1	1	2	5	10	17	26	37	50	65	82	
4	4	5	8	13	20	29	40	53	68	85	
9	9	10	13	18	25	34	45	58	73	90	
16	16	17	20	25	32	41	52	65	80	97	

25	25	26	29	34	41	50	61	74	89
36	36	37	40	45	52	61	72	85	100
49	49	50	53	58	65	74	85		
64	64	65	68	73	80	89	100		
81	81	82	85	90	97				
100	100								

TABELA 2

À primeira vista é difícil encontrar algum padrão, mas existe um, e Fermat o identificou. O truque é escrever os *fatores primos* dos números na tabela. Deixando de fora 0 e 1, que são exceções, obtemos:

<u>2 = 2</u>	$4 = 2^2$	<u>5 = 5</u>	$8 = 2^3$
$9 = 3^2$	$10 = 2 \times 5$	<u>13 = 13</u>	$16 = 2^4$
<u>17 = 17</u>	$18 = 2 \times 3^2$	$20 = 2^2 \times 5$	$25 = 5^2$
$26 = 2 \times 13$	<u>29 = 29</u>	$34 = 2 \times 17$	$36 = 2^2 \times 3^2$
<u>37 = 37</u>	$40 = 2^3 \times 5$	<u>41 = 41</u>	$45 = 3^2 \times 5$
$49 = 7^2$	$50 = 2 \times 5^2$	<u>53 = 53</u>	$58 = 2 \times 29$
<u>61 = 61</u>	$64 = 2^6$	$65 = 5 \times 13$	$68 = 2^2 \times 17$
$72 = 2^3 \times 3^2$	<u>73 = 73</u>	$74 = 2 \times 37$	$80 = 2^4 \times 5$
$81 = 3^4$	$82 = 2 \times 41$	$85 = 5 \times 17$	<u>89 = 89</u>
$90 = 2 \times 3^2 \times 5$	<u>97 = 97</u>	$100 = 2^2 \times 5^2$	

Sublinhei aqui os números que são primos porque são a chave do problema.

Alguns primos não aparecem, a saber: 3, 7, 11, 19, 23, 31, 43, 47, 59, 67, 71, 79 e 83. Você consegue imitar Fermat e descobrir qual característica eles têm em comum?

Cada um desses primos ausentes na tabela é 1 a menos que um múltiplo de 4. Por exemplo, 23 = 24 − 1 e 24 = 6 × 4. O primo 2 está presente na minha lista; mais uma vez, ele é excepcional sob alguns aspectos. *Todos os primos ímpares presentes na minha tabela são* 1 *a mais* que um múltiplo de 4. Por exemplo, $29 = 28 + 1$ e $28 = 7 \times 4$. Além disso, os primeiros primos dessa forma ocorrem todos na minha lista, e se você estendê-la, parece que não vai faltar nenhum.

Todo número ímpar é ou 1 a menos que um múltiplo de 4 ou 1 a mais que um múltiplo de 4, ou seja, é da forma $4k - 1$ ou $4k + 1$, onde k é um número inteiro. O único número primo par é 2. Portanto, todo primo deve ser uma das três coisas:

• igual a 2
• da forma $4k + 1$
• da forma $4k - 1$

Os primos ausentes na minha lista das somas de dois quadrados são precisamente os primos da forma $4k - 1$.

Esses primos podem ocorrer como *fatores* de números na lista. Olhe o 3, por exemplo, que é fator de 9, 18, 36, 45, 72, 81 e 90. No entanto, todos esses números são na realidade múltiplos de 9, ou seja, 3^2.

Se você analisar listas mais longas segundo o mesmo ponto de vista, surge um padrão simples. Em sua carta, Fermat alegava ter provado que números diferentes de zero que são somas de dois quadrados são *precisamente* aqueles para os quais todo fator primo da forma $4k - 1$ ocorre numa potência par. A parte mais difícil foi provar que todo primo da forma $4k + 1$ é a soma de dois quadrados. Albert Girard havia conjecturado isso em 1632, mas não conseguiu provar.

A tabela inclui alguns exemplos, mas vamos conferir a alegação de Fermat com algo um pouquinho mais ambicioso. O número 4 001 é claramente da forma $4k + 1$; basta assumir k como sendo 1 000. E também é primo. Pelo teorema de Fermat, ele deve ser a soma de dois quadrados. Quais?

Na ausência de um método mais inteligente, podemos tentar subtrair $1^2, 2^2, 3^2$, e assim por diante, e ver se obtemos um quadrado. O cálculo começa assim:

$4\,001 - 1^2 = 4\,000$: não é quadrado
$4\,001 - 2^2 = 3\,997$: não é quadrado
$4\,001 - 3^2 = 3\,992$: não é quadrado
...

até que finalmente chegamos a

$4\,001 - 40^2 = 2\,401$: quadrado de 49

Assim

$4\,001 = 40^2 + 49^2$

e Fermat está provado para este exemplo.

Esta é essencialmente a única solução, além de $49^2 + 40^2$. Obter um quadrado subtraindo um quadrado de 4 001 é um evento raro; quase chega a parecer pura sorte. Fermat explicou por que não é. Ele também sabia que quando $4k + 1$ é primo, há somente um jeito de dividi-lo em dois quadrados.

Não existe um meio simples, prático de encontrar os números certos em geral. Gauss chegou a fornecer uma fórmula, mas que não é extremamente prática. Assim, a prova tem de mostrar que os quadrados exigidos *existem*, sem fornecer um meio rápido de encontrá-los. Isso é um pouco técnico, e precisa de muita preparação, então não vou tentar explicar a prova aqui. Um dos encantos da matemática é que enunciados simples e verdadeiros nem sempre têm provas simples.

Sistema binário

Nosso sistema numérico tradicional é chamado "decimal", porque usa 10 como base numérica, e em latim 10 é *decem*. Assim, há dez dígitos entre 0 e 9 e o valor de um dígito é multiplicado por 10 a cada passo da direita para a esquerda. Logo, 10 significa dez, 100 significa cem, 1 000 significa mil, e assim por diante [ver 10].

Sistemas notacionais similares para números podem ser montados usando-se qualquer número como base. O mais importante desses sistemas notacionais alternativos, chamado *binário*, utiliza base 2. Agora há apenas dois dígitos, 0 e 1, e o valor de um dígito dobra a cada passo da direita para a esquerda. Em binário, 10 significa 2 (na nossa notação decimal usual), 100 significa 4, 1 000 significa 8, 10 000 significa 16, e assim por diante.

Para obter números que não são potências de 2, somamos potências de 2 distintas. Por exemplo, 23 em decimal é igual a

16 + 4 + 2 + 1

que usa **um** 16, **nenhum** 8, **um** 4, **um** 2 e **um** 1. Logo, em notação binária isso vira

10 000 + 0 + 100 + 10 + 1

ou

10 111

Os primeiros numerais binários e seus equivalentes decimais são:

decimal	binário	decimal	binário
0	0	11	1 011
1	1	12	1 100
2	10	13	1 101
3	11	14	1 110
4	100	15	1 111
5	101	16	10 000
6	110	17	10 001
7	111	18	10 010
8	1 000	19	10 011
9	1 001	20	10 100
10	1 010	21	10 101

TABELA 3

Para "decodificar" os símbolos para o número 20, por exemplo, nós os escrevemos em potências de 2:

1	0	1	0	0
16	**8**	**4**	**2**	**1**

As potências de 2 para as quais ocorre o símbolo 1 são 16 e 4. Some esses valores e o resultado será 20.

História

Em algum momento entre 500 a.C. e 100 a.C. o erudito indiano Pingala escreveu um livro chamado *Chandaḥśāstra* em ritmos de poesia, listando diferentes combinações de sílabas longas e curtas. Ele classificou tais combinações usando uma tabela, que na forma moderna usa 0 para uma sílaba curta e 1 para uma sílaba longa. Por exemplo,

00 = curta-curta
01 = curta-longa
10 = longa-curta
11 = longa-longa

Os padrões aqui são os da notação binária, mas Pingala não executou aritmética com seus símbolos.

O antigo livro oráculo chinês, o *I Ching* (*Yì Jīng*), usava 64 conjuntos de seis linhas horizontais, ou completas (*yang*) ou divididas em dois (*yin*), como oráculo. Esses conjuntos são conhecidos como *hexagramas*. Cada hexagrama consiste em dois *trigramas* um sobre o outro. Originalmente os hexagramas eram usados para predizer o futuro, jogando-se caules de milefólio no chão e aplicando-se regras para determinar que hexagrama devia ser olhado. Mais tarde, passaram a ser usadas moedas no lugar.

Se usarmos 1 para representar uma linha completa (*yang*) e 0 para uma dividida (*yin*), cada hexagrama corresponde a um número binário de seis dígitos. Por exemplo, o hexagrama da figura é 010011. Segundo o método do oráculo, este é o hexagrama 60 (節 = *jié*), e indica "articular", "limitação" ou "moderação". Uma interpretação típica (não me peça para explicar porque não tenho ideia) começa:

Limitação – Em cima: *kan*, o abissal, água. Embaixo: *tui*, o jubiloso, lago.

Julgamento – Limitação, sucesso. Limitação irritante não deve ser perseverada.

Imagem – Água sobre lago: a imagem da limitação. Assim o homem superior cria número e medida, e examina a natureza da virtude e a conduta correta.

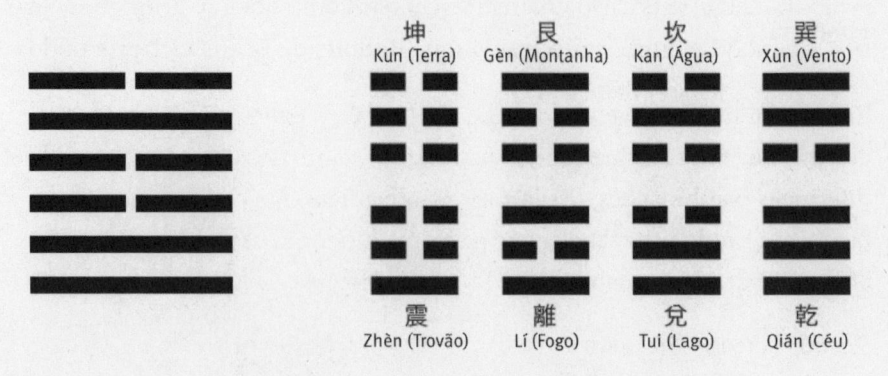

FIG 11 *Esquerda:* Um hexagrama. *Direita:* Os oito trigramas.

Mais uma vez, embora os padrões do binário estejam presentes no *I Ching*, a aritmética não está. Mais da estrutura matemática de símbolos binários aparece nos escritos de Thomas Harriot (1560-1621), que deixou milhares de páginas de manuscritos não publicados. Um deles contém uma lista que começa

1   1
2   2
3   2 + 1
4   4
5   4 + 1
6   4 + 2
7   4 + 2 + 1

e continua até

30 = 16 + 8 + 4 + 2
31 = 18 + 8 + 4 + 2 + 1

Está claro que Harriot compreendeu o princípio básico da notação binária. Todavia, o contexto dessa lista é uma longa série de tabelas enumerando como vários objetos podem ser combinados em diferentes maneiras, e não aritmética.

Em 1605, Francis Bacon explicou como codificar letras do alfabeto como sequências de dígitos binários, chegando muito perto de usá-las como números. O binário finalmente chegou como notação aritmética em 1697, quando Leibniz escreveu ao duque Rodolfo de Brunswick propondo uma "moeda ou medalhão memorial".

FIG 12 Medalhão binário de Leibniz.

O desenho tabula as representações binárias dos números 0-15, com a inscrição *omnibus ex nihilo ducendis suffit unum* (para tudo surgir do nada, basta um). Matematicamente, Leibniz destaca que se temos o símbolo 0 (nada) e introduzimos o 1 (um) então é possível obter qualquer número (tudo). Mas também estava fazendo uma afirmação religiosa simbólica: um Deus único pode criar tudo do nada.

A medalha nunca foi produzida, mas apenas seu desenho já foi um passo significativo. Em 1703, Leibniz desenvolvia a matemática do binário e publicou um artigo, "Explication de l'arithmétique binaire" (Explicação da aritmética binária), em *Mémoires de l'Académie Royale des Sciences*, no qual escreveu: "Em vez dessa progressão por dezenas [notação decimal], durante muitos anos usei a mais simples de todas, que é por meio do dois." Ele ressalta que as regras para a aritmética binária são tão simples que ninguém pode jamais esquecê-las, mas diz também que, como a forma binária de um número é cerca de quatro vezes mais longa que sua forma decimal, o método não é prático. De modo um tanto presciente, diz também: "avaliar pelo dois é mais fundamental para a ciência e traz novas descobertas" e "tais expressões de números facilitam muito todos os tipos de operação".

Eis o que ele tinha em mente. Para executar a aritmética com numerais binários, tudo que se precisa saber é:

$0 + 0 = 0$ $0 \times 0 = 0$
$0 + 1 = 1$ $0 \times 1 = 0$
$1 + 0 = 1$ $1 \times 0 = 0$
$1 + 1 = 0$, e vai 1 $1 \times 1 = 1$

Uma vez sabidos esses fatos simples, podemos somar ou multiplicar quaisquer dois números binários, usando métodos similares àqueles da aritmética comum. Também é possível fazer subtração e divisão.

Computação digital

Sabemos agora que Leibniz acertou em cheio quando sugeriu que a notação binária seria "fundamental para a ciência". O sistema binário foi originalmente uma esquisitice matemática, mas a invenção de computadores digitais mudou tudo isso. A eletrônica digital baseia-se numa simples distinção entre presença, ou ausência, de um sinal elétrico. Se simbolizarmos esses dois estados por 1 e 0, a razão para trabalhar em binário torna-se visível. Em princípio poderíamos construir computadores usando o sistema decimal, por exemplo, fazendo com que os dígitos 0-9 correspondessem a sinais de 0 volt, 1 volt, 2 volts, e assim por diante. No entanto, em cálculos complicados ocorreriam imprecisões, e não ficaria claro se, digamos, um sinal de 6,5 volts representaria o símbolo 6, com uma voltagem exagerada, ou o símbolo 7, com voltagem reduzida. Usando apenas dois níveis de voltagem, amplamente separados, ambiguidades desse tipo podem ser eliminadas assegurando que o erro seja sempre *muito* menor que a diferença entre os dois níveis.

Com os métodos de produção atuais, seria possível construir computadores confiáveis usando base 3 (ternária), ou bases maiores, em vez de 2. Mas uma quantidade enorme de tecnologia já foi produzida usando o sistema binário, e é fácil converter de binário para decimal como parte da computação, de modo que outras bases não oferecem uma vantagem grande o bastante em comparação com o sistema binário padrão.

Paridade de uma permutação

A distinção entre números pares e ímpares é especialmente importante na teoria das permutações, que são maneiras de rearranjar uma lista ordenada de números ou letras ou outros objetos matemáticos. Se a lista contém n objetos, então o número total de permutações possíveis é o fatorial

$$n! = n \times (n-1) \times (n-2) \times \ldots \times 3 \times 2 \times 1$$

porque podemos escolher o primeiro número de n maneiras, o segundo de $n-1$ maneiras, o terceiro de $n-2$, e assim por diante [ver 26!].

As permutações são de dois tipos: *par* e *ímpar*. Permutações pares trocam a ordem de um número par de pares de objetos; permutações ímpares trocam a ordem de um número ímpar de pares de objetos. Já, já vou entrar em mais detalhes. Aqui "par" e "ímpar" é chamada *paridade* da permutação.

Das $n!$ permutações possíveis, exatamente metade delas é par e a outra metade é ímpar. (A não ser que $n = 1$, caso em que existe uma permutação par e nenhuma ímpar.) Então, quando $n \geq 2$ há $n!/2$ permutações pares e $n!/2$ permutações ímpares.

Podemos entender a diferença entre permutações pares e ímpares usando diagramas. Por exemplo, pense na permutação (vamos chamá-la de A) que começa com a lista

1, 2, 3, 4, 5

e rearranje-a na ordem

2, 3, 4, 5, 1

Os números na lista movem-se assim:

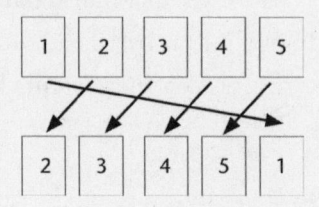

FIG 13 Diagrama para a permutação A.

De maneira similar, se começarmos com a lista

2, 3, 4, 5, 1

e a rearranjamos na ordem

4, 2, 3, 1, 5

então os símbolos se movem assim:

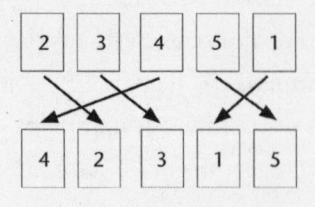

FIG 14 Diagrama para a permutação B.

Vamos chamar esta permutação de B. Note que a lista na qual começamos não precisa estar em ordem numérica habitual. O que conta não é a ordem em si, mas *como ela é alterada*.

Compondo permutações

Podemos *compor* (ou combinar) duas permutações para criar outra. Para isso, rearranjamos a lista conforme a primeira permutação e então rearranjamos o resultado conforme a segunda. O processo é mais fácil de entender combinando os dois diagramas entre si:

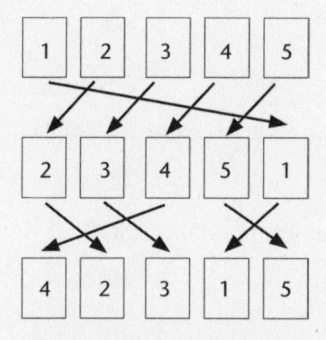

FIG 15 Diagrama para a permutação *A* seguida de *B*.

As duas permutações *A* e *B* são mostradas respectivamente pelo conjunto de setas superior e pelo conjunto de setas inferior. Para compô-las (resultando numa permutação que chamarei de *AB*) seguimos os pares de setas correspondentes um de cada vez, removendo a linha de números do meio. Obtemos isto:

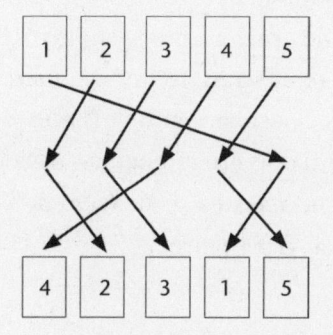

FIG 16 Diagrama para a permutação *AB*, antes de unificar as setas.

Finalmente, unificamos as setas para obter:

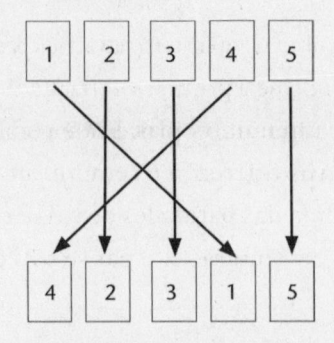

FIG 17 Diagrama para a permutação AB, após a unificação das setas.

Esta é a permutação que rearranja a lista

1, 2, 3, 4, 5

na ordem

4, 2, 3, 1, 5

Número de cruzamento e paridade

Na permutação A, a seta longa cruza as outras quatro setas. Dizemos que essa permutação tem *número de cruzamento* 4, e escrevemos $c(A) = 4$.* A permutação B tem número de cruzamento 3, então $c(B) = 3$. Sua composição AB tem número de cruzamento 5, então $c(AB) = 5$.

Antes de unificarmos as setas, AB tinha número de cruzamento 7. Esta é a soma dos números de cruzamento de A e B: $4 + 3 = 7$. Quando unificamos as setas, sumiram dois cruzamentos – os dois do lado direito. Estas duas setas se cruzavam, mas aí se cruzavam de volta. Então o segundo cruzamento "cancelava" o primeiro.

---

* É usada a letra c devido à nomenclatura inglesa, *crossing number* – número de cruzamento. (N.T.)

Esta observação vale genericamente. Se compusermos duas permutações quaisquer A e B para obter AB, então, antes de unificarmos as setas, a quantidade de cruzamentos para AB é a quantidade de A mais a quantidade de B. Quando unificamos as setas, a quantidade de cruzamentos ou fica a mesma, ou subtraímos um número par. Então, embora $c(AB)$ não precise ser igual a $c(A) + c(B)$, sua diferença é sempre *par*. E isso significa que a *paridade* de $c(AB)$ é a soma das paridades de $c(A)$ e $c(B)$.

Dizemos que uma permutação A é par se $c(A)$ é par e ímpar se $c(A)$ é ímpar. A paridade da permutação A é coerentemente "par" ou "ímpar".

Uma permutação par troca a ordem de um número par de pares de símbolos.

Uma permutação ímpar troca a ordem de um número ímpar de pares de símbolos.

Isso implica que quando compomos permutações:

par compondo com par dá par
ímpar compondo com ímpar dá par
par compondo com ímpar dá ímpar
ímpar compondo com par dá ímpar

exatamente como números pares e ímpares. Estas agradáveis propriedades são usadas ao longo de toda a matemática.

O Quebra-cabeça do Quinze

Paridades de permutações podem parecer bastante técnicas, mas possuem muitas aplicações. Uma das mais divertidas é num quebra-cabeça inventado por um americano chamado Noyes Chapman. O jogo virou uma febre, espalhando-se por Estados Unidos, Canadá e Europa. O empresário Matthias Rice o fabricou como um brinquedo, e um dentista chamado Charles Pevey ofereceu um prêmio a qualquer pessoa que conseguisse resolvê-lo.

O quebra-cabeça consiste em quinze peças quadradas, numeradas de 1 a 15, capazes de deslizar para os lados, inicialmente arranjadas com o 14 e o 15 colocados fora da ordem numérica e um quadrado vazio no canto inferior direito (figura da esquerda). O objetivo é deslizar os blocos sucessivamente para o quadrado vazio – que, obviamente, muda de lugar à medida que os blocos vão sendo deslizados – de modo a obter a ordem numérica correta (figura da direita).

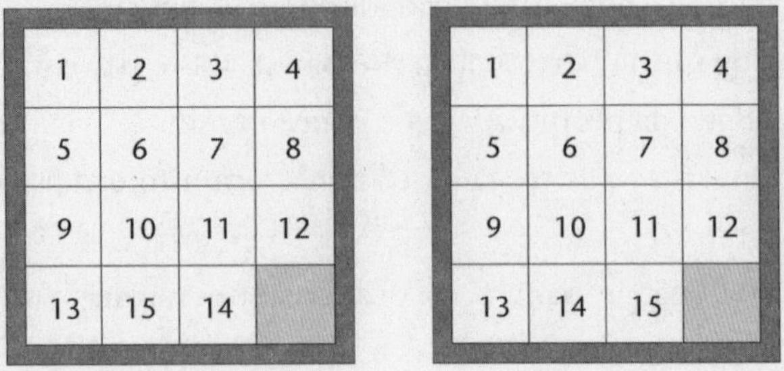

FIG 18 Comece assim...   ...e termine assim.

Este quebra-cabeça é muitas vezes atribuído ao famoso inventor de quebra-cabeças americano Sam Loyd, que reviveu o interesse nele em 1886, oferecendo um prêmio de US$1 000. No entanto, Loyd tinha confiança de que seu dinheiro estava seguro, porque em 1879 William Johnson e William Story haviam provado que o Quebra-cabeça do Quinze não tinha solução.

O ponto básico é que qualquer posição no quebra-cabeça pode ser pensada como uma permutação da posição original, contando o quadrado vazio como um décimo sexto "bloco virtual". A posição original, com apenas um par de blocos (14 e 15) trocados, é uma permutação ímpar da requerida posição final. Mas a exigência de que o quadrado vazio termine onde começou implica que os movimentos permitidos levem apenas a permutações pares.

Portanto, os movimentos permitidos, começando de qualquer estado inicial dado, podem alcançar exatamente *metade* de 16! arranjos possíveis, que é 10 461 394 944 000 arranjos. Por tentativa e erro é impossível explorar mais do que uma fração desses arranjos possíveis, o que pode facilmente persuadir as pessoas de que se conseguissem continuar tentando poderiam tropeçar em uma solução.

Equações quadráticas

Os matemáticos distinguem equações algébricas pelo grau, que é a potência mais alta em que a incógnita aparece. O grau da equação

$5x - 10 = 0$

é um, porque só ocorre x elevado à primeira potência. O grau de

$x^2 - 3x + 2 = 0$

é dois, porque ocorre a segunda potência (o quadrado) de x, mas não uma potência mais alta. O grau de

$x^3 - 6x^2 + 11x - 6 = 0$

é três, e assim por diante.

Há nomes especiais para equações de grau pequeno:

grau 1 = linear
grau 2 = quadrática
grau 3 = cúbica
grau 4 = quártica
grau 5 = quíntica
grau 6 = sêxtica

A principal tarefa quando nos é apresentada uma equação é resolvê-la. Ou seja, encontrar o valor (ou valores) do termo desconhecido (incógnita) x que a torne verdadeira. A equação linear $5x - 10 = 0$ tem como solução $x = 2$, porque $5 \times 2 - 10 = 0$. A equação quadrática $x^2 - 3x + 2 = 0$ tem a solução $x = 1$, porque $1^2 - 3 \times 1 + 2 = 0$, mas tem também uma segunda solução $x = 2$, porque $2^2 - 3 \times 2 + 2 = 0$ também. A equação cúbica $x^3 - 6x^2 + 11x - 6 = 0$ tem três soluções, $x = 1, 2$ *ou* 3. O número de soluções (reais) é sempre menor ou igual ao grau da equação.

Equações lineares são fáceis de resolver, e métodos gerais são conhecidos há milhares de anos, remontando até bem antes de a álgebra simbólica ter sido inventada. Não sabemos exatamente quanto tempo atrás, porque não existem registros adequados.

Equações quadráticas, ou de segundo grau, são mais difíceis. Mas a maneira de resolvê-las já era conhecida dos antigos babilônios, há 4 mil anos, e isso vem a seguir. Discutirei as equações cúbicas, quárticas e quínticas nos capítulos 3, 4 e 5.

A solução babilônica

FIG 19 As tabuletas matemáticas babilônicas.

Em 1930, o historiador da matemática Otto Neugebauer reconheceu que tabuletas de argila da antiga Babilônia explicam como resolver equações quadráticas.

Primeiro, precisamos saber um pouco sobre a notação numérica babilônica. Eles não usavam base 10, e sim base 60. Assim, 2015 em notação babilônica (eles usavam marcas cuneiformes na argila em lugar dos nossos algarismos) significava

Par e ímpar

$$2 \times 60^3 + 0 \times 60^2 + 1 \times 60^1 + 5 \times 60^0$$

que é

$$2 \times 216\,000 + 0 \times 3\,600 + 1 \times 60 + 5 \times 1 = 432\,065$$

em decimal. Eles também tinham uma versão para a nossa vírgula decimal, somando múltiplos de ¹⁄₆₀, ¹⁄₃ ₆₀₀, e assim por diante. Os historiadores reescrevem os numerais babilônicos da seguinte maneira:

2,0,1,5

e usam um ponto e vírgula (;) em lugar da vírgula decimal. Por exemplo,

$$14{,}30;15 = 14 \times 60 + 30 + \frac{15}{60} = 870\,\frac{1}{4}$$

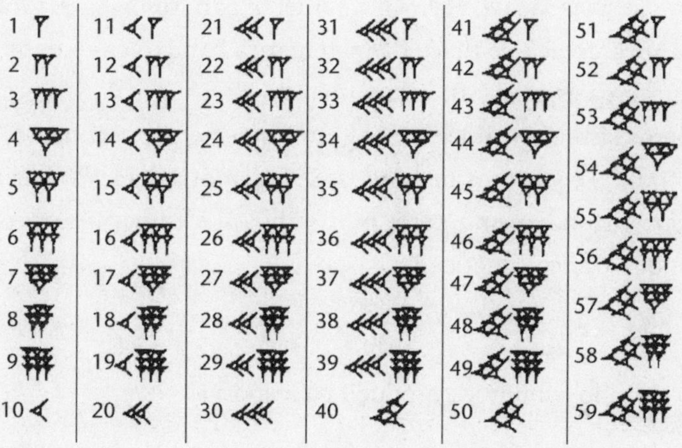

FIG 20 Símbolos cuneiformes babilônicos para os números 1-59.

Agora vamos à quadrática. Uma tabuleta babilônica, que data de cerca de 4 mil anos atrás, pede: "Ache o lado de um quadrado se a área menos o lado é 14,30." Este problema envolve o quadrado de uma incógnita (a área do quadrado) bem como a própria incógnita, então se reduz a uma equação quadrática. A tabuleta explica como obter a resposta:

instruções babilônicas	nossa notação
Pegue metade de 1, que é 0;30.	½
Multiplique 0;30 por 0;30, que é 0;15.	¼
Some isso a 14,30 para obter 14,30;15.	$(14 \times 60 + 30) + ¼ = 870¼$
Este é o quadrado de 29;30.	$870¼ = (29½) \times (29½)$
Agora some 0;30 a 29;30.	$29½ + ½$
O resultado é 30, o lado do quadrado.	30

TABELA 4

O passo mais complicado é o quarto, que é encontrar um número (que é 29½) cujo quadrado é 870¼. O número 29½ é a *raiz quadrada* de 870¼. Raízes quadradas são a principal ferramenta para resolver quadráticas.

Esta apresentação é típica da matemática babilônica. A descrição envolve números específicos, mas o método é mais geral. Se você mudar os números sistematicamente e seguir o mesmo procedimento, poderá resolver outras equações quadráticas. Se usarmos a notação algébrica moderna, substituindo os números por símbolos, e começarmos com uma equação quadrática genérica

$$ax^2 + bx + c = 0$$

então o método babilônico produzirá a resposta

$$x = \frac{-b \pm \sqrt{b^2 - 4ac}}{2a}$$

Você provavelmente reconhecerá o seguinte: é precisamente a fórmula que nos ensinaram na escola.

3
Equação cúbica

O MENOR NÚMERO PRIMO ímpar é 3. A equação cúbica, envolvendo a terceira potência (cubo) de uma incógnita, pode ser resolvida usando raízes cúbicas e raízes quadradas. O espaço tem três dimensões. A trissecção de um ângulo usando régua e compasso é impossível. Exatamente três polígonos regulares ladrilham o plano. Sete oitavos de todos os números são a soma de três quadrados.

O menor primo ímpar

O menor número primo é 2, que é par. O seguinte é 3, e este é o menor número primo *ímpar*. Todo outro número primo é ou da forma $3k + 1$ ou $3k + 2$ para um k inteiro, porque $3k$ é divisível por 3. Mas há um monte de outras coisas interessantes a dizer sobre o 3, então deixarei os primos para o Capítulo 7.

Equação cúbica

Um dos grandes triunfos da matemática na Itália renascentista foi a descoberta de que uma equação cúbica pode ser resolvida usando uma fórmula algébrica envolvendo raízes cúbicas e raízes quadradas.

 O Renascimento foi um período de agitação e inovação intelectual. Os matemáticos da época não foram exceção, e estavam determinados a superar as limitações da matemática clássica. O primeiro grande avanço foi um método para resolver equações cúbicas. Várias versões desse método foram descobertas por diversos matemáticos, que mantiveram seus métodos em segredo. Finalmente Girolamo Cardano os publicou em um dos maiores livros de álgebra do mundo, o *Ars Magna* (A grande arte). Quando o fez, um matemático o acusou de roubar seu segredo. Não era de todo improvável. Por volta de 1520, Cardano estava falido. Voltou-se para a jogatina como fonte de recursos financeiros, explorando suas habilidades matemáticas para melhorar as chances de ganhar. Cardano era um gênio, mas também um patife. No entanto, ele tinha, sim, uma desculpa plausível, como veremos.

Eis o que aconteceu. Em 1535, Antonio Fior e Niccolò Fontana (apelidado de Tartaglia, "o gago") envolveram-se numa competição pública. Cada um apresentou ao outro equações cúbicas para serem resolvidas, e Tartaglia venceu Fior por larga margem. Na época, as equações cúbicas eram classificadas em três tipos distintos, porque os números negativos não eram reconhecidos. Fior sabia resolver apenas um tipo; inicialmente Tartaglia sabia resolver um tipo diferente. Mas um pouco antes da disputa descobriu como resolver todos os outros tipos. Apresentou então a Fior apenas os tipos que sabia que Fior não seria capaz de resolver, derrubando assim o adversário.

Cardano, trabalhando em seu texto de álgebra, ouviu falar da disputa, e percebeu que Fior e Tartaglia sabiam resolver cúbicas. Esta descoberta sem precedentes enriqueceria grandemente o livro, então Cardano pediu a Tartaglia que revelasse seus métodos. Tartaglia acabou divulgando o segredo, declarando mais tarde que Cardano prometera jamais torná-lo público. Mas o método apareceu no *Ars Magna*, o que fez Tartaglia acusar Cardano de plágio.

Todavia, Cardano tinha uma desculpa, e também uma boa razão para achar um jeito de contornar sua promessa. Seu aluno Lodovico Ferrari havia descoberto como resolver equações quárticas [ver 4], e Cardano as queria no livro também. No entanto, o método de Ferrari dependia da resolução de uma equação cúbica associada, de modo que Cardano não podia publicar o trabalho de Ferrari sem publicar o de Tartaglia. Deve ter sido frustrante.

Cardano então ficou sabendo que Fior fora aluno de Scipio del Ferro, de quem se dizia ter resolvido todos os três tipos de cúbica, passando a Fior o segredo de apenas um tipo. Os escritos não publicados de Del Ferro estavam nas mãos de Annibale del Nave. Então Cardano e Ferrari foram a Bolonha em 1543 para consultar Del Nave, e nos escritos encontraram soluções para os três tipos de cúbica – exatamente como os rumores sugeriam. Isso permitiu a Cardano alegar, corretamente, que estava publicando o método de Del Ferro, e não o de Tartaglia.

Ainda assim, Tartaglia sentiu-se ludibriado, o que o fez publicar uma longa e amarga diatribe contra Cardano. Ferrari o desafiou para um debate público e ganhou com facilidade. Depois disso, Tartaglia nunca recobrou a reputação.

Usando símbolos modernos, podemos escrever a solução de Cardano para a equação cúbica em um caso especial, quando $x^3 + ax + b = 0$ para números específicos a e b. (Se x^2 estiver presente, há um truque astucioso para se livrar dele, de modo que este caso praticamente lida com tudo.) A resposta é:

$$x = \sqrt[3]{-\frac{b}{2} + \sqrt{\frac{b^2}{4} + \frac{a^3}{4}}} + \sqrt[3]{-\frac{b}{2} - \sqrt{\frac{b^2}{4} + \frac{a^3}{27}}}$$

envolvendo raízes cúbicas e raízes quadradas. Vou poupar você dos detalhes cruéis. São sagazes e elegantes, mas este tipo de álgebra é um gosto adquirido, que se pode achar facilmente em livros-texto ou na internet.

Dimensão do espaço

A geometria euclidiana considera dois espaços diferentes: a geometria do plano, onde tudo está efetivamente confinado a uma folha de papel plana, e a geometria sólida do espaço. O plano é bidimensional: a posição de um ponto pode ser especificada usando duas coordenadas (x, y). O espaço em que vivemos é tridimensional: a posição de um ponto pode ser especificada usando três coordenadas (x, y, z).

Outra maneira de dizer isso é que no plano (agora posicionado verticalmente como uma página de livro ou tela de computador) há duas direções independentes: esquerda-direita e cima-baixo. No espaço há três direções independentes: norte-sul, leste-oeste e cima-baixo.

Por mais de 2 mil anos, os matemáticos (e todo mundo) assumiram que três era o máximo. Pensava-se que não podia haver um espaço quadridimensional [ver 4], porque não havia lugar para uma quarta direção independente. Se você acha que há, por favor, vá para lá. No entanto, esta crença se assentava sobre uma confusão entre espaço físico real e possibilidades matemáticas abstratas.

Em termos de percepção humana normal, o espaço parece comportar-se bastante como a geometria sólida tridimensional de Euclides. Todavia, nossa percepção é limitada pelas regiões vizinhas, e segundo Albert Einstein a imagem euclidiana não corresponde exatamente à geometria do espaço físico em escalas maiores. Tão logo ultrapassamos o mundo físico e penetramos no mundo abstrato dos conceitos matemáticos, é fácil definir "espaços" com quantas dimensões desejemos. Simplesmente permitimos mais coordenadas na nossa lista. Num espaço quadridimensional, por exemplo, os pontos são especificados usando-se uma lista de quatro coordenadas (w, x, y, z). Não é mais possível desenhar figuras – pelo menos da maneira habitual –, mas essa é uma limitação do espaço físico e da percepção humana, não uma limitação da matemática.

Vale a pena notar que tampouco podemos desenhar realmente figuras do espaço *tridimensional*, porque o papel e as telas de computador são bidimensionais. Mas o nosso sistema visual é usado para interpretar objetos tridimensionais de projeções bidimensionais, porque os raios de luz que penetram no olho são detectados pela retina, que é efetivamente bidimensional. Então nos contentamos em desenhar uma projeção da forma tridimensional no plano – que é bastante próximo de como se enxerga o mundo. Podem-se inventar métodos semelhantes para "desenhar" formas quadridimensionais no papel, mas eles precisam de muita explicação e é necessário um bocado de prática para acostumar-se a eles.

Equação cúbica

Os físicos acabaram percebendo que localizar um evento tanto no espaço como no tempo requer quatro coordenadas, não três: as três costumeiras para a posição espacial e uma quarta para o momento em que o evento ocorre. A Batalha de Hastings aconteceu num local que atualmente é próximo do cruzamento das rodovias A271 e A2100, a noroeste de Hastings, na costa meridional de Sussex. A latitude e a longitude deste ponto fornecem duas coordenadas. No entanto, a batalha também ocorreu no chão, isto é, a uma certa quantidade de metros acima do nível do mar. Esta é a terceira coordenada espacial, e agora especificamos precisamente o local em relação à Terra. (Vou ignorar o movimento da Terra em torno do Sol, a revolução do Sol junto com o resto da galáxia, o movimento da galáxia rumo a M31 em Andrômeda e como todo o grupo local de galáxias está sendo sugado na direção do Grande Atrator.)

No entanto, se você for lá hoje não verá os ingleses sob o comando do rei Haroldo II combatendo o exército invasor do duque Guilherme II da Normandia, e a razão é que você está na coordenada errada de tempo. Você precisa de um quarto número, 14 de outubro de 1066, para localizar a batalha no espaço *e* no tempo.

Então, embora o espaço físico possa ter apenas três dimensões, o espaço-tempo tem quatro.

O espaço pode também não ser o que parece quando vamos além da percepção humana. Einstein mostrou que em escalas muito grandes, aplicáveis quando estamos estudando o sistema solar ou galáxias, o espaço pode ser curvado pela gravidade. A geometria resultante *não* é a mesma que a de Euclides. Em escalas muito pequenas, aplicáveis a partículas subatômicas, os físicos agora desconfiam de que o espaço tenha seis ou sete dimensões adicionais, talvez tão fortemente enroladas que nós não as notamos [ver 11].

Impossibilidade da trissecção do ângulo e da duplicação do cubo

Elementos, de Euclides, fornecia soluções para uma gama de problemas geométricos, mas deixou diversas questões sem resposta. Fornecia um método de bissecção de qualquer ângulo – dividi-lo em duas partes iguais – usando apenas os instrumentos tradicionais, uma régua sem marcação de escala e um compasso [ver $\frac{1}{2}$]. (Estritamente falando, "par de compassos", pela mesma razão que cortamos papel com um par de tesouras, não com uma tesoura, e vestimos um par de calças, não uma calça. Mas dificilmente alguém é tão pedante nos dias de hoje.) Contudo, Euclides fracassou em fornecer um método para trissecção de qualquer ângulo – dividi-lo em três partes iguais – usando apenas esses instrumentos. Ele sabia como fazer um cubo e achar outro com oito vezes o seu volume – basta duplicar todos os lados. Mas não conseguiu fornecer um método para pegar um cubo e achar outro com *o dobro* do volume, problema conhecido como duplicação do cubo. Talvez sua maior omissão foi a quadratura do círculo: um método para construir um quadrado com a mesma área que a de um círculo dado [ver π]. Em termos modernos, é o equivalente a achar uma construção geométrica para um segmento de comprimento π, dado um segmento de comprimento unitário.

São esses os três "problemas geométricos da Antiguidade". Os antigos os resolveram permitindo novos tipos de instrumento, mas deixaram em aberto se esses novos métodos eram realmente necessários. Poderiam esses três problemas ser resolvidos usando-se apenas régua e compasso?

Todos os três problemas acabaram se provando insolúveis com régua e compasso. A prova para a quadratura do círculo foi especialmente difícil [ver π]. Os outros dois dependiam de uma propriedade especial do número 3. Que é: ele não é uma potência inteira de 2.

A ideia básica é mais fácil de ver no contexto da duplicação do cubo. O volume de um cubo de lado x é x^3. Então, estamos tentando resolver a equação $x^3 = 2$. Isso pode ser feito: a resposta é a raiz cúbica de 2,

$\sqrt[3]{2} = 1,259921049894873164767\ldots$

Mas será que isso pode ser feito usando apenas régua e compasso?

Gauss observou em seu texto clássico sobre teoria dos números, *Disquisitiones Arithmeticae* (Investigações em aritmética), que qualquer comprimento obtido do comprimento unitário por construção régua e compasso pode ser expresso algebricamente resolvendo uma série de equações quadráticas. Um pouquinho de álgebra mostra que o comprimento deve ser, portanto, a solução de uma equação com coeficientes numéricos inteiros, cujo grau seja uma potência de 2. Grosseiramente falando, cada quadrado extra duplica o grau.

Agora o golpe de misericórdia. A equação para a raiz cúbica de 2 é $x^3 = 2$, que tem grau 3. Esta *não* é uma potência de 2, portanto este comprimento não pode ser construído com regra e compasso. Pierre Wantzel dedicou-se a elaborar os detalhes que Gauss considerava triviais demais para mencionar e escreveu uma prova completa em 1837. Há um ponto técnico: a equação cúbica precisa ser "irredutível", o que neste caso quer dizer que não tem solução racional. Como $\sqrt[3]{2}$ é irracional, esse ponto é facilmente abordado.

Wantzel também provou a impossibilidade de trissecção do ângulo, por motivos similares. Se considerarmos a trissecção do ângulo de 60°, um pouco de trigonometria e álgebra levam à equação cúbica

$$x^3 - 3x - 1 = 0$$

Mais uma vez irredutível, então nenhuma construção com régua e compasso é possível.

Número de ladrilhos no plano usando polígonos regulares

Apenas três polígonos regulares ladrilham o plano: o triângulo equilátero, o quadrado e o hexágono.

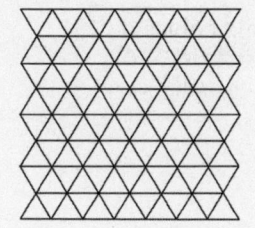

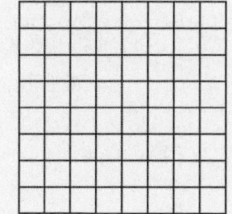

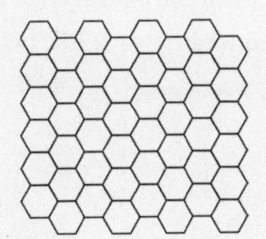

FIG 21 Três modos de ladrilhar o plano:
triângulos equiláteros, quadrados e hexágonos.

A prova é simples. O ângulo no vértice de um polígono regular de n lados é

$$180 - \frac{360}{n}$$

e os primeiros valores são:

n	$180 - 360/n$	polígono
3	60	triângulo equilátero
4	90	quadrado
5	108	pentágono
6	120	hexágono
7	128,57	heptágono
8	135	octógono

TABELA 5

Agora considere um ladrilhamento com cópias de um desses polígonos. Em qualquer vértice há o encontro de diversos ladrilhos. Então o ângulo no vértice do polígono deve ser 360° dividido por um número inteiro. Portanto, os ângulos possíveis são:

n	$360/n$	polígono
3	120	hexágono
4	90	quadrado
5	72	não é ângulo de polígono regular
6	60	triângulo equilátero
7	51,43	não é ângulo de polígono regular

TABELA 6

Note que os ângulos na Tabela 5 aumentam à medida que o número n de lados aumenta, enquanto os da Tabela 6 diminuem à medida que n

aumenta. De 7 lados em diante o ângulo da Tabela 6 é menor que 60°, mas o ângulo na Tabela 5 é sempre maior ou igual a 60°. Então, estender a tabela não produzirá mais ladrilhamentos.

Outra forma de dizer isso é que três pentágonos deixam um vazio, mas quatro se sobrepõem; dois heptágonos (ou polígonos com mais de 7 lados) deixam um vazio, mas três se sobrepõem. Assim, apenas o triângulo equilátero, o quadrado e o hexágono regular podem se encaixar exatamente para formar um ladrilhamento.

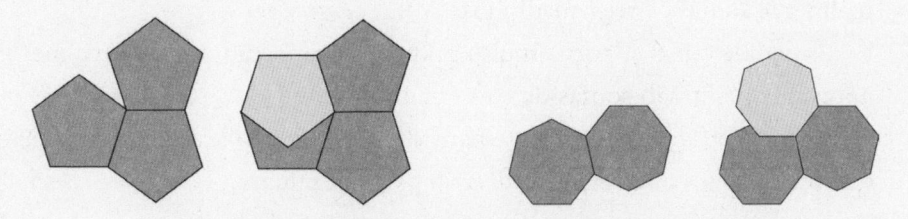

FIG 22 *Esquerda:* Três pentágonos deixam um vazio; quatro se sobrepõem. *Direita:* Dois heptágonos deixam um vazio; três se sobrepõem. O mesmo acontece com os de mais de 7 lados.

Somas de três quadrados

Como muitos números não são somas de dois quadrados [ver 2], que tal somas de *três* quadrados? A maioria dos números, mas não todos, pode ser escrita como soma de três quadrados. A lista dos que não podem começa:

7	15	23	28	31	39	47	55
60	63	71	79	87	92	95	103

Mais uma vez há um padrão nesses números, e mais uma vez é difícil identificá-lo. Esse padrão foi descoberto em 1798 por Adrien-Marie Legendre. Ele afirmou que as somas de três quadrados são precisamente aqueles números que *não são* da forma $4^k(8n + 7)$. A lista de exceções, acima, inclui todos os números que são dessa forma. Assim, se $n = 0$ e $k = 0$, obtemos 7;

se $n = 1$ e $k = 0$ obtemos 28, e assim por diante. O resultado é correto, mas sua prova tinha uma lacuna, que foi preenchida por Gauss em 1801.

Não é muito difícil provar que números da forma $4^k(8n + 7)$ *não são* somas de três quadrados. Todo quadrado deixa resto 0, 1 ou 4 quando dividido por 8. Então, somas de três quadrados podem deixar qualquer resto obtido somando-se três desses números entre si, o que dá restos 0, 1, 2, 3, 4, 5 e 6, mas não 7. Isso nos diz que números da forma $8n + 7$ necessitam de mais de três quadrados. O pedacinho 4^k é só marginalmente mais difícil. A parte mais dura é provar que todos os outros números são realmente somas de três quadrados.

À medida que n se torna muito grande, a proporção de números menores que n que são somas de três quadrados tende a ⅞. O fator 4^k não afeta esta proporção o suficiente para alterar o limite para um n grande, e só um entre os oito restos da divisão por 8 é excluído.

4

Quadrado

O PRIMEIRO QUADRADO perfeito (depois de 0 e 1) é 4. Todo mapa no plano pode ser colorido com quatro cores de modo que regiões adjacentes tenham cores diferentes. Todo número inteiro positivo é a soma de quatro quadrados. O mesmo é conjecturado para cubos, permitindo inteiros negativos. Equações quárticas, envolvendo a quarta potência da incógnita, podem ser resolvidas usando raízes cúbicas e raízes quadradas. (Raízes quartas são raízes quadradas de raízes quadradas.) O sistema numérico dos quatérnions, baseado em quatro grandezas independentes, obedece a *quase* todas as leis padrões da álgebra. Será que pode existir uma quarta dimensão?

Quadrado perfeito

O número $4 = 2 \times 2$ é um quadrado [ver 2]. Quadrados são de importância central ao longo de toda a matemática. O teorema de Pitágoras diz que o quadrado do lado mais comprido de um triângulo retângulo é a soma dos quadrados dos outros dois lados, então, em particular, quadrados são números fundamentais em geometria.

Quadrados têm montes de padrões ocultos. Olhe as *diferenças* entre quadrados sucessivos:

$1 - 0 = 1$
$4 - 1 = 3$
$9 - 4 = 5$
$16 - 9 = 7$
$25 - 16 = 9$

Que números são esses? Os números *ímpares*

1   3   5   7   9

Outro padrão interessante é uma consequência direta:

1 = 1
1 + 3 = 4
1 + 3 + 5 = 9
1 + 3 + 5 + 7 = 16
1 + 3 + 5 + 7 + 9 = 25

Se somarmos todos os outros números ímpares até algum número específico, o resultado é um quadrado.

Há um jeito de entender por que ambos os fatos são verdade, e como estão relacionados entre si, usando pontos (figura da esquerda). E também podem ser provados usando álgebra, é claro.

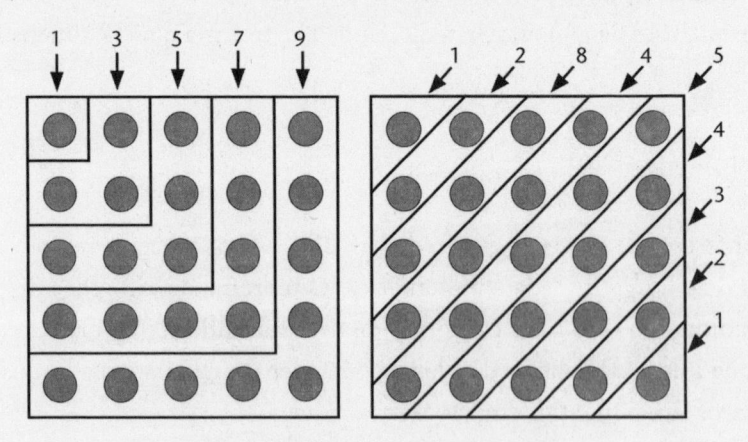

FIG 23 *Esquerda:* 1 + 3 + 5 + 7 + 9.
Direita: 1 + 2 + 3 + 4 + 5 + 4 + 5 + 3 + 2 + 1.

Eis outro belo padrão usando quadrados:

1 = 1
1 + 2 + 1 = 4
1 + 2 + 3 + 2 + 1 = 9

$$1 + 2 + 3 + 4 + 3 + 2 + 1 = 16$$
$$1 + 2 + 3 + 4 + 5 + 4 + 3 + 2 + 1 = 25$$

Também podemos ver isso usando pontos (figura da direita).

O teorema das quatro cores

Cerca de 150 anos atrás, alguns matemáticos começaram a pensar sobre mapas. Não os problemas tradicionais associados com fazer mapas acurados do mundo numa folha de papel plana, mas questões bastante difusas sobre mapas em geral. Em particular, como colorir as regiões de modo que regiões com uma fronteira comum tenham cores diferentes.

Alguns mapas não precisam de muitas cores. Os quadrados de um tabuleiro de xadrez formam um tipo de mapa bastante regular, e somente duas cores são necessárias: preto e branco é o padrão habitual. Mapas feitos de círculos sobrepostos também necessitam de apenas duas cores. Mas quando as regiões se tornam menos regulares, duas cores não são suficientes.

Por exemplo, aqui está um mapa dos Estados Unidos, com as regiões sendo seus cinquenta estados. Obviamente cinquenta cores dariam certo, uma para cada estado, mas podemos melhorar isso. Tente colorir as regiões

FIG 24 Os cinquenta estados americanos.

e ver o número mínimo de cores que você consegue manter. Esclarecendo um ponto técnico: estados que se juntam num único ponto, como Colorado e Arizona, podem ter a mesma cor, se você quiser. Eles não têm uma *fronteira* comum.

O mapa dos Estados Unidos exemplifica alguns princípios gerais simples. Alasca e Havaí na verdade não desempenham nenhum papel porque estão isolados de todos os outros estados: podemos dar-lhes qualquer cor que quisermos. Mais importante, decididamente precisamos de pelo menos *três cores*. Na realidade, Utah, Wyoming e Colorado devem ter, todos, cores diferentes, porque quaisquer dois deles têm fronteira comum.

Podemos escolher três cores para esses estados. Não importam quais, contanto que sejam diferentes. Então vamos colorir Utah de preto, Wyoming de cinza-escuro e Colorado de cinza-médio, assim:

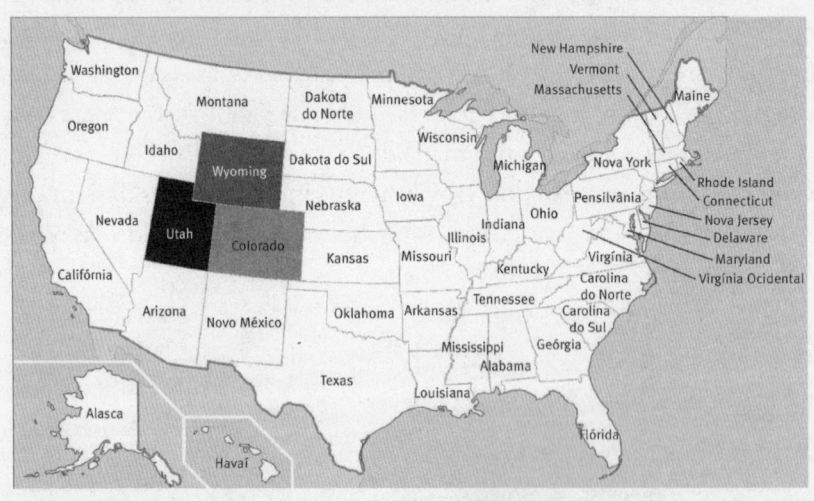

FIG 25 Por que são necessárias pelo menos três cores.

Suponha, só para fins de discussão, que quiséssemos usar apenas essas três cores para o resto do mapa. Então Nebraska teria de ser preto, pois compartilha uma fronteira com um estado cinza-escuro e com um estado cinza-médio. Isso forçaria Dakota do Sul a ser cinza-médio. Podemos continuar assim por algum tempo, com apenas uma possibilidade para cada nova cor, colorindo Montana, Idaho, Nevada, Oregon e Califórnia. Neste estágio temos:

Quadrado

FIG 26 Se continuarmos usando três cores encalharemos.

O Arizona agora faz fronteira com estados que colorimos de cinza-médio, cinza-escuro e preto. Como todas as cores até aqui foram forçadas pela forma como os estados fazem fronteira, três cores não bastarão para o mapa inteiro. Portanto, precisamos de uma quarta cor – cinza-claro, digamos – para continuarmos:

FIG 27 Uma quarta cor vem para nos salvar.

Com 38 estados ainda por colorir, excluindo Alasca e Havaí, parece possível que a certa altura talvez necessitemos de uma quinta cor, ou de uma sexta... quem sabe? Por outro lado, ter uma quarta cor à disposição muda todo o jogo. Em particular, algumas das cores anteriormente atribuídas poderiam ser mudadas (fazendo Wyoming cinza-claro, por exemplo). As escolhas de cores não são mais forçadas de forma única, de modo que o problema fica mais difícil de analisar. Contudo, podemos prosseguir com palpites sensatos e mudando as cores onde não der certo. Um colorido resultante tem apenas três estados cinza-claros: Arizona, Virgínia Ocidental e Nova York. Mesmo havendo cinquenta estados, colorimos o mapa com apenas *quatro* cores.

FIG 28 Não é necessária uma quinta cor.

(Outro ponto técnico: Michigan ocorre como duas regiões desconectadas, com o lago Michigan no meio. Aqui ambas foram coloridas em cinza-escuro, mas regiões desconectadas às vezes levam a mais cores. Isso precisa ser levado em conta numa teoria matemática completa, mas aqui não é essencial.)

O mapa dos Estados Unidos não é especialmente complicado, e podemos enfrentar mapas com milhões de regiões, todas elas muito sinuosas, cheias de saliências e reentrâncias por todos os lados. Talvez precisassem de mais uma porção de cores. Mesmo assim, os matemáticos que pensaram nessas possibilidades construíram uma forte crença de que você nunca precisa mais do que quatro cores, não importa quão complexo o mapa possa ser. Enquanto for desenhado sobre um plano ou uma esfera, com todas as regiões conectadas, quatro cores bastam.

Breve história do problema das quatro cores

O problema das quatro cores surgiu em 1852, quando Francis Guthrie, um jovem matemático e botânico sul-africano, tentava colorir os condados num mapa da Inglaterra. Quatro cores sempre pareciam ser suficientes, então ele perguntou a seu irmão Frederick se este era um fato conhecido. Frederick perguntou ao distinto mas excêntrico matemático Augustus De Morgan; ele não tinha ideia, então escreveu a um matemático ainda mais distinto, Sir William Rowan Hamilton. Hamilton tampouco sabia e, para ser franco, não pareceu extremamente interessado.

Em 1879, o advogado e matemático Alfred Kempe publicou o que acreditava ser uma prova de que quatro cores bastam, mas em 1889 Percy Heawood descobriu que Kempe tinha cometido um erro. Destacou que o método de Kempe provava que cinco cores sempre são suficientes, e o assunto ficou parado por mais de um século. A resposta era ou quatro ou cinco, mas ninguém sabia qual. Outros matemáticos tentaram estratégias como a de Kempe, mas logo ficou claro que esse método requeria montes de tediosos cálculos. Finalmente, em 1976, Wolfgang Haken e Kenneth Appel solucionaram o problema usando um computador. Quatro cores sempre são suficientes.

A partir desse trabalho pioneiro, os matemáticos acostumaram-se com a assistência do computador. Eles ainda *preferem* provas que se apoiem unicamente na potência cerebral humana, mas a maioria deles não faz mais essa exigência. Na década de 1990, porém, ainda havia um certo desconforto justificável em relação à prova de Appel-Haken. Assim, em 1994, Neil Robertson, Daniel Sanders, Paul Seymour e Robin Thomas decidiram refazer a prova usando a mesma estratégia básica, mas simplificando a montagem. Os computadores de hoje são tão rápidos que, em poucas horas, a prova inteira pode ser verificada num computador doméstico.

Teorema dos quatro quadrados

No Capítulo 2 vimos como caracterizar somas de dois quadrados, e o Capítulo 3 caracteriza somas de três quadrados. Mas, quando chega a hora da soma de quatro quadrados, não é preciso caracterizar os números que funcionam. Todos eles dão certo.

Cada quadrado extra possibilita obter mais números, então somas de quatro quadrados deveriam pelo menos preencher as lacunas. Experimentos sugerem que em *todo* número de 0 a 100 isso ocorre. Por exemplo, embora 7 não seja a soma de três quadrados, é a soma de quatro:

$$7 = 4 + 1 + 1 + 1$$

Esse sucesso inicial poderia ter acontecido porque estamos olhando números bastante pequenos. Talvez alguns números maiores precisem de cinco quadrados, ou seis, ou quem sabe mais? Não. Números maiores também são somas de quatro quadrados. Matemáticos buscaram uma prova de que isso vale para todos os números positivos, e em 1770 Joseph Louis Lagrange descobriu uma.

Conjectura dos quatro cubos

Tem sido conjecturado que um teorema semelhante é verdadeiro usando quatro cubos, mas com uma jogada a mais: valem tanto cubos positivos quanto negativos. Então a conjectura é: todo inteiro é uma soma de quatro cubos inteiros. Lembre-se de que os inteiros podem ser positivos, negativos ou zero.

A primeira tentativa de generalizar o teorema dos quatro quadrados para cubos surgiu em *Meditationes Algebraicae*, de Edward Waring, em 1770. Ele afirmou sem provar que todo número inteiro é a soma de quatro quadrados, nove cubos, dezenove quartas potências, e assim por diante. E assumiu que todos os números envolvidos eram positivos ou zero. Esta afirmação veio a ser conhecida como problema de Waring.

O cubo de um inteiro negativo é negativo, o que permite novas possibilidades. Por exemplo:

$$23 = 2^3 + 2^3 + 1^3 + 1^3 + 1^3 + 1^3 + 1^3 + 1^3 + 1^3$$

necessita de nove cubos positivos, mas podemos obtê-lo usando cinco cubos se alguns forem negativos:

$$23 = 27 - 1 - 1 - 1 - 1 = 3^3 + (-1)^3 + (-1)^3 + (-1)^3 + (-1)^3$$

Na verdade, 23 pode ser expresso usando apenas *quatro* cubos:

$$23 = 512 + 512 - 1 - 1\,000 = 8^3 + 8^3 + (-1)^3 + (-10)^3$$

Quando permitimos números negativos, um número positivo grande pode cancelar um negativo grande. Assim, os cubos envolvidos podem, em princípio, ser muito maiores que os números em questão. Por exemplo, podemos escrever 30 como a soma de três cubos se notarmos que

$$30 = 2\,220\,422\,932^3 + (-283\,059\,965)^3 + (-2\,218\,888\,517)^3$$

Ao contrário do caso positivo, não temos como trabalhar sistematicamente através de uma quantidade limitada de possibilidades.

Experimentos levaram vários matemáticos a conjecturar que *todo* inteiro é a soma de quatro cubos inteiros. Até agora não existe prova, mas a evidência é substancial e algum progresso tem sido feito. Seria suficiente provar a afirmação para todos os inteiros positivos (ainda permitindo cubos positivos ou negativos) porque $(-n)^3 = -n^3$. Qualquer representação de um número positivo m como soma de cubos pode ser transformada em uma para $-m$ mudando o sinal de cada cubo. Cálculos computadorizados verificam que todo inteiro positivo até 10 milhões é uma soma de quatro cubos. E, em 1966, V. Demjanenko provou que qualquer número que não da forma $9k \pm 4$ é uma soma de quatro cubos.

É até mesmo possível que, com um número finito de exceções, todo inteiro positivo possa ser a soma de quatro cubos *positivos* ou *zero*. Em 2000, Jean-Marc Deshouillers, François Hennecart, Bernard Landreau e I. Gusti Putu Purnaba conjecturaram que o maior inteiro que não pode ser assim expresso é 7 373 170 279 850.

Equação quártica

A história de Cardano e da equação cúbica [ver 3] também envolve a equação quártica, na qual a incógnita ocorre elevada à quarta potência:

$ax^4 + bx^3 + cx^2 + dx + e = 0$

O aluno de Cardano, Ferrari, resolveu esta equação. Uma fórmula completa é dada em http://en.wikipedia.org/wiki/Quartic_function e se você der uma olhada compreenderá por que eu não a estou escrevendo aqui inteira.

O método de Ferrari relacionava soluções da equação quártica com aquelas de uma equação cúbica associada. Isso é chamado agora de resolvente de Lagrange, porque Lagrange foi o primeiro matemático a explicar por que uma cúbica dá conta do serviço.

Quatérnions

Vimos na Introdução que o sistema numérico tem sido repetidamente ampliado pela invenção de novos tipos de número, culminando nos números complexos, onde -1 tem raiz quadrada [ver i]. Números complexos têm profundas aplicações em física. Mas há uma limitação séria. Os métodos são restritos às duas dimensões do plano. O espaço, porém, é tridimensional. No século XIX, matemáticos tentaram desenvolver um sistema numérico tridimensional, estendendo os números complexos. Na época pareceu uma boa ideia, mas sempre que tentavam não chegavam a nenhum lugar aproveitável.

William Rowan Hamilton, um brilhante matemático irlandês, interessou-se particularmente em inventar um sistema numérico tridimensional, e em 1843 teve um estalo. Identificou dois obstáculos inevitáveis para a criação de tal sistema:

- Três dimensões não dão certo.
- Uma das regras-padrão da aritmética precisa ser sacrificada. A saber, a propriedade comutativa da multiplicação, que declara que $ab = ba$.

No momento em que teve esse estalo, Hamilton estava andando por uma trilha ao lado de um canal a caminho de uma reunião da Royal Irish Academy, a Academia Real Irlandesa. Ele vinha revirando na mente a desconcertante charada de um sistema numérico tridimensional e subitamente deu-se conta de que três dimensões não dariam certo, mas *quatro* dimensões, sim. Todavia, era preciso estar disposto a jogar fora a propriedade comutativa da multiplicação.

Foi realmente um instante de iluminação. Atordoado por esta compreensão súbita, Hamilton parou e entalhou nas pedras de uma ponte a fórmula para tais números:

$$i^2 = j^2 = k^2 = ijk = -1$$

Ele deu a esse sistema o nome de *quatérnions*, porque os números têm quatro componentes. Três deles são i, j, k e o quarto é o número real 1. Um quatérnion típico tem o seguinte aspecto:

$$3 - 2i + 5j + 4k$$

com quatro números reais arbitrários (aqui 3, −2, 5, 4) como coeficientes. Somar esses "números" é algo imediato, e multiplicá-los também é imediato se você usar as equações que Hamilton entalhou na ponte. Tudo que se precisa são algumas consequências dessas equações, a saber:

$$i^2 = j^2 = k^2 = -1$$
$$ij = k \qquad jk = i \qquad ki = j$$
$$ji = -k \qquad kj = -i \qquad ik = -j$$

junto com a regra de que multiplicar qualquer coisa por 1 a deixa inalterada.

Note, por exemplo, que ij e ji são diferentes. Portanto, a propriedade comutativa deixa de valer.

Embora esta invalidade possa parecer inicialmente desconfortável, ela não causa dificuldades sérias. Basta ser cuidadoso em relação à ordem na qual os símbolos são escritos ao fazer cálculos algébricos. Naquela época, estavam surgindo várias outras áreas da matemática em que a propriedade comutativa falhava. Então, não era uma ideia sem precedentes, e com certeza não era revoltante.

Hamilton achou que os quatérnions eram maravilhosos, mas no começo a maioria dos outros matemáticos os considerou uma esquisitice. E não ajudou que os quatérnions acabassem revelando não ter muita utilidade para resolver problemas físicos no espaço de três dimensões – ou de quatro, nesse caso. Não eram um fracasso total, mas careciam da versatilidade e generalidade dos números complexos no espaço bidimensional. Hamilton teve algum êxito usando i, j e k para criar um espaço tridimensional, mas essa ideia foi suplantada pela álgebra vetorial, que se tornou um padrão em ciências matemáticas aplicadas. No entanto, os quatérnions continuam sendo de vital importância em matemática pura e também têm aplicações em gráficos computadorizados, fornecendo um método simples para girar objetos no espaço. E ainda possuem interessantes vínculos com o teorema dos quatro quadrados.

Hamilton não chamou os quatérnions de "números", porque na época estavam sendo inventados muitos sistemas algébricos diferentes do tipo numérico. Os quatérnions são um exemplo do que agora chamamos de álgebra de divisão: um sistema algébrico no qual é possível somar, subtrair, multiplicar e dividir (exceto por zero), ao mesmo tempo obedecendo a todas as leis padrões da aritmética. O símbolo para o conjunto de quatérnions é $\mathbb{H}$ (em homenagem a Hamilton, pois $\mathbb{Q}$ já havia sido usado para os racionais).

As dimensões dos números reais, números complexos e quatérnions são, respectivamente, 1, 2 e 4. O número seguinte na sequência deveria ser, seguramente, 8. Existe alguma álgebra de divisão octadimensional? A resposta é um qualificado "sim". Os *octônios*, também conhecidos como *números de Cayley*, fornecem tal sistema. O símbolo é 𝕆. No entanto, é preciso dispensar outra propriedade da aritmética: a propriedade associativa $a(bc) = (ab)c$. Além disso, o padrão para aqui: não existe álgebra de divisão com dezesseis dimensões.

Tanto quatérnions quanto octônios foram recentemente ressuscitados da obscuridade porque possuem conexões profundas com a mecânica quântica e as partículas fundamentais da física. A chave para esta área é a simetria das leis físicas, e esses dois sistemas algébricos têm simetrias importantes e inusitadas. Por exemplo, as regras para os quatérnions permanecem inalteradas se você reordenar i, j e k como j, k e i. Um olhar mais meticuloso mostra que na realidade você pode substituí-los por *combinações* convenientes de i's, j's e k's. As simetrias resultantes têm uma relação muito próxima com as rotações no espaço tridimensional, e os jogos de computador muitas vezes usam quatérnions para este propósito em seus softwares gráficos. Os octônios têm uma interpretação similar em termos de rotações no espaço de sete dimensões.

A quarta dimensão

Desde tempos imemoriais, as pessoas reconheceram que o espaço tem três dimensões [ver 3]. Durante muito tempo a possibilidade de um espaço com quatro ou mais dimensões parecia absurda. No século XIX, porém, esta sabedoria convencional estava sob um escrutínio crítico cada vez maior e muita gente começou a se interessar bastante pela possibilidade de uma quarta dimensão. Não só matemáticos, nem mesmo apenas cientistas: filósofos, teólogos, espiritualistas, gente que acreditava em espíritos, e alguns charlatões que abusavam da boa-fé. Uma quarta dimensão provê uma localização plausível para Deus, para os espíritos dos mortos ou fantasmas. Não neste Universo, mas na sala ao lado com uma porta fácil de entrada. Os vigaristas usavam truques para "provar" que podiam acessar a nova dimensão.

A ideia de que "espaços" com mais de três dimensões pudessem fazer sentido lógico – quer se encaixassem no espaço físico, quer não – entrou pela primeira vez na matemática graças a novas descobertas tais como os quatérnions de Hamilton. No começo do século XIX, não era mais óbvio que fosse necessário parar em três dimensões. Pense nas coordenadas. No plano, a posição de qualquer ponto pode ser descrita de forma exclusiva por dois números reais x e y, combinados num par de coordenadas (x, y).

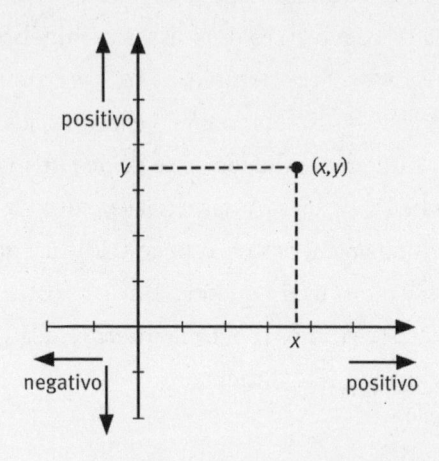

FIG 29 Coordenadas no plano.

Para representar as três dimensões do espaço, basta introduzir uma terceira coordenada z, na direção frente-trás. Agora temos um trio de números reais (x, y, z).

Ao desenhar figuras geométricas, parece que temos que parar por aí. Mas é fácil escrever quartetos de números (w, x, y, z). Ou cinco. Ou seis. Ou, tendo tempo e muito papel, 1 milhão. Os matemáticos acabaram percebendo que podiam usar quartetos para *definir* um espaço "abstrato", e, ao fazê-lo, esse espaço teria quatro dimensões. Com cinco coordenadas, obtinha-se um espaço de cinco dimensões, e assim por diante. Havia até mesmo uma noção sensata de geometria em tais espaços, definida por analogia com o teorema de Pitágoras em duas e três dimensões. Em duas dimensões este teorema nos diz que a distância entre pontos (x, y) e (X, Y) é

$$\sqrt{(x - X)^2 + (y - Y)^2}$$

Em três dimensões, temos uma fórmula análoga para a distância entre pontos (x, y, z) e (X, Y, Z):

$$\sqrt{(x - X)^2 + (y - Y)^2 + (z - Z)^2}$$

Assim, parece razoável definir a distância entre dois quartetos (w, x, y, z) e (W, X, Y, Z) como

$$\sqrt{(w - W)^2 + (x - X)^2 + (y - Y)^2 + (z - Z)^2}$$

Descobre-se que a geometria resultante é autoconsistente e intimamente análoga à geometria euclidiana.

Nesta matéria, os conceitos básicos são definidos algebricamente usando quartetos, o que garante que façam sentido lógico. Então são *interpretados* por analogia com fórmulas algébricas semelhantes em duas e três dimensões, o que adiciona uma "sensação" geométrica.

Por exemplo, as coordenadas dos vértices de um quadrado unitário no plano são

    (0, 0)   (1, 0)   (0, 1)   (1, 1)

que são todas as combinações possíveis de 0s e 1s. As coordenadas dos vértices de um cubo no espaço são

    (0, 0, 0)   (1, 0, 0)   (0, 1, 0)   (1, 1, 0)
    (0, 0, 1)   (1, 0, 1)   (0, 1, 1)   (1, 1, 1)

que são todas as combinações possíveis de 0s e 1s. Por analogia, definimos um *hipercubo* no espaço quadridimensional usando os dezesseis quartetos possíveis de 0s e 1s.

(0, 0, 0, 0)	(1, 0, 0, 0)	(0, 1, 0, 0)	(1, 1, 0, 0)
(0, 0, 1, 0)	(1, 0, 1, 0)	(0, 1, 1, 0)	(1, 1, 1, 0)
(0, 0, 0, 1)	(1, 0, 0, 1)	(0, 1, 0, 1)	(1, 1, 0, 1)
(0, 0, 1, 1)	(1, 0, 1, 1)	(0, 1, 1, 1)	(1, 1, 1, 1)

Outro nome comum para esta forma é *tesserato* [ver 6].

A partir dessa definição podemos analisar o objeto resultante. É muito parecido com um cubo, só que mais "cúbico". Por exemplo, um cubo é feito juntando seis quadrados; da mesma maneira, um hipercubo é feito juntando oito cubos.

Infelizmente, como o nosso espaço físico é tridimensional, não podemos construir um modelo exato de hipercubo. Esse problema é análogo a não podermos desenhar um cubo exato numa folha de papel. Em vez disso, desenhamos uma "projeção", como uma fotografia ou uma pintura artística, sobre uma folha de papel ou tela plana. Como alternativa, podemos cortar um cubo ao longo de suas arestas e dobrá-lo de modo a obter uma forma de seis quadrados, dispostos em cruz.

FIG 30 Cubo. *Esquerda:* projetado em duas dimensões.
Direita: aberto de modo a mostrar suas seis faces quadradas.

Podemos fazer algo análogo para um hipercubo. Podemos desenhar projeções num espaço tridimensional, que seriam modelos sólidos, ou no plano, que são desenhos de linhas. Ou podemos "abri-lo" para mostrar suas oito "faces" cúbicas. Confesso que acho difícil internalizar como esses cubos são "dobrados" num espaço quadridimensional, mas a lista de coordenadas do hipercubo diz que isso acontece.

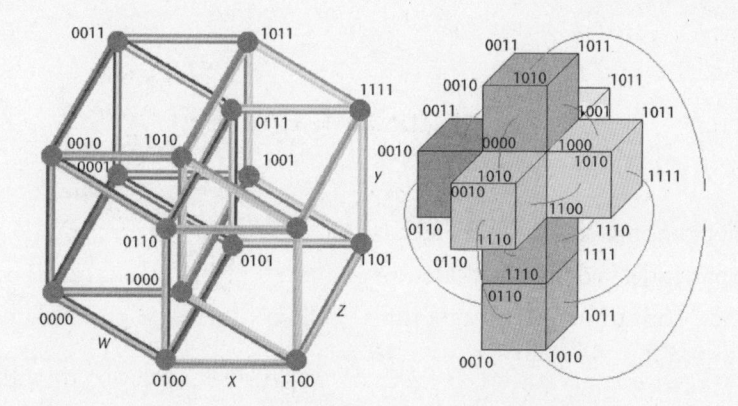

FIG 31 Hipercubo. *Esquerda:* projetado em duas dimensões. *Direita:* aberto de modo a mostrar suas oito "faces" cúbicas. Os 0s e 1s mostram as coordenadas.

O pintor surrealista Salvador Dalí usou um hipercubo desdobrado similar em diversas obras, especialmente em *Crucificação (Corpus Hypercubus)*, de 1954.

FIG 32 *Crucificação (Corpus Hypercubus)*, de Dalí.

5
Hipotenusa pitagórica

Os TRIÂNGULOS PITAGÓRICOS TÊM um ângulo reto e lados de valores inteiros. O mais simples deles tem o lado maior valendo 5: os outros dois são 3 e 4. Há cinco sólidos regulares. A equação quíntica, que envolve a quinta potência da incógnita, *não pode* ser resolvida usando-se raízes quintas – nem quaisquer outras raízes. Reticulados no plano e no espaço tridimensional não têm simetrias rotacionais quíntuplas, então essas simetrias não ocorrem em cristais. No entanto, podem ocorrer em reticulados em quatro dimensões e em estruturas curiosas conhecidas como quase-cristais.

Hipotenusa da menor trinca pitagórica

O teorema de Pitágoras diz que o lado maior de um triângulo retângulo (a famosa e infame hipotenusa) está relacionado com os outros dois lados de maneira belamente simples: *o quadrado sobre a hipotenusa é a soma dos quadrados sobre os dois lados*.

Tradicionalmente nós batizamos o teorema em homenagem a Pitágoras, mas sua história é nebulosa. Tabuletas de argila sugerem que os antigos babilônios conheciam o teorema de Pitágoras muito antes do próprio Pitágoras; ele recebe o crédito porque fundou um culto matemático, os pitagóricos, que acreditavam que o Universo era fundado sobre padrões matemáticos. Escritores antigos atribuíram vários teoremas matemáticos aos pitagóricos, e por extensão a Pitágoras, mas não temos uma ideia real da matemática que o próprio Pitágoras originou. Nem sequer sabemos se os pitagóricos podiam provar o teorema "de Pitágoras" ou só acreditavam que era verdade. Ou – mais provavelmente – tinham evidência convincente que, todavia, deixava a desejar para aquilo que hoje consideramos uma prova.

Provas de Pitágoras

A primeira prova conhecida do teorema de Pitágoras ocorre nos *Elementos* de Euclides. Ela é bastante complicada, envolvendo um diagrama conhecido dos escolares vitorianos como "calças de Pitágoras" porque parecia uma cueca pendurada num varal. São conhecidas literalmente centenas de outras provas, muitas das quais tornam o teorema bem mais óbvio.

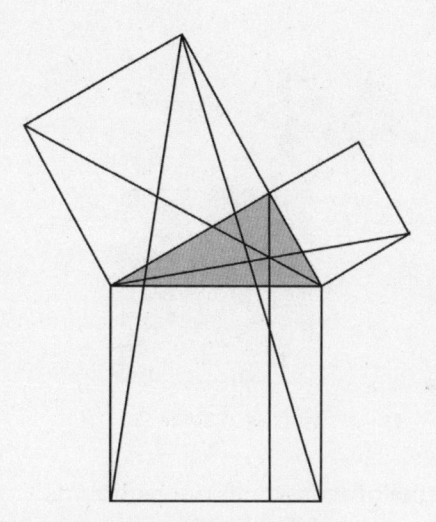

FIG 33 As calças de Pitágoras.

Uma das mais simples é uma espécie de jogo de quebra-cabeça. Pegue um triângulo retângulo, faça quatro cópias e monte-as dentro de um quadrado. Num dos arranjos vemos o quadrado construído sobre a hipotenusa; no outro vemos ambos os quadrados construídos sobre os outros dois lados. As áreas em questão são claramente iguais.

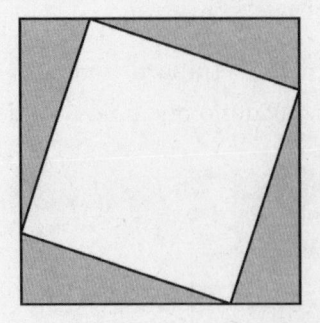

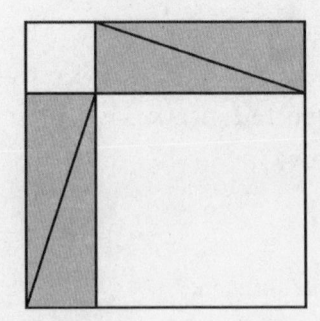

FIG 34 *Esquerda:* O quadrado construído sobre a hipotenusa (mais quatro triângulos). *Direita:* A soma dos quadrados construídos sobre os outros dois lados (mais quatro triângulos). Agora retire os triângulos.

Outro quebra-cabeça de montar é a dissecção de Perigal:

FIG 35 Dissecção de Perigal.

Há também uma prova usando um padrão de ladrilhamento. Pode muito bem ter sido assim que os pitagóricos, ou algum predecessor desconhecido, descobriram pela primeira vez o teorema. Se você olhar como o quadrado inclinado se sobrepõe aos outros dois, verá como cortar o quadrado grande em pedaços que voltam a se juntar formando os dois quadrados menores. E também poderá ver triângulos retângulos, cujos lados dão quadrados de três tamanhos diferentes.

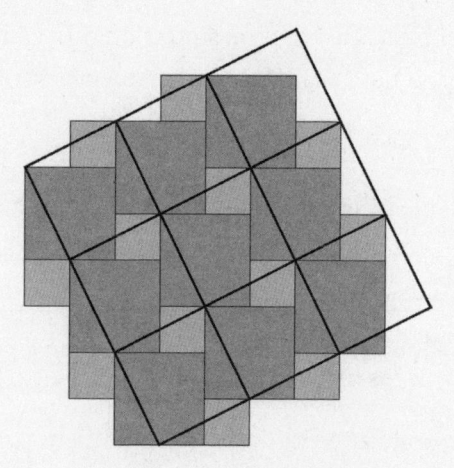

FIG 36 Prova por ladrilhamento.

Há provas habilidosas usando triângulos semelhantes e trigonometria. São conhecidas pelo menos cinquenta provas diferentes.

Trincas pitagóricas

O teorema de Pitágoras motivou uma ideia frutífera na teoria dos números: encontrar soluções numéricas inteiras para equações algébricas. Uma *trinca pitagórica* é uma lista de três números inteiros, a, b e c tais que

$$a^2 + b^2 = c^2$$

Geometricamente, a trinca define um triângulo retângulo cujos lados são todos números inteiros.

A menor hipotenusa numa trinca pitagórica é 5. Os outros dois lados são 3 e 4. Aqui

$$3^2 + 4^2 = 9 + 16 = 25 = 5^2$$

A menor hipotenusa seguinte é 10, porque

$$6^2 + 8^2 = 36 + 64 = 100 = 10^2$$

No entanto, este é basicamente o mesmo triângulo com cada lado duplicado. A menor hipotenusa seguinte genuinamente distinta é 13, pois

$$5^2 + 12^2 = 25 + 144 + 169 = 13^2$$

Euclides sabia que há infinitas trincas pitagóricas genuinamente distintas e forneceu o que veio a ser uma fórmula para encontrá-las. Mais tarde, Diofanto de Alexandria enunciou uma receita simples que é basicamente a mesma de Euclides.

Pegue dois números inteiros e forme:

- O dobro do seu produto
- A diferença entre seus quadrados
- A soma de seus quadrados

Então, os três números resultantes são os lados de um triângulo pitagórico.

Por exemplo, pegue os números 2 e 1. Então

- O dobro de seu produto = $2 \times 2 \times 1 = 4$
- A diferença entre seus quadrados = $2^2 - 1^2 = 3$
- A soma de seus quadrados = $2^2 + 1^2 = 5$

e obtemos o famoso triângulo 3-4-5. Se, em vez disso, pegarmos os números 3 e 2, então

- O dobro de seu produto = $2 \times 3 \times 2 = 12$
- A diferença entre seus quadrados = $3^2 - 2^2 = 5$
- A soma de seus quadrados = $3^2 + 2^2 = 13$

e obtemos o triângulo famoso seguinte, 5-12-13. Pegando os números 42 e 23, por outro lado, chegamos a

- O dobro de seu produto = $2 \times 42 \times 23 = 1\,932$
- A diferença entre seus quadrados = $42^2 - 23^2 = 1\,235$
- A soma de seus quadrados = $42^2 + 23^2 = 2\,293$

E ninguém jamais ouviu falar do triângulo 1 235-1 932-2 293. Mas os números dão certo:

$1\ 235^2 + 1\ 932^2 = 1\ 525\ 225 + 3\ 732\ 624 = 5\ 257\ 849 = 2\ 293^2$

Há um truque final na regra de Diofanto, da qual já demos uma dica: tendo calculado os três números, podemos escolher qualquer outro número que desejarmos e multiplicar os três por esse número. Então o triângulo 3-4-5 pode ser convertido em 6-8-10 multiplicando os três números por 2, ou 15-20-25 multiplicando os três números por 5.

Usando álgebra, a regra assume a forma: sejam u, v e k números inteiros. Então o triângulo com lados

$2kuv$ e $k(u^2 - v^2)$

tem hipotenusa

$k(u^2 + v^2)$

Há maneiras alternativas de exprimir a mesma ideia básica, mas todas acabam se reduzindo a essa, que fornece todas as trincas pitagóricas.

Sólidos regulares

Há precisamente cinco sólidos regulares.

Um sólido regular (ou poliedro) é uma figura sólida com uma quantidade finita de faces planas. As faces se encontram em linhas chamadas arestas; as arestas se encontram em pontos chamados vértices.

O clímax dos *Elementos* de Euclides é uma prova de que existem precisamente cinco poliedros *regulares*, o que quer dizer que toda face é um polígono regular (lados iguais, ângulos iguais), todas as faces são idênticas e cada vértice é cercado exatamente pelo mesmo arranjo de faces. Os cinco poliedros regulares (também chamados sólidos regulares) são:

- O tetraedro, com 4 faces triangulares, 4 vértices e 6 arestas.
- O cubo ou hexaedro, com 6 faces quadradas, 8 vértices e 12 arestas.
- O octaedro, com 8 faces triangulares, 6 vértices e 12 arestas.
- O dodecaedro, com 12 faces pentagonais, 20 vértices e 30 arestas.
- O icosaedro, com 20 faces triangulares, 12 vértices e 30 arestas.

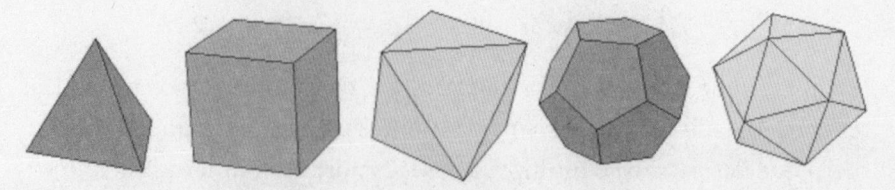

FIG 37 Os cinco sólidos regulares.

Os sólidos regulares aparecem na natureza. Em 1904, Ernst Haeckel publicou desenhos de minúsculos organismos conhecidos como radiolários, que se parecem com todos os cinco sólidos regulares. Ele, porém, pode ter dado uma acertadinha na natureza, de modo que os desenhos talvez não sejam representações genuínas de criaturas vivas. Os três primeiros ocorrem também nos cristais. O dodecaedro e o icosaedro não ocorrem, embora dodecaedros *irregulares* sejam às vezes encontrados. Dodecaedros genuínos podem ocorrer em quase-cristais, que são semelhantes aos cristais exceto que seus átomos não formam um reticulado periódico.

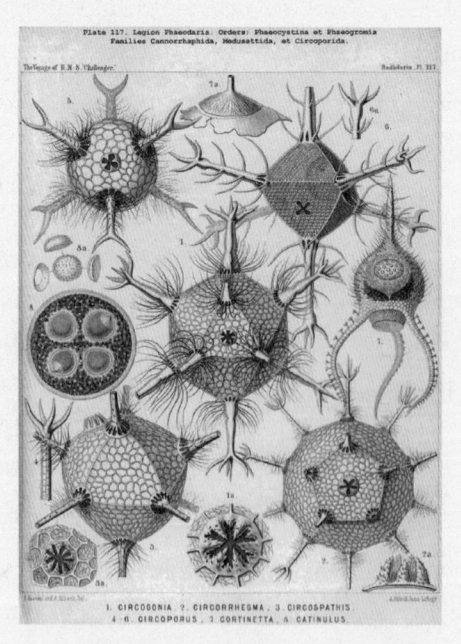

FIG 38 Desenho de Haeckel de radiolários
em forma de sólidos regulares.

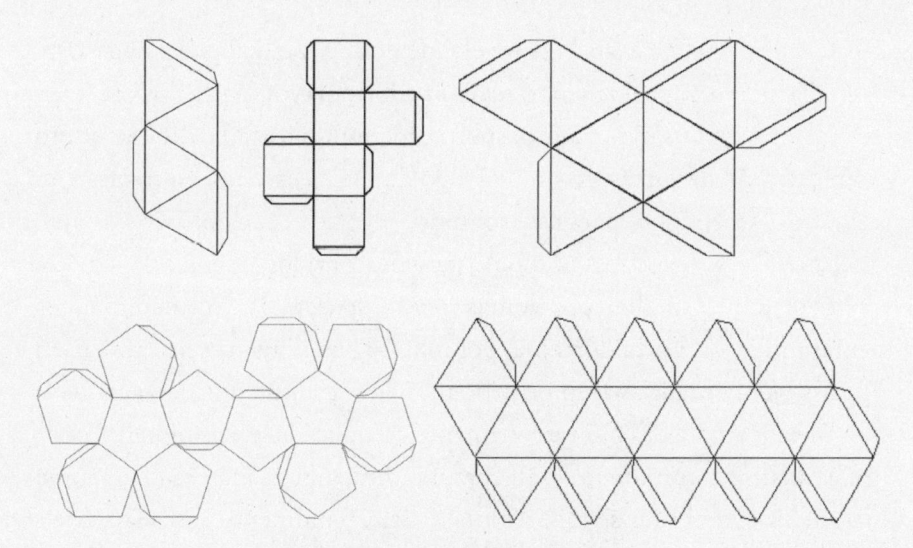

FIG 39 Redes de sólidos regulares.

É divertido fazer modelos de sólidos regulares de cartolina recortando um conjunto de faces interligadas – chamado *rede* do sólido –, dobrando-as ao longo das arestas e colando os pares de arestas apropriados. Fica mais fácil adicionar abas a uma aresta de cada par, como mostrado, para a cola. Uma alternativa é usar fita adesiva.

Equação quíntica

Não há fórmula algébrica para resolver equações de quinto grau (equações quínticas).

A equação quíntica geral tem o seguinte aspecto:

$ax^5 + bx^4 + cx^3 + dx^2 + ex + f = 0$

O problema é encontrar uma fórmula para as soluções (pode haver até cinco delas). A experiência com quadráticas, cúbicas e quárticas sugeria que deveria haver uma fórmula para resolver a quíntica, provavelmente envolvendo raízes quintas, raízes cúbicas e raízes quadradas. Era uma aposta segura que tal fórmula seria de fato bastante complicada.

Esta expectativa acabou se revelando errada. Na realidade, não existe fórmula nenhuma; pelo menos, nenhuma fórmula composta dos coeficientes a, b, c, d, e e f usando adição, subtração, multiplicação e divisão, junto com extração de raízes. Assim, há algo de muito especial em relação ao número 5. Os motivos para este comportamento excepcional são bastante profundos, e se levou muito tempo para descobri-los.

O primeiro sinal de problemas foi que sempre que os matemáticos tentaram encontrar tal fórmula, por mais sagazes que fossem, acabaram fracassando. Por algum tempo todo mundo presumiu que isso acontecia porque a fórmula era tão terrivelmente complicada que ninguém conseguia calcular corretamente a álgebra. Por fim, alguns matemáticos começaram a se perguntar se tal fórmula existia. Finalmente, em 1823, Niels Hendrik Abel conseguiu provar que ela não existe. Logo depois, Évariste Galois descobriu um meio de decidir se uma equação de qualquer grau – 5, 6, 7, o que for – é solucionável usando esse tipo de fórmula.

O desfecho é que o número 5 é especial. Podem-se resolver equações algébricas (usando raízes enésimas para os vários valores de n) para os graus 1, 2, 3 e 4, mas *não* 5. O aparente padrão é interrompido.

Não é de surpreender que equações de grau maior que 5 sejam ainda piores e, em particular, sofram do mesmo problema: não existe fórmula para a resolução. Isso não significa que não existam soluções, e também que não seja possível encontrar soluções numéricas muito acuradas. Isso exprime, sim, uma limitação das ferramentas tradicionais da álgebra. É como não ser capaz de trissectar um ângulo com régua e compasso. A resposta *existe*, mas os métodos especificados são inadequados para enunciar qual é essa resposta.

Restrição cristalográfica

Cristais em duas e três dimensões não têm simetrias rotacionais quíntuplas.

Os átomos num cristal formam um reticulado: uma estrutura que se repete periodicamente em diversas direções independentes. Por exemplo, o padrão de um papel de parede se repete ao longo do rolo de papel, mas geralmente também se repete para os lados, talvez com um "deslocamento" de uma peça do papel para a adjacente. Papel de parede é efetivamente um cristal bidimensional.

Há dezessete tipos diferentes de padronagem de papel de parede no plano [ver 17]. Os padrões são distinguidos pelas suas simetrias, que são maneiras de mover o padrão rigidamente e encaixá-lo exatamente por cima da sua posição original. Entre elas estão as simetrias rotacionais, onde o padrão é girado de um ângulo em torno de algum ponto, o centro da rotação.

A ordem de uma simetria rotacional é o número de vezes que a rotação precisa ser aplicada para ter tudo de volta como começou. Por exemplo, uma rotação de 90° tem ordem 4. A lista de tipos de simetria possíveis para rotações de um cristal revela a curiosidade do número 5: ele está ausente. Há padrões com simetrias rotacionais de ordens 2, 3, 4 e 6, mas nenhum padrão de papel de parede tem simetria rotacional de ordem 5. Tampouco há simetrias rotacionais de ordem superior a 6, mas a primeira lacuna é 5.

A mesma coisa acontece para padrões cristalográficos no espaço tridimensional. Agora o reticulado se repete ao longo de três direções

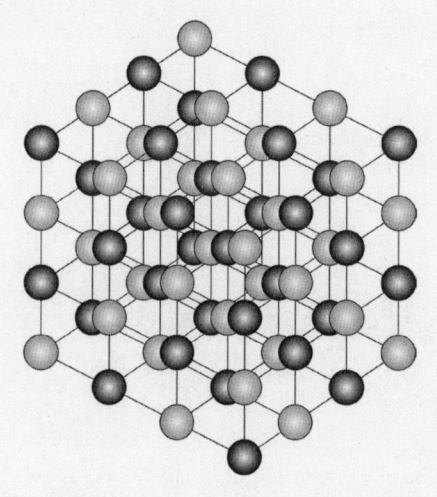

FIG 40 Reticulado cristalino do sal. Esferas escuras: átomos de sódio. Esferas claras: átomos de cloro.

independentes. Há 219 tipos diferentes de simetria, ou 230 se a imagem espelhada de um padrão for considerada distinta quando o padrão não tem simetria refletiva. Mais uma vez, as ordens possíveis de simetrias rotacionais são 2, 3, 4 e 6, *mas não* 5. Este fato é chamado restrição cristalográfica.

Em quatro dimensões existem, sim, reticulados com simetrias de ordem 5, e qualquer ordem dada é possível para reticulados de dimensão suficientemente elevada.

Quase-cristais

Embora simetrias rotacionais de ordem 5 não sejam possíveis em reticulados de duas ou três dimensões, podem ocorrer em estruturas ligeiramente menos regulares chamadas quase-cristais. Seguindo alguns esboços feitos por Kepler, Roger Penrose descobriu padrões no plano com um tipo mais geral de simetria quíntupla. São chamados *quase-cristais*.

Quase-cristais ocorrem na natureza. Em 1984, Daniel Schechtman descobriu que uma liga de alumínio e manganês pode formar um quase-cristal, e após algum ceticismo inicial entre os cristalógrafos foi-lhe

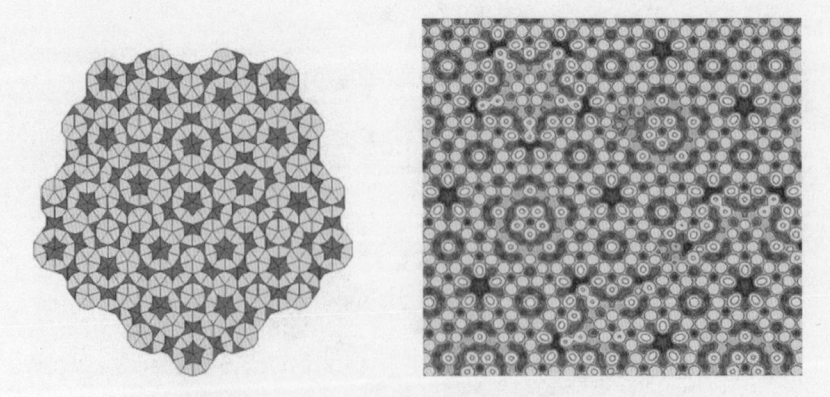

FIG 41 *Esquerda:* Um dos dois padrões de quase-cristais com exata simetria quíntupla. *Direita:* Modelo atômico do quase-cristal icosaédrico alumínio-paládio-manganês.

concedido o Prêmio Nobel de Química em 2011, quando a descoberta provou estar correta. Em 2009, uma equipe sob a chefia de Luca Bindi descobriu quase-cristais em um mineral dos montes Koryak, na Rússia, um composto de alumínio, cobre e ferro. Este mineral é agora chamado de icosaedrita. Usando espectrometria de massa para medir a proporção dos diferentes isótopos de oxigênio, mostraram que o mineral não se originou na Terra. Foi formado há cerca de 4,5 bilhões de anos, na época do surgimento do sistema solar, e passou grande parte desse tempo orbitando no cinturão de asteroides, antes que alguma perturbação mudasse sua órbita e o fizesse cair na Terra.

6

Número beijante*

O MENOR NÚMERO IGUAL à soma de seus próprios divisores: $6 = 1 + 2 + 3$. O número beijante no plano é 6. Colmeias são formadas de hexágonos – polígonos regulares de seis lados. Há seis polítopos quadridimensionais regulares – análogos aos sólidos regulares.

Menor número perfeito

Os antigos gregos distinguiam três tipos de número inteiro, segundo seus divisores:

- Números *abundantes*, para os quais a soma dos divisores "próprios" (isto é, excluindo o número em si) é maior do que o número.
- Números *deficientes*, para os quais a soma dos divisores próprios é menor do que o número.
- Números *perfeitos*, para os quais a soma dos divisores próprios é igual ao número.

Para os primeiros números, obtemos a Tabela 7.

Isso mostra que todos os três tipos ocorrem, mas também sugere que números deficientes são mais comuns que os outros dois tipos. Em 1998, Marc Deléglise provou uma forma precisa desse enunciado: à medida que n se torna tão grande quanto se queira, a proporção de números deficientes

---

* Ou "Número de osculação", do inglês *Kissing Number*. (N.T.)

entre 1 e n tende a uma constante entre 0,7526 e 0,7520, enquanto a proporção de números abundantes jaz entre 0,2474 e 0,2480. Em 1955, Hans-Joachim Kanold já havia provado que a proporção de números perfeitos tende a 0. Então, cerca de três quartos de todos os números são deficientes e um quarto são abundantes. Dificilmente são perfeitos.

número	soma dos divisores próprios	tipo
1	0 (nenhum divisor próprio)	deficiente
2	1	deficiente
3	1	deficiente
4	1 + 2 = 3	deficiente
5	1	deficiente
6	1 + 2 + 3 = 6	perfeito
7	1	deficiente
8	1 + 2 + 4 = 7	deficiente
9	1 + 3 = 4	deficiente
10	1 + 2 + 5 = 8	deficiente
11	1	deficiente
12	1 + 2 + 3 + 4 + 6 = 16	abundante
13	1	deficiente
14	1 + 7 = 8	deficiente
15	1 + 3 + 5 = 9	deficiente

TABELA 7

Os dois primeiros números perfeitos são

$6 = 1 + 2 + 3$
$28 = 1 + 2 + 4 + 7 + 14$

Então o menor número perfeito é 6. O menor número abundante é 12.

Os antigos descobriram os dois números perfeitos seguintes, 28 e 496. Em 100 d.C. Nicômaco havia encontrado o quarto, que é 8 128. Por volta de 1460, o quinto, 33 550 336, apareceu num manuscrito anônimo. Em

1588, Pietro Cataldi descobriu o sexto e o sétimo números perfeitos: 8 589 869 056 e 137 438 691 328.

Muito antes desse trabalho, Euclides forneceu uma regra para formar números perfeitos. Em notação moderna, ela diz que se $2^n - 1$ é primo, então $2^{n-1}(2^n - 1)$ é perfeito. Os números acima correspondem a $n = 2$, 3, 5, 7, 13, 17, 19. Primos da forma $2^n - 1$ são chamados *primos de Mersenne* em homenagem ao monge Marin Mersenne [ver $2^{57\,885\,161} - 1$].

Euler provou que todo número par perfeito é dessa forma. No entanto, durante pelo menos 2 500 anos, os matemáticos não foram capazes de encontrar um número perfeito ímpar ou provar que tal número não existe. Se tal número existe, deve ter pelo menos 1 500 dígitos e 101 fatores primos, dos quais pelo menos nove são distintos. Seu maior fator primo deve ter nove ou mais dígitos.

Número beijante

O *número beijante* no plano é o maior número de círculos, de um dado tamanho, que podem tocar um círculo do mesmo tamanho. Ele é igual a 6.

FIG 42 O número beijante no plano é 6.

A prova requer apenas geometria elementar.

O número beijante no espaço tridimensional é o maior número de esferas, de um dado tamanho, que podem tocar uma esfera do mesmo tamanho. É igual a 12 [ver 12]. Nesse caso a prova é muito mais complicada, e por muito tempo não se sabia se 13 esferas podiam dar certo.

Colmeias

Colmeias são formadas de "ladrilhos" hexagonais, que se encaixam perfeitamente para cobrir o plano [ver 3].

Segundo a *conjectura da colmeia*, o padrão de colmeia é o modo de dividir o plano em regiões fechadas que minimiza o perímetro total. Esta hipótese foi sugerida em tempos antigos, por exemplo, pelo erudito romano Marcus Terentius Varro em 36 a.C. Pode até remontar ao geômetra grego Pappus de Alexandria, por volta de 325 a.C.

A conjectura da colmeia é hoje um teorema: Thomas Hales o provou em 1999.

FIG 43 *Esquerda*: ladrilhamento com hexágonos regulares.
Direita: Uma colmeia.

Polítopos quadridimensionais

Os gregos provaram que há precisamente cinco sólidos regulares em três dimensões [ver 5]. Então o que acontece em espaços de dimensão diferente de três? Lembre-se de [4] que podemos definir espaços matemáticos com qualquer número de dimensões usando coordenadas. Em particular o espaço quadridimensional compreende todos os quartetos (x, y, z, w) de números reais. Existe um conceito natural de distância nesses espaços, baseado na analogia óbvia com o teorema de Pitágoras, então podemos falar sensatamente de comprimentos, ângulos, análogos de esferas, cilindros, cones, e assim por diante. Portanto, faz sentido indagar quais são os análogos de polígonos regulares em quatro ou mais dimensões. A resposta contém uma surpresa.

Em duas dimensões existem infinitos polígonos regulares: um para cada número inteiro de lados a partir de três. Em cinco ou mais dimensões há somente três polítopos regulares, como são chamados; são os análogos ao tetraedro, cubo e octaedro. Mas no espaço quadridimensional há *seis* polítopos regulares.

nome	células	faces	arestas	vértices
5-celular	5 tetraedros	10	10	5
8-celular	8 cubos	24	32	16
16-celular	16 tetraedros	32	24	8
24-celular	24 octaedros	96	96	24
120-celular	120 dodecaedros	720	1 200	600
600-celular	600 tetraedros	1 200	720	120

TABELA 8

Os três primeiros polítopos na tabela são análogos ao tetraedro, cubo e octaedro. O 5-celular também é chamado 4-simplex, o 8-celular é um 4-hipercubo ou tesserato, e o 16-celular é um 4-ortoplex. Os outros três polítopos são peculiares ao espaço quadridimensional.

Já que não dispomos de papel quadridimensional, vou me contentar em mostrar qual é o aspecto desses objetos quando projetados no plano.

Ludwig Schläfli classificou os polítopos regulares. Ele publicou alguns de seus resultados em 1855 e 1858, e o resto apareceu postumamente em 1901. Entre 1880 e 1900, nove outros matemáticos obtiveram de forma

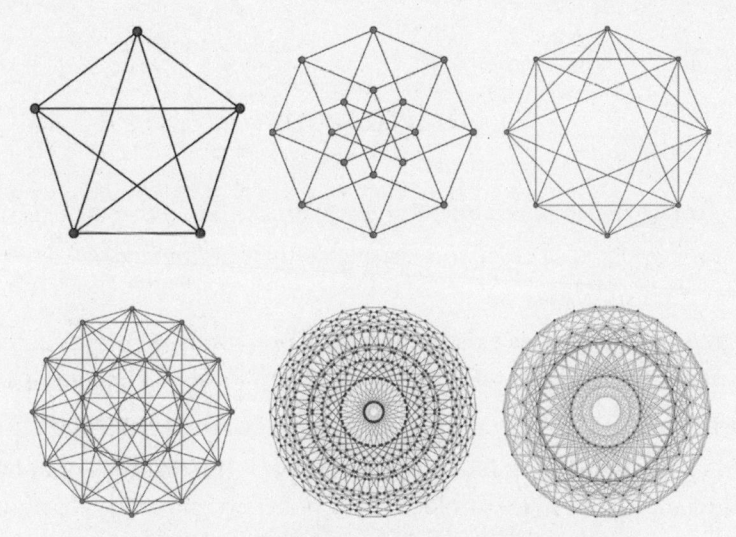

FIG 44 Os seis polítopos regulares, projetados no plano.
Da esquerda para a direita e de cima para baixo: 5-celular,
8-celular, 16-celular, 24-celular, 120-celular, 600-celular.

independente resultados semelhantes. Entre eles estava Alicia Boole Stott, uma das filhas do matemático e lógico George Boole, que foi o primeiro a usar a palavra "polítopo". Ela já demonstrava, desde tenra idade, uma percepção da geometria quadridimensional, provavelmente porque sua irmã mais velha, Mary, tenha se casado com Charles Howard Hinton, uma figura pitoresca (foi condenado por bigamia), com paixão pelo espaço quadridimensional. Ela usou esta habilidade para deduzir, por métodos puramente euclidianos, qual é a aparência dos polítopos: eles são sólidos complicados altamente simétricos.

7
Quarto primo

O NÚMERO 7 é o quarto número primo, e um local conveniente para explicar para que servem os primos e por que são interessantes. Os primos aparecem na maioria dos problemas nos quais números inteiros são multiplicados entre si. Eles são os "blocos de construção" para todos os números inteiros. Vimos em [1] que todo número inteiro maior que 1 é ou primo ou pode ser obtido multiplicando entre si dois ou mais números primos.

O número 7 também tem ligações com um problema sobre fatoriais há muito tempo sem solução. E é o menor número de cores necessárias para colorir todos os mapas num toro de maneira que regiões adjacentes tenham cores distintas.

Encontrando fatores

Em 1801 Gauss, o principal teórico dos números de sua época e um dos mais importantes matemáticos de todos os tempos, escreveu um livro avançado da teoria dos números, o *Disquisitiones Arithmeticae*. Entre os tópicos de alto nível, ressaltou que duas questões muito básicas são vitais: "O problema de distinguir números primos de números compostos e resolver os últimos em seus fatores primos é conhecido como um dos mais importantes e úteis em aritmética."

A maneira mais óbvia de solucionar ambos os problemas é tentar todos os fatores possíveis, um de cada vez. Por exemplo, para verificar se 35 é primo, e achar seus fatores se não for, calculamos:

$35 \div 2 = 17$ com resto 1
$35 \div 3 = 11$ com resto 2
$35 \div 4 = 8$ com resto 3
$35 \div 5 = 7$ divisão exata

Portanto $35 = 5 \times 7$, e reconhecemos o 7 como primo, então isso completa a fatoração.

Este procedimento pode ser simplificado um pouco. Se já temos uma lista de números primos, é suficiente que tentemos apenas os divisores primos. Por exemplo, tendo estabelecido que a divisão de 35 por 2 não é exata, sabemos que 35 tampouco será divisível exatamente por 4. A razão 4 é divisível por 2, então 2 divide qualquer coisa que seja divisível por 4. (O mesmo vale para 6, 8 ou qualquer outro número par.)

Também podemos parar de examinar quando chegarmos à raiz quadrada do número em questão. Por quê? Um caso típico é o número 4 283, cuja raiz quadrada é aproximadamente 65,44. Se multiplicarmos dois números maiores que este, o resultado tem de ser maior que $65,44 \times 65,44$, que é 4 283. Assim, qualquer que seja o modo como dividimos 4 283 em dois (ou mais) fatores, pelo menos um deles é menor ou igual à sua raiz quadrada. Na verdade, aqui deve ser menor ou igual a 65, que é o que obtemos quando ignoramos qualquer coisa após a vírgula decimal na raiz quadrada.

Podemos, portanto, achar todos os fatores de 4 283 testando os números primos entre 2 e 65. Se algum deles dividir 4 283 exatamente, continuaríamos fatorando o resultado depois de executar essa divisão – mas este é um número menor que 4 283. Acontece que nenhum primo até 65 divide 4 283. Portanto 4 283 é primo.

Se tentarmos a mesma ideia para fatorar 4 183, com raiz quadrada 64,67, temos de tentar todos os primos até 64. Agora o primo 47 divide 4 183 exatamente:

$4\,183 \div 47 = 89$

Acontece que 89 é primo. Na verdade, já sabemos disso porque 4 183 não é divisível por 2, 3, 5 e 7. Então 89 não é divisível por 2, 3, 5 e 7, mas esses são os únicos primos até sua raiz quadrada, que é 9,43. Então descobrimos os fatores primos de 4 183 = 47 × 89.

Este procedimento, embora simples, não é de muita serventia para números grandes. Por exemplo, para achar os fatores de

11 111 111 111 111 111

teríamos de tentar todos os primos até sua raiz quadrada, que é 105 409 255,3. É uma quantidade absurda de primos – 6 054 855 deles, para ser mais preciso. Finalmente, acabaríamos achando um fator primo, ou seja, 2 071 723, que levaria à fatoração

11 111 111 111 111 111 = 2 071 723 × 5 363 222 357

Mas isso levaria um tempo muito, muito longo para ser feito à mão.

Um computador pode fazê-lo, é claro, mas uma regra básica em tais cálculos é que se algo ficar difícil demais para ser feito à mão para números moderadamente grandes, então acaba ficando muito difícil para um computador para números suficientemente grandes. Mesmo um computador poderia ter dificuldade em executar uma busca automática como essa se o número tivesse cinquenta dígitos em vez de dezessete.

Teorema de Fermat

Felizmente há métodos melhores. Existem meios eficientes de testar se um número é primo *sem* procurar os fatores. Amplamente falando, esses métodos são práticos para números com cerca de cem dígitos, embora o grau de dificuldade varie barbaramente dependendo do número em si, e sua quantidade de dígitos é apenas um guia aproximado. Por outro lado, os matemáticos não conhecem atualmente nenhum método rápido que seja garantido para achar fatores de *qualquer* número composto mais ou menos desse tamanho. Seria suficiente achar apenas um fator, porque este pode ser dividido e o processo repetido, mas nos piores cenários o processo leva tempo demais para ser prático.

Testes de primalidade provam que um número é composto *sem* achar nenhum de seus fatores. Basta mostrar que ele fracassa num teste de primalidade. Números primos têm propriedades especiais, e podemos verificar se um dado número tem tais propriedades. Se não tiver, não pode ser primo. É mais ou menos como achar um furo num balão soprando ar nele e ver se ele permanece inflado. Senão, há algum furo – mas esse teste não nos diz exatamente onde o furo está. Assim, provar que há um furo é mais fácil que achá-lo. O mesmo vale para fatores.

O mais simples desses testes é o teorema de Fermat. Para enunciá-lo precisamos primeiro discutir aritmética modular, às vezes conhecida como "aritmética do relógio" porque os números dão voltas como ponteiros. Escolha um número – para uma analogia de um relógio de 12 horas o número é 12 – e chame-o de módulo. Em qualquer cálculo aritmético com números inteiros, você agora se permite substituir qualquer múltiplo de 12 por zero. Por exemplo, $5 \times 5 = 25$, mas 24 é duas vezes 12, então subtraindo 24 nós obtemos $5 \times 5 = 1$ em módulo 12.

Gauss introduziu a aritmética modular no *Disquisitiones Arithmeticae*, e hoje ela é largamente usada em ciência da computação, física e engenharia, bem como em matemática. É bastante bonita, porque quase todas as regras habituais da aritmética ainda funcionam. A principal diferença é que você não pode sempre dividir um número por outro, mesmo que não seja zero. E é útil, também, porque oferece um jeito bem-arrumado de lidar com questões de divisibilidade: que números são divisíveis pelo módulo escolhido, e qual é o resto quando não são?

O teorema de Fermat afirma que se escolhermos qualquer primo módulo p e pegarmos qualquer número a que não seja múltiplo de p, então a potência $(p - 1)$ de a é sempre igual a 1 em aritmética no módulo p.

Suponha, por exemplo, que $p = 17$ e $a = 3$. Então o teorema prediz que quando dividimos 3^{16} por 17, o resto é 1. Como verificação,

$3^{16} = 43\,046\,721 = 2\,532\,160 \times 17 + 1$

Ninguém em sã consciência haveria de querer fazer as somas dessa maneira para números grandes. Felizmente, há um jeito sagaz e rápido de fazer esse tipo de cálculo, elevando repetidamente o número ao quadrado e multiplicando entre si os resultados apropriados.

O ponto-chave é que *se a resposta não for igual a 1 então o módulo com o qual começamos deve ser composto*. Assim, o teorema de Fermat forma a base para um teste eficiente que fornece uma condição necessária para um número ser primo. E o faz sem achar um fator. De fato, talvez seja exatamente esta a razão que o torna eficiente.

No entanto, o teste de Fermat não é infalível: alguns números compostos passam no teste. O menor deles é 561. Em 2003, Red Alford, Andrew Granville e Carl Pomerance provaram que há infinitas exceções desse tipo, conhecidas como números de Carmichael. O teste de primalidade infalível mais eficiente até hoje foi divisado por Leonard Adleman, Pomerance e Robert Rumely. Ele usa ideias da teoria dos números que são mais sofisticadas que o teorema de Fermat, mas num espírito similar.

Em 2002, Manindra Agrawal e seus alunos Neeraj Kayal e Nitin Saxena descobriram um teste de primalidade que, em princípio, é mais rápido que o teste de Adleman-Pomerance-Rumely, porque é processado em "tempo polinomial". Se o número tem n dígitos decimais, o algoritmo tem tempo de processamento proporcional no máximo a n^{12}. Sabemos agora que isso pode ser reduzido a $n^{7,5}$. No entanto, as vantagens desse algoritmo não aparecem até o número de *dígitos* em n ser por volta de $10^{1\,000}$. Não há espaço para encaixar um número tão grande no Universo conhecido.

Primos e códigos

Os números primos tornaram-se importantes em criptografia, a ciência dos códigos secretos. Códigos são importantes para uso militar [ver 26], mas empresas comerciais e indivíduos privados também têm segredos. Não queremos que criminosos tenham acesso a nossas contas bancárias ou números dos cartões de crédito quando usamos a internet, por exemplo.

A maneira usual de reduzir o risco é a encriptação: colocar a informação em código. O sistema RSA, um código famoso inventado por Ted

Rivest, Adi Shamir e Leonard Adleman em 1978, usa números primos. Números primos enormes, com cerca de cem dígitos de extensão. O código tem a notável característica de que o modo de converter a mensagem em código pode ser tornado público. O que você não revela é a maneira de fazer o caminho inverso – como decifrar a mensagem. Isso requer uma peça extra de informação, que é mantida em segredo.

Qualquer mensagem pode ser facilmente convertida em número – por exemplo, atribuindo um código de dois dígitos a cada letra e juntando todos esses códigos um atrás do outro. Suponhamos que vamos usar os códigos $A = 01$, $B = 02$, e assim por diante, com números a partir de 27 atribuídos a sinais de pontuação e espaço em branco. Então

MENSAGEM → M E N S A G E M
→ 13 05 14 19 01 07 05 13
→ 1305141901070513

Um código é uma maneira de transformar uma mensagem dada em outra mensagem. Mas como qualquer mensagem é um número, um código pode ser pensado como uma maneira de transformar um dado número em outro número. A essa altura, entra em jogo a matemática, e ideias da teoria dos números podem ser usadas para criar códigos.

O sistema RSA começa escolhendo dois primos p e q, cada um com (digamos) cem dígitos. Primos desse tamanho podem ser achados rapidamente num computador usando um teste de primalidade. Multiplique-os para obter pq. O método público para colocar essas mensagens em código converte a mensagem num número e então faz um cálculo baseado nesse número pq. Ver detalhes técnicos abaixo. Mas obter a mensagem de volta a partir do código requer conhecer p (de modo que q também pode ser facilmente calculado).

No entanto, se você não conta ao público quanto é p, então as pessoas não podem decodificar a mensagem a não ser que possam *deduzir* quanto é p. Mas isso requer fatorar pq, um número de duzentos dígitos, e, a menos que você faça uma escolha pobre de p e q, isso parece impossível mesmo com o mais potente supercomputador existente. Se quem montou o código extraviar *p* e *q*, estará na mesma situação que o resto das pessoas. Ou seja, ferrado.

Detalhes técnicos

Pegue dois números primos grandes *p* e *q*. Calcule $n = pq$ e $s = (p - 1)(q - 1)$. Escolha um número *e* entre 1 e *s* que não tenha fator comum com *s*. (Há um meio muito eficiente de encontrar os fatores comuns de dois números, chamado algoritmo euclidiano. Ele remonta à Grécia antiga, e aparece nos *Elementos*, de Euclides.* Divulgue quais são *n* e *e*. Chame *e* a *chave pública*.

A aritmética modular nos diz que há um número único *d* entre 1 e *s* para o qual *de* deixa resto 1 numa divisão por *s*. Isto é, $de \equiv 1 \pmod{s}$. Calcule esse número *d*. Mantenha *p*, *q*, *s* e *d* em segredo. Chame *d* a *chave privada*.

Para codificar uma mensagem, represente-a como um número *m* conforme está descrito. Se necessário, quebre uma mensagem comprida em blocos e mande um bloco de cada vez. Então calcule $c \equiv m^e \pmod{n}$. Esta é a mensagem codificada, e pode ser enviada ao destinatário. Esta regra de encriptação pode ser divulgada com segurança. Há um modo rápido de calcular *c* com base na expansão binária de *e*.

O destinatário, que conhece a chave privada *d*, pode decodificar a mensagem calculando $c^d \pmod{n}$. Um teorema básico na teoria dos números – uma ligeira extensão do teorema de Fermat – implica que o resultado é o mesmo que o da mensagem original *m*.

Um espião tentando decodificar a mensagem precisa deduzir *d*, sem conhecer *s*. Isso se reduz a conhecer $p - 1$ e $q - 1$ ou, equivalentemente, *p* e *q*. Para encontrar os dois, o espião tem de fatorar *n*. Mas *n* é tão grande que isso não é viável.

Códigos desse tipo são chamados *códigos de alçapão*, porque é fácil cair num alçapão (codificar uma mensagem), mas é difícil sair dele depois (decodificar a mensagem), a não ser que você tenha algum auxílio especial

---

* Ver *Os mistérios matemáticos do Professor Stewart*. Rio de Janeiro, Zahar, 2015.

(a chave privada). Os matemáticos não sabem ao certo se este código é absolutamente seguro. Talvez haja algum modo rápido de fatorar números grandes, mas nós ainda não fomos espertos o bastante para encontrá-lo. (Poderia haver algum outro jeito de calcular d, mas quando se conhece d, é possível deduzir p e q, de modo que isso levaria a um método eficiente de achar fatores.)

Mesmo se o código for teoricamente seguro, um espião poderia ser capaz de se apossar de p e q por outros métodos, tais como roubo, suborno ou chantageando alguém que conheça o segredo. Este é um problema com qualquer código secreto. Na prática, o sistema RSA é usado para um número limitado de mensagens importantes, por exemplo, enviar a alguém a chave secreta de algum método mais simples de codificar mensagens.

Problema de Brocard

Se você pegar todos os números de 1 a n e multiplicá-los entre si, obterá "n fatorial", que se escreve $n!$. Os fatoriais contam a quantidade de maneiras em que n objetos podem ser arranjados em ordem [ver 26!].

Os primeiros fatoriais são:

$1! = 1$	$6! = 720$
$2! = 2$	$7! = 5\,040$
$3! = 6$	$8! = 40\,320$
$4! = 24$	$9! = 362\,880$
$5! = 120$	$10! = 3\,628\,800$

Se somarmos 1 a esses números obteremos

$1! + 1 = 2$	$6! + 1 = 721$
$2! + 1 = 3$	$7! + 1 = 5\,041$
$3! + 1 = 7$	$8! + 1 = 40\,321$
$4! + 1 = 25$	$9! + 1 = 362\,881$
$5! + 1 = 121$	$10! + 1 = 3\,628\,801$

e reconhecemos três deles como quadrados perfeitos, a saber

$$4! + 1 = 5^2 \qquad 5! + 1 = 11^2 \qquad 7! + 1 = 71^2$$

Não são conhecidos outros números desse tipo, mas não foi provado que nenhum número maior que n possa fazer de $n! + 1$ um quadrado perfeito. Esta questão é chamada problema de Brocard, porque, em 1876, Henri Brocard indagou se 7 seria o maior número com esta propriedade. Mais tarde, Paul Erdős conjecturou que a resposta é "não". Em 2000, Bruce Berndt e William Galway provaram que não há outras soluções para n menor que 1 bilhão. Em 1993, Marius Overholt provou que existe apenas uma quantidade finita de soluções, mas somente assumindo um importante problema não solucionado na teoria dos números chamado conjectura ABC.*

Mapa de sete cores sobre um toro

Heawood trabalhou numa generalização do problema das quatro cores [ver 4] em mapas sobre superfícies mais complicadas.

A questão análoga numa esfera tem a mesma resposta que a do plano. Imagine um mapa sobre uma esfera e gire-o até que o polo norte esteja dentro de uma região. Se você apagar o polo norte poderá abrir a esfera perfurada de modo a obter um espaço que é topologicamente equivalente a um plano infinito. A região que contém o polo torna-se a região infinitamente grande que cerca o resto do mapa.

No entanto, há outras superfícies mais interessantes, tais como o toro, que tem a forma de uma rosca com um buraco e superfícies com vários buracos.

---

* Ver *Os maiores problemas matemáticos de todos os tempos*. Rio de Janeiro, Zahar, 2014.

FIG 45 Toro, toro de dois buracos, toro de três buracos.

Há um modo útil de visualizar o toro, que muitas vezes torna a vida muito mais simples. Se cortarmos o toro ao longo de duas curvas fechadas, podemos abri-lo de modo a formar um quadrado.

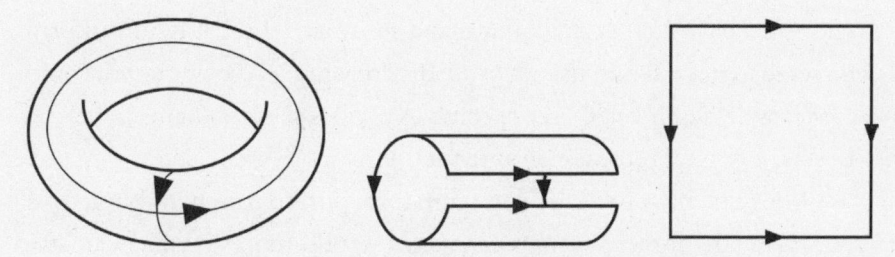

FIG 46 Aplainando um toro de modo a formar um quadrado.

Esta transformação muda a topologia do toro, mas podemos contornar isso concordando em tratar pontos correspondentes em bordas opostas como se fossem idênticos (mostrado pelas setas). Agora vem a parte astuta. Não precisamos realmente enrolar o quadrado e juntar as bordas correspondentes. Precisamos apenas trabalhar com o quadrado plano, contanto que tenhamos em mente a regra que torna as bordas idênticas. Tudo que fazemos no toro, como desenhar curvas, tem uma construção correspondente precisa no quadrado.

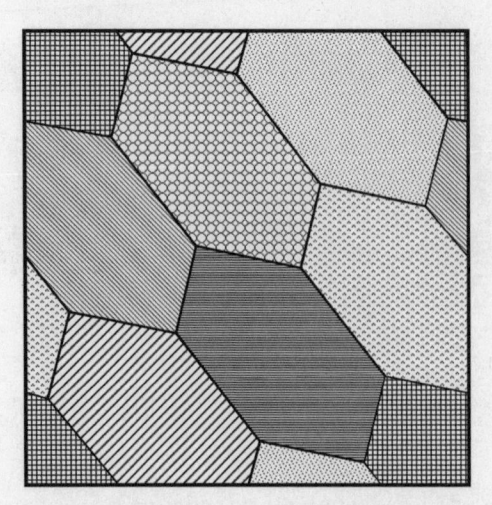

FIG 47 Um mapa sobre um toro necessitando de sete cores.

Heawood provou que sete cores são ao mesmo tempo necessárias e suficientes para colorir qualquer mapa sobre um toro. A figura mostra que sete são necessárias, usando o quadrado para representar o toro como acabamos de descrever. Observe como as regiões se combinam em bordas opostas, o que tal representação requer.

Vimos que há superfícies como um toro, porém com mais buracos. A quantidade de buracos é chamada genus, sendo representada pela letra g. Heawood conjecturou uma fórmula para o número de cores exigidas num toro com g buracos quando $g \geq 1$: é o menor número inteiro menor ou igual a

$$\frac{7 + \sqrt{48g + 1}}{2}$$

Quando g varia de 1 a 10, esta fórmula resulta nos números

7 8 9 10 11 12 12 13 13 14

Heawood descobriu a fórmula generalizando sua prova do teorema das cinco no plano. Ele conseguiu provar que, para qualquer superfície, o número de cores especificado pela sua fórmula sempre é suficiente. A grande questão, por muitos anos, foi se este número pode ser reduzido. Exemplos de valores pequenos do genus sugeriam que a estimativa de Heawood é a melhor possível. Em 1968, após longa investigação, Gerhard Ringel e John W.T. (Ted) Youngs completaram os detalhes finais numa prova de que isso está correto, fundamentando-se em seu próprio trabalho e em vários outros. Seus métodos baseiam-se em tipos especiais de redes, complicadas o bastante para encher um livro inteiro.

8

Cubo de Fibonacci

O PRIMEIRO CUBO não trivial; e também um número de Fibonacci. Existem outros cubos de Fibonacci? Pensar em cubos levou Fermat a enunciar seu famoso último teorema. Sophie Germain, uma das grandes matemáticas, deu uma contribuição fundamental para um caso especial. Andrew Wiles finalmente encontrou uma prova completa 350 anos após a conjectura original de Fermat.

Primeiro cubo (depois de 1)

O cubo de um número é obtido multiplicando-se o número por si mesmo e depois multiplicando o resultado pelo número original. Por exemplo, o cubo de 2 é $2 \times 2 \times 2 = 8$. O cubo de um número n escreve-se n^3. Os primeiros cubos são:

n	0	1	2	3	4	5	6	7	8	9	10
n^3	0	1	8	27	64	125	216	343	512	729	1 000

O último teorema de Fermat

Os cubos deram início a uma linha de pensamento que durou mais de trezentos anos.

Por volta de 1630, Fermat notou que somar dois cubos diferentes de zero parece não produzir um cubo. (Se se permitir o zero, então $0^3 + n^3 = n^3$, para qualquer valor de *n*.) Ele tinha recém-começado a ler uma edição de 1621 de um famoso texto antigo de álgebra, o *Arithmetica* de Diofanto. Na margem de seu exemplar, ele escreveu: "É impossível dividir um cubo em dois cubos ou uma quarta potência em duas quartas potências, ou, em geral, uma potência maior que a segunda em duas potências iguais. Descobri uma prova disso realmente maravilhosa, que essa margem é estreita demais para conter."

Em linguagem algébrica, Fermat alegava uma prova de que a equação

$$x^n + y^n = z^n$$

não tem soluções com números inteiros se *n* for um inteiro maior ou igual a 3.

Esta afirmação, agora chamada último teorema de Fermat, foi impressa pela primeira vez em 1670 quando o filho de Fermat, Samuel, publicou uma edição do *Arithmetica* incluindo as anotações marginais de seu pai.

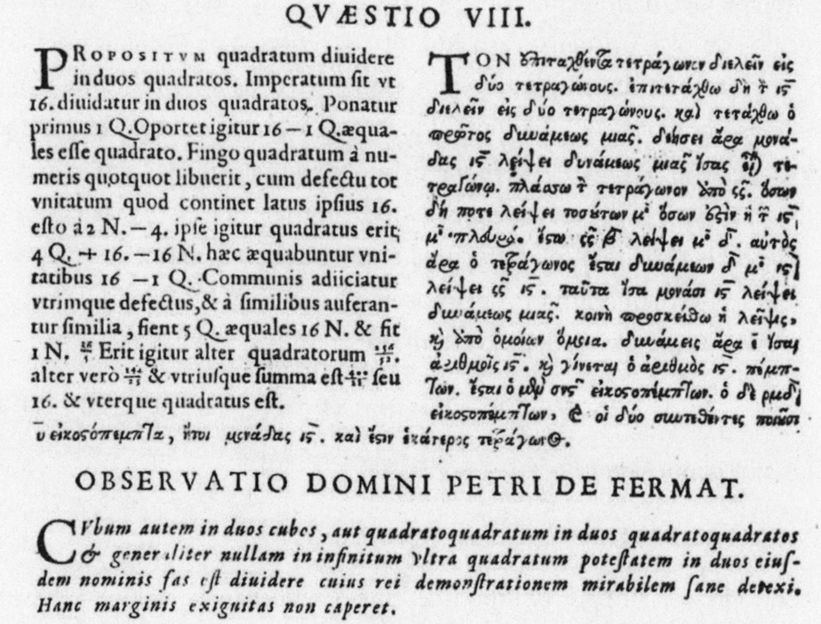

QVÆSTIO VIII.

PROPOSITVM quadratum diuidere in duos quadratos. Imperatum sit vt 16. diuidatur in duos quadratos. Ponatur primus 1 Q. Oportet igitur 16 – 1 Q. æquales esse quadrato. Fingo quadratum à numeris quotquot libuerit, cum defectu tot vnitatum quod continet latus ipsius 16. esto à 2 N. – 4. ipse igitur quadratus erit 4 Q. + 16. – 16 N. hæc æquabuntur vnitatibus 16 – 1 Q. Communis adiiciatur vtrimque defectus, & à similibus auferantur similia, fient 5 Q. æquales 16 N. & fit 1 N. 16/5 Erit igitur alter quadratorum 256/25. alter verò 144/25 & vtriusque summa est 400/25 seu 16. & vterque quadratus est.

OBSERVATIO DOMINI PETRI DE FERMAT.

CVbum autem in duos cubos, aut quadratoquadratum in duos quadratoquadratos & generaliter nullam in infinitum vltra quadratum potestatem in duos eiusdem nominis fas est diuidere cuius rei demonstrationem mirabilem sane detexi. Hanc marginis exiguitas non caperet.

FIG 48 Nota marginal de Fermat, publicada na edição feita por seu filho do *Arithmetica* de Diofanto, com o título "Observação do mestre Pierre de Fermat".

Presume-se que Fermat interessou-se por esta questão porque conhecia as trincas pitagóricas: dois quadrados (de números inteiros) que somados resultam num quadrado. Um exemplo familiar é $3^2 + 4^2 = 5^2$. Há infinitas trincas pitagóricas, e uma fórmula geral para elas é conhecida desde os tempos antigos [ver 5].

Se Fermat realmente tinha esta prova, ninguém jamais a encontrou. Sabemos, sim, que ele tinha prova válida para quartas potências, que usava o fato de que uma quarta potência é um tipo especial de quadrado – isto é, o quadrado do quadrado – para relacionar esta versão do problema com trincas pitagóricas. A mesma ideia mostra que, para provar o último teorema de Fermat, pode-se assumir que a potência n é ou 4 ou um primo ímpar. Durante os dois séculos seguintes, o último teorema de Fermat foi provado para exatamente três primos ímpares: 3, 5 e 7. Euler lidou com cubos em 1770; Legendre e Peter Gustav Lejeune Dirichlet lidaram com quintas potências por volta de 1825; e Gabriel Lamé provou o teorema para sétimas potências em 1839.

Sophie Germain fez um progresso significativo no que se tornou conhecido como o "primeiro caso" do último teorema de Fermat, no qual n é primo e não é divisor de x, y ou z. Como parte de um programa mais ambicioso que nunca foi completado, ela provou o teorema de Sophie Germain: se $x^p + y^p = z^p$, onde p é primo e menor que 100, então xyz é divisível por p^2. Na verdade, ela provou bem mais que isso, mas o enunciado é mais técnico. A prova utiliza o que são agora chamados primos de Sophie Germain: números primos p tais que $2p + 1$ também é primo. Os primeiros primos de Sophie Germain são:

2   3   5   11   23   29   41   53   83   89   113   131   173   179   191

e o maior conhecido é

$18\,543\,637\,900\,515 \times 2^{666\,667} - 1$

encontrado em 2012 por Philipp Bliedung. Conjectura-se que deve haver infinitos primos desse tipo, mas é uma questão em aberto. Os primos de Sophie Germain têm aplicação em criptografia e testes de primalidade.

O último teorema de Fermat foi finalmente provado verdadeiro em 1995 por Andrew Wiles, mais de três séculos e meio depois de enunciado pela primeira vez. Os métodos usados na prova estão muito além de qualquer coisa disponível na época de Fermat, ou que ele pudesse ter inventado.

A conjectura de Catalan

Em 1844, o matemático belga Eugène Catalan fez uma pergunta intrigante sobre os números 8 e 9: "Rogo-lhe, senhor, que por favor anuncie em sua revista o seguinte teorema que acredito ser verdadeiro, embora não tenha conseguido ainda prová-lo completamente; talvez outros tenham mais sucesso. Dois números inteiros consecutivos, diferentes de 8 e 9, não podem ser potências consecutivas; dito de outra forma, a equação $x^m - y^n = 1$, na qual as incógnitas são inteiros positivos (maiores que 1), admite apenas uma única solução."

Este enunciado tornou-se conhecido como conjectura de Catalan. Preda Mihăilescu finalmente a provou em 2002 usando métodos avançados da teoria de números algébricos.

Sexto número de Fibonacci e único cubo não trivial de Fibonacci

Em 1202, Leonardo de Pisa escreveu um texto aritmético, o *Liber Abbaci* (Livro dos cálculos), explicando os numerais indo-arábicos 0-9 para uma audiência europeia. A obra incluía uma curiosa pergunta sobre coelhos. Comece com um par de coelhos imaturos. Após um período, cada par imaturo fica maduro, enquanto cada par maduro dá origem a um par imaturo. Os coelhos são imortais. Como cresce a população à medida que passam os períodos?

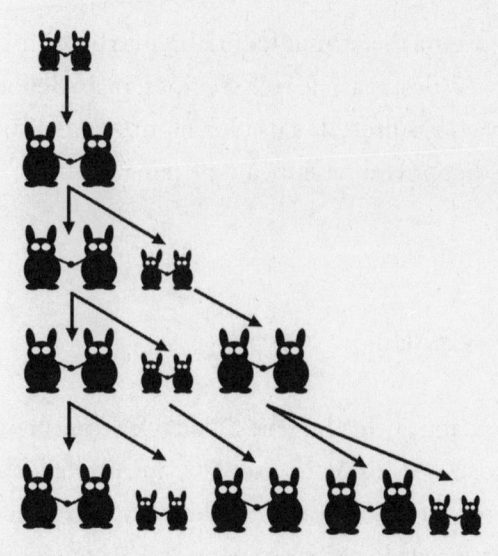

FIG 49   As primeiras gerações no modelo dos coelhos de Fibonacci.

Leonardo mostrou que o número de pares obedece ao seguinte padrão:

1   1   2   3   5   8   13   21   34   55   89   144

no qual cada número após os dois primeiros é a soma dos dois que o precedem. Assim, por exemplo, $2 = 1 + 1$, $3 = 1 + 2$, $5 = 2 + 3$, $8 = 3 + 5$, $13 = 5 + 8$, e assim por diante. Mais tarde, Leonardo recebeu o apelido de Fibonacci (filho de Bonaccio), e desde 1877, quando Lucas escreveu sobre esta sequência, seus membros têm sido conhecidos como números de Fibonacci. A sequência, frequentemente, recebe um 0 adicional no começo, o "zérimo" número de Fibonacci. A regra de formação continua valendo, porque $0 + 1 = 1$.

O modelo obviamente não é realista, e não tinha a pretensão de ser. Era simplesmente um problema numérico bacana no seu livro-texto. No entanto, modernas generalizações, conhecidas como modelos de Leslie, são mais realistas e têm aplicações práticas em populações reais.

Propriedades dos números de Fibonacci

Os matemáticos há muito são fascinados pelos números de Fibonacci. Existe uma ligação fundamental com o número áureo φ. Usando a propriedade básica de que $1/\varphi = \varphi - 1$, pode-se provar que o enésimo número de Fibonacci F_n é exatamente igual a

$$\frac{\varphi^n - (-\varphi)^{-n}}{\sqrt{5}}$$

Este é o número inteiro mais próximo de $\varphi^n/\sqrt{5}$. Então os números de Fibonacci são aproximadamente proporcionais a φ^n, indicando que eles crescem exponencialmente – como potências de um número fixo.

Há muitos padrões presentes nos números de Fibonacci. Por exemplo, pegue três termos consecutivos, tais como 5, 8, 13. Então, $5 \times 13 = 65$ e $8^2 = 64$, ou seja, uma diferença de 1. Mais genericamente

$$F_{n-1} F_{n+1} = F_n^2 + (-1)^n$$

Somas de números de Fibonacci consecutivos satisfazem:

$$F_0 + F_1 + F_2 + \ldots + F_n = F_{n+2} - 1$$

Por exemplo,

$$0 + 1 + 1 + 2 + 3 + 5 + 8 = 20 = 21 - 1$$

Não existe fórmula conhecida para a soma dos inversos dos números de Fibonacci diferentes de zero

$$\frac{1}{1} + \frac{1}{1} + \frac{1}{2} + \frac{1}{3} + \frac{1}{5} + \frac{1}{8} + \frac{1}{13} + \ldots$$

Numericamente, esta "constante de Fibonacci inversa" vale mais ou menos 3,35988566243, e Richard André-Jeannin provou que ela é irracional – não é uma fração exata.

Muitos números de Fibonacci são primos. Os primeiros desses primos de Fibonacci são 2, 3, 5, 13, 89, 233, 1 597, 28 657 e 514 229. Os maiores primos de Fibonacci conhecidos têm milhares de dígitos. Não se sabe se existem infinitos primos de Fibonacci.

Uma questão muito difícil, resolvida apenas recentemente, é: quando um número de Fibonacci é uma potência perfeita? Em 1951, W. Ljunggren provou que o 12º número de Fibonacci, $144 = 12^2$, é o único número de Fibonacci não trivial que é um quadrado. Harvey Cohn deu outra prova em 1964. (Zero e 1 são enésimas potências para todo n, mas não são especialmente interessantes.) O sexto número de Fibonacci é $8 = 2^3$, e em 1969 H. London e R. Finkelstein provaram que este é o único número de Fibonacci não trivial que é um cubo. Em 2006, Y. Bugeaud, M. Mignotte e S. Siksek provaram que os *únicos* números de Fibonacci que são potências perfeitas (maiores do que a primeira potência) são 0, 1, 8 e 144.

9
Quadrado mágico

O MENOR QUADRADO MÁGICO não trivial tem nove células. Existem nove ladrilhamentos do plano por polígonos regulares que estão dispostos da mesma maneira em cada vértice. Um retângulo de dimensões certas pode ser dividido em nove quadrados de diferentes tamanhos.

Menor quadrado mágico

Quadrados mágicos são arranjos de números – geralmente os números 1, 2, 3, ... até algum limite – de modo que cada linha, cada coluna e ambas as diagonais tenham a mesma soma. Eles não têm grande importância para a matemática, mas são divertidos. O menor quadrado mágico (exceto o quadrado trivial 1 × 1 contendo apenas o número 1) é um quadrado 3 × 3, usando os algarismos de 1 a 9.

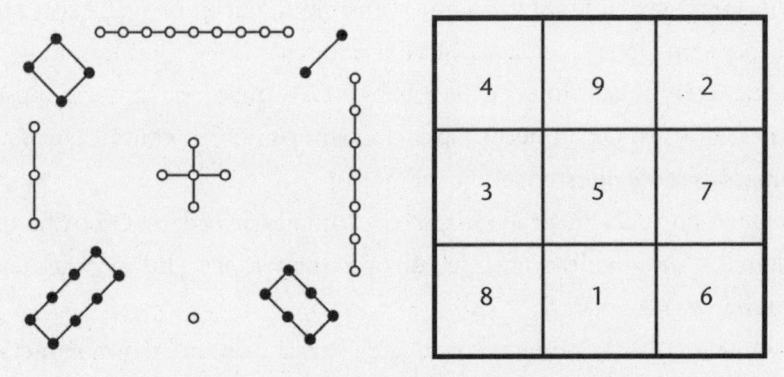

FIG 50 *Esquerda:* O Lo Shu. *Direita:* Versão moderna.

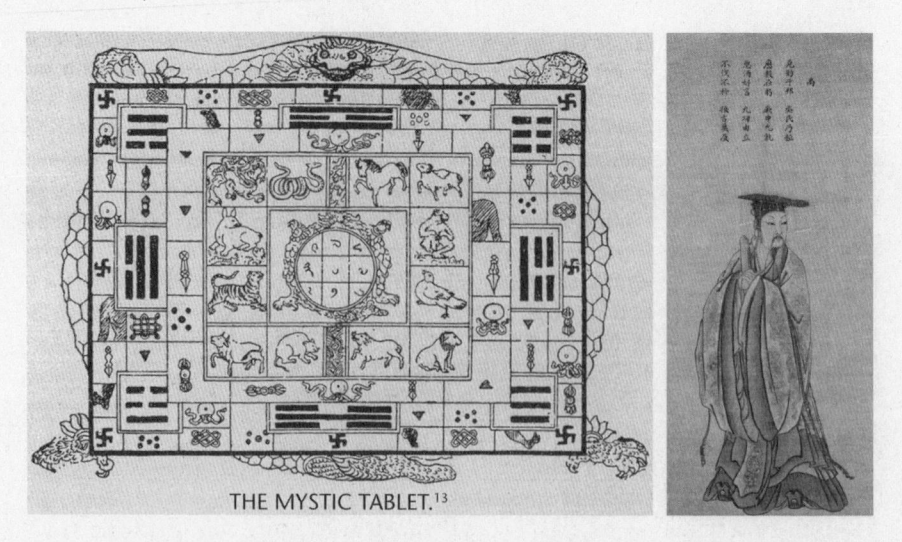

FIG 51 *Esquerda:* Uma imagem tibetana do Lo Shu. *Direita:* Imperador Yu.

O mais antigo quadrado mágico conhecido ocorre numa velha lenda chinesa sobre o imperador Yu oferecendo sacrifícios ao deus do rio Luo, por causa de um imenso dilúvio. Uma tartaruga mágica emerge do rio, trazendo um curioso desenho matemático no casco. Era o Lo Shu, um quadrado mágico desenhado numa grade 3×3 usando pontos para representar os números.

Se (a premissa padrão, a menos que haja bons motivos para fazer outra coisa) o quadrado mágico usa os nove algarismos 1-9, cada um deles apenas uma vez, o Lo Shu é o único arranjo mágico possível, exceto por rotações e imagens espelhadas. Sua *constante mágica* – a soma dos números em qualquer linha, coluna ou diagonal – é 15. O quadrado também mostra outros padrões. Os números pares ocupam os quatro cantos. Números diametralmente opostos sempre somam 10.

O tamanho do quadrado mágico é chamado de ordem. O Lo Shu tem ordem 3, e um quadrado mágico de ordem n tem n^2 células, geralmente contendo os números de 1 a n^2.

Outras culturas antigas, como as da Pérsia e da Índia, também eram interessadas em quadrados mágicos. No século X um quadrado mágico de ordem 4 foi registrado num templo em Khajurahu, na Índia. Sua constante mágica, como a de todos os quadrados mágicos de ordem 4 usando os números de 1 a 16, é 34.

7	12	1	14
2	13	8	11
16	3	10	5
9	6	15	4

FIG 52 Quadrado mágico de ordem 4 do século X.

Há muitos quadrados mágicos de ordem 4 diferentes: 880 ao todo, sem contar as rotações e espelhamentos como sendo diferentes. O número de quadrados mágicos de ordem 5 é muito maior: 275 305 224. O número exato de quadrados mágicos de ordem 6 não é conhecido, mas acredita-se que seja em torno de $1,7745 \times 10^{19}$.

O artista Albrecht Dürer incluiu um quadrado mágico de ordem 4 na sua gravura *Melancolia I*, que contém vários outros objetos matemáticos. O quadrado foi escolhido de tal modo que a data, 1514, aparecesse no meio da linha inferior.

FIG 53 *Esquerda: Melancolia I. Direita:* detalhe do quadrado mágico.
Note a data 1514 embaixo no centro.

Existem quadrados mágicos para todas as ordens maiores ou iguais a 3 e trivialmente para a ordem 1, mas não para a ordem 2. Há métodos gerais para construir exemplos, que dependem de n ser ímpar, o dobro de um número ímpar, ou um múltiplo de 4.

A constante mágica para um quadrado mágico de ordem n é $n(n^2 + 1)/2$. Para ver por quê, observe que o total de todas as células é $1 + 2 + 3 + \ldots + n^2$, que é igual a $n^2(n^2 + 1)/2$. Como o quadrado pode ser dividido em n linhas, todas elas com a mesma soma, a constante mágica é obtida dividindo-se esse valor por n.

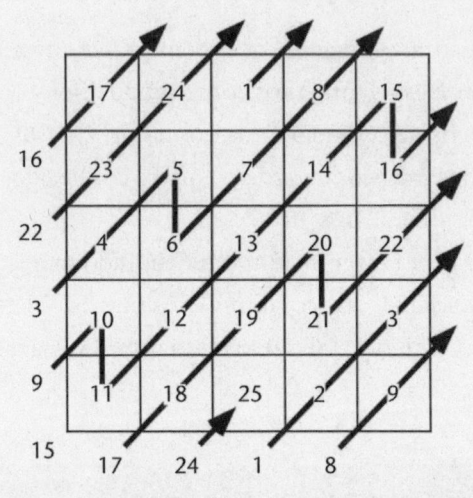

FIG 54 Método geral para construir um exemplo de quadrado mágico de ordem ímpar. Coloque 1 no centro da linha superior e então os números sucessivos 2, 3, 4, ... seguindo as setas diagonalmente, "envolvendo" o quadrado de cima para baixo ou da esquerda para a direita, se necessário. Sempre que um número deva ser escrito por cima de um número já existente, desça para um quadrado imediatamente abaixo.

Ladrilhamentos de Arquimedes

Nove padrões de ladrilhamento usam mais de um tipo de polígono regular, com exatamente o mesmo arranjo de ladrilhos em cada canto. São conhecidos como ladrilhamentos de Arquimedes, ladrilhamentos uniformes ou ladrilhamentos semirregulares (ver figura).

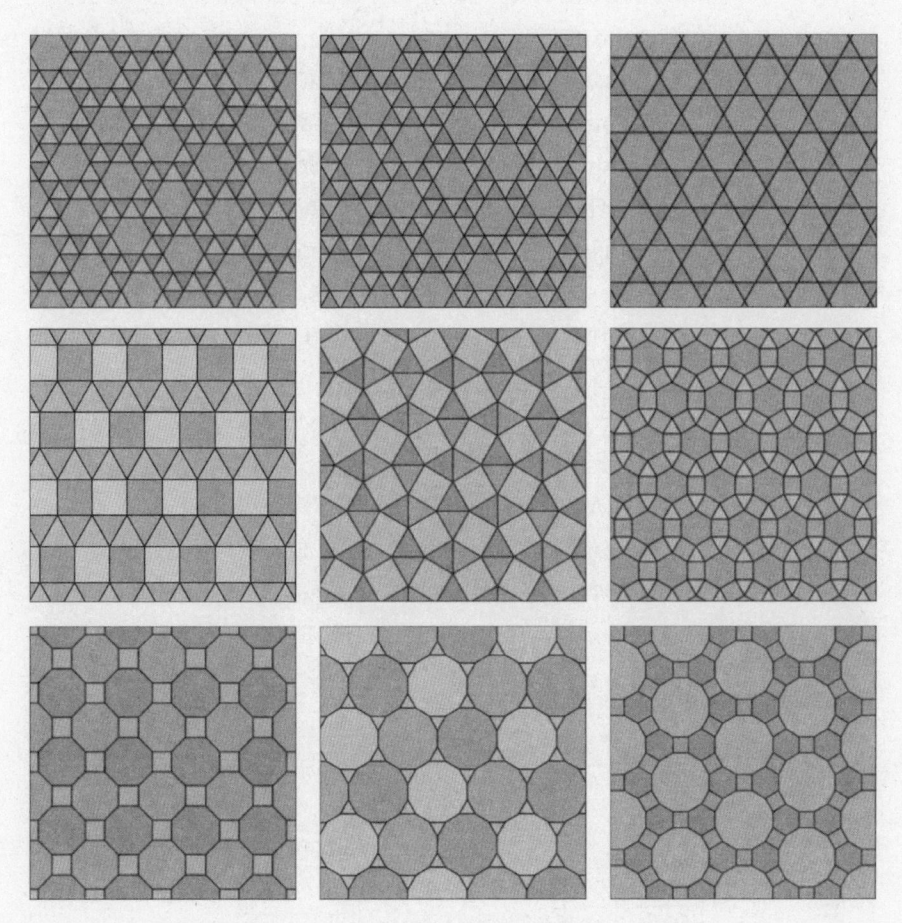

FIG 55 Os nove ladrilhamentos de Arquimedes.

Retângulo quadriculado

Um quadrado pode ser facilmente dividido em nove quadrados menores de igual tamanho cortando-se cada lado em três terços. O menor número de quadrados *desiguais* em que um retângulo com lados inteiros pode ser dividido também é nove, mas o arranjo é muito mais difícil de descobrir.

Todos sabemos que um chão retangular pode ser ladrilhado com azulejos quadrados de mesmo tamanho – contanto que seus lados sejam múltiplos inteiros do lado do quadrado. Mas o que acontece se nos é pedido que usemos ladrilhos quadrados que tenham todos tamanhos *diferentes*? O primeiro "retângulo quadriculado" foi publicado em 1925 por Zbigniew Morón, usando dez ladrilhos quadrados de lados 3, 5, 6, 11, 17, 19, 22, 23, 24, 25. Não muito depois, ele descobriu um retângulo quadriculado usando nove quadrados de lados 1, 4, 7, 8, 9, 10, 14, 15, 18.

E que tal formar um *quadrado* a partir de ladrilhos quadrados diferentes? Por um longo tempo julgou-se que isso era impossível, mas em 1939 Roland Sprague encontrou 55 ladrilhos quadrados distintos que se encaixavam de modo a formar um quadrado. Em 1940, Leonard Brooks, Cedric Smith, Arthur Stone e William Tutte, na época estudantes de graduação no Trinity College, Cambridge, publicaram um artigo relacionando o problema com redes elétricas – a rede codifica o tamanho dos quadrados e como se encaixam. Este método levou a várias soluções.

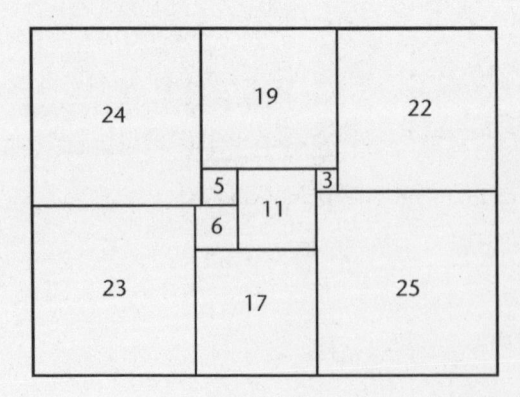

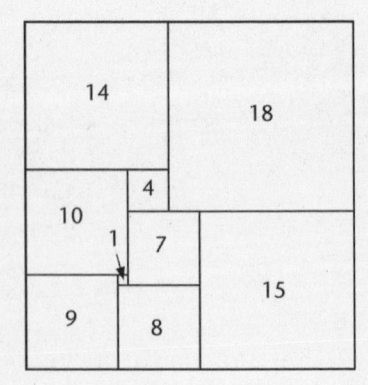

FIG 56 *Esquerda:* Primeiro retângulo quadriculado de Morón.
Direita: Seu aperfeiçoamento para nove ladrilhos.

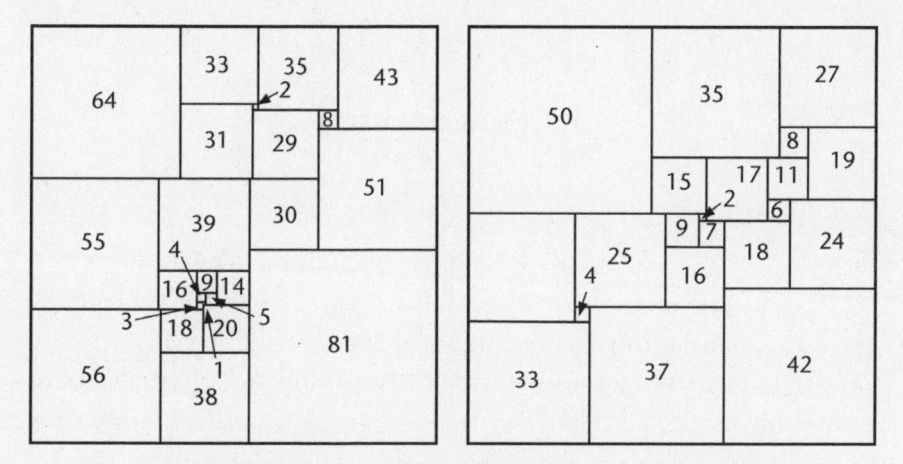

FIG 57 *Esquerda:* Quadrado quadriculado de Willcocks com 24 ladrilhos.
Direita: Quadrado de Duijvestijn com 21 ladrilhos.

Em 1948, Teophilus Willcocks encontrou 24 quadrados que se encaixavam para formar um quadrado. Até pouco tempo pensava-se que não havia conjunto menor capaz de cumprir essa função, mas em 1962 Adrianus Duijvestijn usou um computador para mostrar que são necessários apenas 21 ladrilhos quadrados, e esse é o número mínimo. Seus tamanhos são 2, 4, 6, 7, 8, 9, 11, 15, 16, 17, 18, 19, 24, 25, 27, 29, 33, 35, 37, 42 e 50.

Em 1975, Solomon Golomb perguntou: pode-se ladrilhar o plano infinito, sem deixar lacunas, usando exatamente um ladrilho de cada tamanho de um número inteiro 1, 2, 3, 4, e assim por diante? Até recentemente, o problema não havia sido resolvido, mas em 2008 James e Frederick Henle acharam uma prova engenhosa de que a resposta é "sim".

10

Sistema decimal

O SISTEMA DECIMAL, que usamos para escrever números, é baseado em 10, provavelmente porque temos dez dedos – dígitos – nas mãos. Outras bases são possíveis, e algumas – especialmente 20 e 60 – foram usadas por culturas antigas. Dez é tanto triangular quanto tetraédrico. Contrariamente ao que Euler pensava, existem dois quadrados latinos ortogonais 10×10.

Contando em dezenas

A notação atual para os números é chamada "decimal" porque usa 10 como base numérica. *Decem* é "dez" em latim. Neste sistema, os mesmos dez símbolos

0 1 2 3 4 5 6 7 8 9

são usados para representar unidades, dezenas, centenas, milhares, e assim por diante. O que cada símbolo efetivamente pretende representar é mostrado pela posição que ocupa no número. Por exemplo, no número 2015 os símbolos significam:

5 unidades
1 dezena
0 centenas
2 milhares

Aqui o papel central é desempenhado pelas potências sucessivas de 10:

Sistema decimal

$10^0 = 1$
$10^1 = 10$
$10^2 = 100$
$10^3 = 1\,000$

Estamos tão acostumados a esta notação que tendemos a pensar nela como simplesmente "números" e a assumir que existe algo de matematicamente especial em relação ao número 10. No entanto, métodos notacionais muito semelhantes podem utilizar qualquer número como base. Assim, embora 10 seja de fato especial – veremos adiante –, não é especial sob este aspecto.

Computadores usam diversas bases:

base 2   binária [ver 2], símbolos 0 1
base 8   octal, símbolos 0 1 2 3 4 5 6 7
base 16   hexadecimal, símbolos 0 1 2 3 4 5 6 7 8 9 A B C D E F

A base 12, duodecimal, tem sido frequentemente proposta como aperfeiçoamento da base decimal porque 12 é divisível por 2, 3, 4 e 6, enquanto 10 é divisível apenas por 2 e 5. Os maias usavam base 20 e os antigos babilônios usavam base 60 [ver 0 para ambos].

Podemos desmembrar 2 015 em decimais da seguinte maneira:

$2 \times 1\,000 + 0 \times 100 + 1 \times 10 + 5 \times 1$

ou escrevendo as potências mais explicitamente:

$2 \times 10^3 + 0 \times 10^2 + 1 \times 10^1 + 5 \times 10^0$

Este sistema é chamado notação posicional, porque o significado de um símbolo depende da sua posição.

O mesmo símbolo em base 8 significaria

$2 \times 8^3 + 0 \times 8^2 + 1 \times 8^1 + 5 \times 8^0$

Na notação decimal mais familiar, é

$2 \times 512 + 0 \times 64 + 1 \times 8 + 5 \times 1 = 1\,037$

Logo, os mesmos símbolos, interpretados usando-se bases diferentes, representam números diferentes.

Vamos experimentar outra base menos familiar: 7. Em Apellobetnees III todos os habitantes alienígenas têm sete caudas e contam usando as caudas. Então seu sistema numérico só tem os dígitos 0-6. Então eles escrevem 10 onde escreveríamos 7, e seguem adiante até 66, que nós escreveríamos como 48. Aí, para o nosso 49 eles usariam 100, e assim por diante.

Ou seja, um número como *abcd* em apellobetneesiano é traduzido para decimal como

$$a \times 7^3 + b \times 7^2 + c \times 7 + d = 343a + 49b + 7c + d$$

Com um pouco de prática, você pode fazer somas alienígenas usando este sistema, *sem* traduzir os números para decimal ida e volta. Você precisa de regras como "4 + 5 = 2 vai 1" (porque 9 decimal é 12 na base 7), mas fora isso tudo parece bastante familiar.

História da notação numérica

As primeiras civilizações empregavam notações numéricas muito diferentes da nossa. Os babilônios usavam uma notação base 60, com símbolos cuneiformes para os sessenta dígitos [ver 0]. Os egípcios tinham símbolos especiais para potências de 10 e os repetiam para obter outros números. Os gregos antigos usavam o alfabeto para os números 1-9, 10-90, 100-900.

FIG 58 *Esquerda:* Símbolos numéricos egípcios.
Direita: O número 5 724 em hieróglifos egípcios.

A notação posicional de hoje, e os nossos símbolos para os dez algarismos 0-9, apareceram na Índia por volta de 500 d.C., mas houve precursores. A história é complicada: datas são controversas e difíceis de determinar.

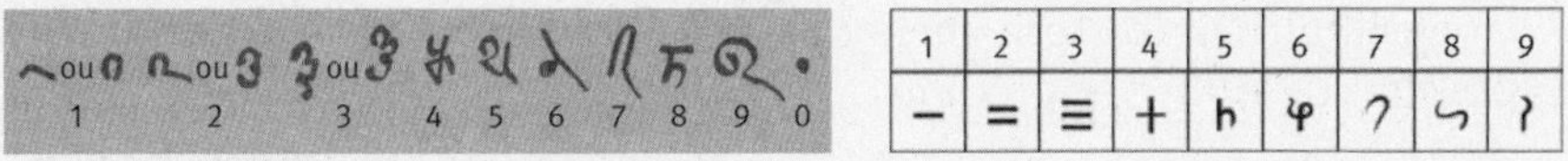

FIG 59 *Esquerda:* Símbolos do manuscrito Bakshali. *Direita:* Numerais brâmanes.

O manuscrito Bakshali, encontrado em 1881 perto de Bakshali, no Paquistão, escrito em casca de bétula, é o mais antigo documento conhecido na matemática indiana. Os estudiosos acreditam que sua origem está entre os séculos 2 a.C. e 3 d.C. Acredita-se que seja uma cópia de um manuscrito mais antigo. Utiliza símbolos distintos para os numerais de 0 a 9. Numerais brâmanes remontam a 200-300 d.C., mas não utilizavam notação posicional. Em vez disso, havia símbolos adicionais para múltiplos de 10, e para 100 e 1 000, com regras para combinar esses símbolos de modo a obter números como 3 000.

Numerais "hindus" posteriores derivavam dos numerais brâmanes. Foram usados pelo matemático indiano Aryabhata no século VI, em várias formas diferentes. Brahmagupta usou 0 como número no século VII e encontrou regras para executar a aritmética com zero.

Europeu	0	1	2	3	4	5	6	7	8	9
Indo-arábico	٠	١	٢	٣	٤	٥	٦	٧	٨	٩
Indo-arábico oriental (persa e urdu)	۰	۱	۲	۳	۴	۵	۶	۷	۸	۹
Devanagari (hindi)	०	१	२	३	४	५	६	७	८	९
Tamil		௧	௨	௩	௪	௫	௬	௭	௮	௯

FIG 60 Exemplos de numerais arábicos e indianos.

A invenção hindu espalhou-se pelo Oriente Médio, em particular por meio do matemático persa Al-Khwarizmi (*Sobre o cálculo com numerais hindus*, de 825) e do matemático árabe Al-Kindi (*Sobre o uso de numerais indianos,* de c.830). Mais tarde difundiu-se para a Europa mediante traduções latinas do livro de Al-Khwarizmi.

O primeiro livro escrito deliberadamente para promover este sistema notacional na Europa foi o *Liber Abacci*, de Fibonacci, em 1202. Ele chamou a notação de *modus Indorum* (método dos indianos), mas a associação com Al-Khwarizmi era tão forte que a expressão "numerais arábicos" tomou conta – apesar do título do livro de Al-Khwarizmi. O nome foi reforçado porque muitos europeus entraram em contato com os numerais por meio do povo arabizado berbere.

Levou algum tempo para que os símbolos se assentassem. Na Europa medieval, eram empregadas dúzias de variantes. Mesmo hoje, diferentes culturas usam muitas versões diferentes dos símbolos.

Ocidental	0	1	2	3	4	5	6	7	8	9
Árabe oriental	٠	١	٢	٣	٤	٥	٦	٧	٨	٩
Persa	٠	١	٢	٣	۴	۵	۶	٧	٨	٩
Chinês simplificado*	〇	一	二	三	四	五	六	七	八	九
Chinês complexo	零	壹	貳 貮	叁 叄	肆	伍	陸 陆	柒	捌	玖
Mongol	0	0	᠒	᠒	᠐	᠕	6	᠐	᠘	᠙
Tibetano	༠	༡	༢	༣	༤	༥	༦	༧	༨	༩

FIG 61 Alguns símbolos modernos para numerais.
(*Japoneses e coreanos usam os caracteres chineses simplificados.)

A vírgula decimal

O *Liber Abacci*, de Fibonacci, continha uma notação que ainda usamos hoje: o traço horizontal numa fração, como por exemplo $\frac{3}{4}$ para "três quartos". Os hindus empregavam uma notação similar, mas sem o traço; o traço, ao que parece, foi introduzido pelos árabes. Fibonacci o usava largamente, mas o mesmo traço podia fazer parte de várias frações diferentes.

Hoje raramente usamos frações para objetivos práticos. Em vez disso, usamos uma vírgula decimal, escrevendo π como 3,14159. Os decimais neste sentido datam de 1585, quando Simon Stevin veio a ser tutor privado de Maurício de Nassau, filho de Guilherme o Taciturno. Stevin acabou se tornando ministro das finanças. Buscando métodos de contabilidade acurados, ele considerou a notação indo-arábica, mas julgava as frações incômodas.

Os babilônios, sempre práticos, representavam as frações no seu sistema de base 60 fazendo os dígitos convenientes representar potências de ⅟₆₀, dando origem aos nossos modernos minutos e segundos, tanto para o tempo como para ângulos. Numa forma modernizada da notação babilônica, 6;15 significa 6 + 15 × (⅟₆₀), o que escreveríamos como 6¼ ou 6,25. Stevin gostou da ideia, exceto pelo uso da base 60, e procurou um sistema que combinasse o melhor de ambos: decimais.

Quando publicou o novo sistema, enfatizou sua praticidade e sua utilização em negócios: "Todos os cálculos com que deparamos em negócios podem ser executados apenas com inteiros sem auxílio de frações."

Sua notação não incluía a vírgula decimal como tal, mas conduziu rapidamente à notação decimal de hoje. Onde nós escreveríamos 5,7731, digamos, Stevin escrevia 5⓪7①7②3③1④. Aqui o símbolo ⓪ indica um número inteiro, ① indica um décimo, ② indica um centésimo, e assim por diante. Os usuários em breve passaram a dispensar o ① e o ②, mantendo apenas o ⓪, que encolheu e foi simplificado até se tornar um ponto e depois a vírgula decimal.*

Números reais

Surge um enrosco se você usar decimais para frações: às vezes eles não são exatos. Por exemplo, ⅓ é muito próximo de 0,333, e ainda mais próximo de 0,333 333, mas nenhum dos dois é exato. Para verificar isso, basta

---

* Lembrando que há países que utilizam o ponto decimal em lugar da nossa vírgula decimal. (N.T.)

multiplicar por 3. Deveríamos obter 1, mas na verdade obtemos 0,999 e 0,999 999. Perto, mas não certo. Os matemáticos perceberam que num determinado sentido a expansão decimal "correta" de ⅓ deve ser infinitamente comprida:

$$\frac{1}{3} = 0,333\ 333\ 333\ 333\ 333\ 333\ ...$$

Continuando *para sempre*. E isso levou à ideia de que números como π *também* continuavam para sempre, exceto que não repetiam os mesmos algarismos indefinidamente:

$$\pi = 3,141\ 592\ 653\ 589\ 793\ 238\ ...$$

É importante perceber aqui que ⅓ realmente é *igual* a 0,333 333 ... enquanto os números não pararem. Eis uma prova. Seja

$$x = 0,333\ 333\ ...$$

Multiplique por 10. Isso transforma x em $10x$ e muda 0,333 333 ... uma casa para a esquerda, então

$$10x = 3,333\ 333\ ...$$

Portanto

$$10x = 3 + x$$
$$9x = 3$$
$$x = \frac{3}{9} = \frac{1}{3}$$

A afirmação de que $10x = 3 + x$ apoia-se no fato de os números continuarem para sempre. Se eles parassem, mesmo após 1 trilhão de repetições, a afirmação seria falsa.

Um raciocínio semelhante implica que 0,999 999 ... continuando para sempre é exatamente igual a 1. Você pode usar o mesmo truque, que leva a $10x = 9 + x$, então $x = 1$, ou pode simplesmente multiplicar ⅓ = 0,333 333 ... por 3.

Muita gente está convencida de que 0,999 999 ... continuando para sempre não é igual a 1. Acreditam que deve ser menor. Isso está correto se você parar em algum momento, mas o valor em que o número decimal difere de 1 vai ficando cada vez menor.

$1 - 0,9 = 0,1$ $1 - 0,9999 = 0,0001$
$1 - 0,99 = 0,01$ $1 - 0,99999 = 0,00001$
$1 - 0,999 = 0,001$ $1 - 0,999999 = 0,000001$

e assim por diante. No limite, esta diferença tende a zero. Vai ficando cada vez menor que qualquer número positivo, por minúsculo que seja.

Os matemáticos definem o valor de um decimal infinito como sendo o *limite* dos decimais finitos que se obtém quando se para em algum momento, à medida que o número de casas decimais aumenta indefinidamente. Para uma sequência infinita de 9s, o limite é exatamente 1. Nada menos que 1 cumpre essa função, porque uma quantidade suficientemente grande de 9s dará alguma coisa maior. Não existe algo como "infinitos zeros seguidos de 1" – e mesmo que existisse não se obteria 1 somando esse valor a 0,999 999 ... .

Esta definição é o que torna os decimais infinitos um conceito matemático sensato. Os números resultantes são chamados números reais; não porque ocorrem no mundo real, mas para distingui-los daqueles chatíssimos números "imaginários" como i [ver i]. O preço que pagamos por usar o limite é que alguns números podem ter duas expansões decimais distintas, tais como 0,999 999 ... e 1,000 000 ... . Logo, logo você se acostumará.

Quarto número triangular.

O quarto número triangular [ver 3] é

$1 + 2 + 3 + 4 = 10$

O antigo culto dos pitagóricos chamava este arranjo de *tetraktys* e o considerava sagrado. Os pitagóricos pensavam que o Universo é baseado

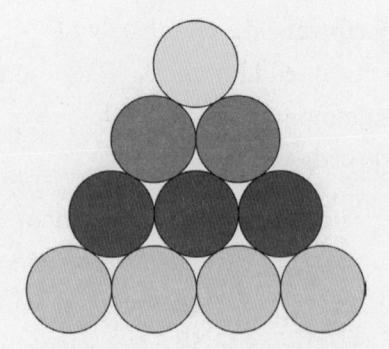

FIG 62 O quarto número triangular.

em números e atribuíam interpretações especiais aos dez primeiros números. Há muita discussão sobre quais eram essas atribuições; amostras de diversas fontes incluem:

1. Unidade, razão
2. Opinião, feminino
3. Harmonia, masculino
4. Cosmo, justiça

Sendo a soma desses quatro importantes números, 10 era especialmente importante. E também simbolizava os quatro "elementos" – terra, ar, fogo e água – e os quatro componentes do espaço: ponto, reta, plano, sólido.

Os dez pinos numa pista de boliche também estão arranjados dessa maneira.

FIG 63 Dez pinos do boliche.

Terceiro número tetraédrico

Assim como os números triangulares 1, 3, 6, 10, e assim por diante, são somas de números inteiros consecutivos, os números tetraédricos são somas de números triangulares consecutivos.

1 = 1
4 = 1 + 3
10 = 1 + 3 + 6
20 = 1 + 3 + 6 + 10

O enésimo número tetraédrico é igual a $n(n+1)(n+2)/6$.

Geometricamente, um número tetraédrico de esferas podem ser empilhadas como tetraedro, uma pilha de triângulos sempre decrescente.

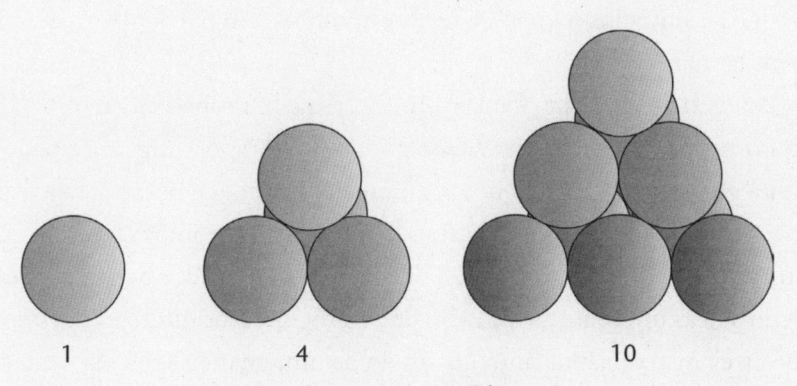

FIG 64 Números tetraédricos.

Dez é o menor número (além de 1) a ser simultaneamente triangular e tetraédrico. Os *únicos* números tanto triangulares como tetraédricos são: 1, 10, 120, 1 540 e 7 140.

Quadrados latinos ortogonais de ordem 10

Em 1873, Euler estava pensando sobre um jogo matemático, quadrados mágicos, nos quais os números estão dispostos numa grade quadrada de modo que todas as linhas e colunas somem o mesmo valor [ver 9]. Mas o cérebro fértil de Euler voltou-se para uma direção nova, e ele publicou suas ideias num artigo intitulado "Um novo tipo de quadrado mágico". Eis um exemplo:

```
1   2   3
2   3   1
3   1   2
```

As somas das linhas e colunas são todas iguais, ou seja, 6, então, com exceção de uma das diagonais, trata-se de um quadrado mágico, exceto que viola a condição padrão de usar números consecutivos, uma vez cada um. Em vez disso, toda linha e toda coluna consistem em 1, 2 e 3 em alguma ordem. Tais quadrados são conhecidos como *quadrados latinos* porque os símbolos não precisam ser números; em particular podem ser letras latinas A, B, C.

Aqui está a descrição feita por Euler do quebra-cabeça: "Um problema muito curioso, que tem exercitado por algum tempo a engenhosidade de muita gente, envolveu-me nos seguintes estudos, que parecem abrir um novo campo de análise, em particular o estudo de combinações. A questão gira em torno de arranjar 36 oficiais a serem tirados de seis patentes hierárquicas diferentes e também de seis regimentos diferentes de modo que estejam arranjados num quadrado de uma maneira que em cada fila (tanto horizontal como vertical) haja seis oficiais de patentes diferentes de regimentos diferentes."

Se usarmos A, B, C, D, E, F para as patentes hierárquicas e 1, 2, 3, 4, 5, 6 para os regimentos, o quebra-cabeça pede dois quadrados latinos 6×6, um para cada conjunto de símbolos. Adicionalmente, eles devem ser *ortogonais*; isto quer dizer que nenhuma combinação de dois símbolos ocorrerá duas vezes quando os quadrados forem superpostos. É fácil achar arranjos separados para patentes e regimentos, mas encaixar os dois, de modo que nenhuma combinação de patente e regimento se repita, é bem mais difícil. Por exemplo, poderíamos tentar

```
A B C D E F        1 2 3 4 5 6
B C D E F A        2 1 4 3 6 5
C D E F A B    e   4 3 5 6 1 2
D E F A B C        6 4 1 5 2 3
E F A B C D        5 6 2 1 3 4
F A B C D E        3 5 6 2 4 1
```

Mas quando combinamos os dois temos:

```
A1  B2  C3  D4  E5  F6
B2  C1  D4  E3  F6  A5
C4  D3  E5  F6  A1  B2
D6  E4  F1  A5  B2  C3
E5  F6  A2  B1  C3  D4
F3  A5  B6  C2  D4  E1
```

e há repetições. Por exemplo, A1 ocorre duas vezes e B2 ocorre quatro vezes. Então não vale.

Se tentarmos o mesmo problema para dezesseis oficiais, de quatro patentes hierárquicas A, B, C, D e de quatro regimentos 1, 2, 3, 4, não é muito difícil achar uma solução:

```
A B C D        1 2 3 4
B A D C        3 4 1 2
C D A B        4 3 2 1
D C B A        2 1 4 3
```

Estes são ortogonais. Notavelmente, há um terceiro quadrado latino ortogonal a ambos:

```
p q r s
s r q p
q p s r
r s p q
```

Em jargão, nós descobrimos um conjunto de *três* quadrados latinos mutuamente ortogonais de ordem 4.

Euler tentou o melhor que pôde para achar um par conveniente de quadrados latinos ortogonais de ordem 6, e fracassou. Isso o convenceu de que o seu quebra-cabeça dos 36 oficiais não tem resposta. No entanto, ele conseguiu construir pares de quadrados latinos ortogonais $n \times n$ para todos os valores *ímpares* de n e todos os múltiplos de 4, e é fácil provar que não existe tal quadrado para a ordem 2. Isso deixava os tamanhos 6, 10, 14, 18, e assim por diante – dobro de um número ímpar –, e Euler conjecturou que para estes tamanhos não existia par ortogonal.

Há 812 milhões de quadrados latinos diferentes 6×6, e mesmo tomando atalhos é simplesmente impossível listar todas as combinações possíveis. Mesmo assim, em 1901 Gaston Tarry provou que Euler estava certo para quadrados ortogonais 6×6. Acontece que ele estava errado quanto a todos os outros. Em 1959, Ernest Tilden Parker construiu dois quadrados latinos ortogonais 10×10. Em 1960, Parker, Raj Chandra Bose e Sharadachandra Shankar Shrikhande haviam provado que a conjectura de Euler é falsa para todos os tamanhos exceto 6×6.

46	57	68	70	81	02	13	24	35	99
71	94	37	65	12	40	29	06	88	53
93	26	54	01	38	19	85	77	60	42
15	43	80	27	09	74	66	58	92	31
32	78	16	89	63	55	47	91	04	20
67	05	79	52	44	36	90	83	21	18
84	69	41	33	25	98	72	10	56	07
59	30	22	14	97	61	08	45	73	86
28	11	03	96	50	87	34	62	49	75
00	82	95	48	76	23	51	39	17	64

FIG 65 Os dois quadrados latinos ortogonais 10×10 de Parker: um mostrado como o primeiro dígito, o outro como o segundo dígito.

Zero e números negativos

Tendo nos livrado de 1-10, damos um passo atrás para introduzir 0.

Depois outro passo atrás para obter −1.

Isso revela todo um mundo novo de números negativos. E revela também novos usos de números.

Eles não são mais somente para contar.

0

Nada é um número?

O ZERO SURGIU pela primeira vez em sistemas para anotar números. Era um recurso notacional. Só mais tarde é que ele foi reconhecido como um número propriamente dito, com permissão de assumir seu lugar como uma característica fundamental de sistemas numéricos matemáticos. No entanto, ele tem muitos traços incomuns, às vezes paradoxais. Em particular, não se pode dividir por 0. Nos fundamentos da matemática, todos os números podem ser derivados de 0.

Base de notação numérica

Em muitas culturas antigas, os símbolos para 1, 10 e 100 não estavam correlacionados. Os gregos antigos, por exemplo, usavam as letras do alfabeto para representar os números 1-9, 10-90 e 100-900. Isso é potencialmente confuso, se bem que pelo contexto geralmente seja fácil decidir se o símbolo representa uma letra ou um número. Mas também tornava difícil a aritmética.

A maneira como escrevemos números, com o mesmo algarismo representando números diferentes dependendo da posição em que está, chama-se notação posicional [ver 10]. Este sistema possui grandes vantagens para a aritmética de lápis e papel, que até recentemente era como a maioria das contas do mundo eram feitas. Com a notação posicional, as principais coisas das quais se precisa saber são regras básicas para somar e multiplicar os dez símbolos 0-9. Há padrões comuns quando os mesmos símbolos ocorrem em lugares diferentes. Por exemplo:

$$23 + 5 = 28 \qquad 230 + 50 = 280 \qquad 2\,300 + 500 = 2\,800$$

1	α	alfa	10	ι	iota	100	ρ	rô
2	β	beta	20	κ	kapa	200	σ	sigma
3	γ	gama	30	λ	lambda	300	τ	tau
4	δ	delta	40	μ	mu	400	υ	úpsilon
5	ϵ	épsilon	50	ν	nu	500	φ	fi
6	ϛ	vau*	60	ξ	xi	600	χ	chi
7	ζ	zeta	70	ο	ômicron	700	ψ	psi
8	η	eta	80	π	pi	800	ω	ômega
9	θ	teta	90	ϛ	kopa*	900	ϡ	sampi*

FIG 66 *Vau, Kopa e sampi são caracteres obsoletos.

Usando a antiga notação grega, porém, as duas primeiras somas têm o seguinte aspecto:

$$\kappa\gamma + \varepsilon = \kappa\eta \qquad \sigma\lambda + \nu = \sigma\pi$$

sem nenhuma estrutura comum óbvia.

No entanto, há uma característica adicional da notação posicional, que aparece em 2 015: a necessidade de um símbolo zero. Ele nos diz que não há *nenhuma* centena envolvida. A notação grega não necessita fazer isso. Em σπ, por exemplo, o σ significa "200" e o π significa "80". Podemos dizer que não há unidades porque não aparece nenhum dos símbolos para as unidades α – θ. Em vez de usar um símbolo para zero, simplesmente deixamos de escrever qualquer um dos símbolos para as unidades.

Se tentarmos fazer isso no sistema decimal, 2 015 vira 215, mas não podemos dizer se isso significa 215, 2 150, 2 105, 2 015, ou alternativas totalmente distintas, como 2 000 150. As primeiras versões da notação posicional usavam um espaço 2 15, mas é fácil não notar um espaço, e dois espaços lado a lado simplesmente formam um espaço ligeiramente maior. Então, é fácil gerar confusão e cometer um erro.

Breve história do zero

Babilônia

A primeira cultura a introduzir um símbolo para se referir a "nenhum número aqui" foi a dos babilônios. Lembre-se [ver 10] de que a notação numérica babilônica não usava a base 10, e sim a base 60. A aritmética babilônica dos primeiros tempos indicava a ausência de um termo 60^2 por um espaço, mas por volta de 300 a.C. eles já tinham inventado um símbolo especial ⪽. No entanto, ao que parece, os babilônios não pensavam nesse símbolo como um número propriamente dito. Além disso, omitiam-no se estivesse no fim do número, de modo que o significado precisava ser inferido a partir do contexto.

Índia

A ideia de notação posicional de base 10 aparece no *Lokavibhâga*, o texto cosmológico jainista de 458 d.C., que também usa *shunya* (significando vazio) onde nós usaríamos o 0. Em 498, o famoso matemático e astrônomo indiano Aryabhata descreveu a notação posicional como "de lugar a lugar com dez vezes o valor". O primeiro uso não controverso de um símbolo específico para o algarismo decimal 0 ocorre em 876 numa inscrição no templo Chaturbhuja, em Gwalior, e – adivinhe só – é um pequeno círculo.

Os maias

A civilização maia da América Central, que teve o auge entre 250 e 900 d.C., empregava notação base 20 e tinha um símbolo explícito para zero. Este método remonta a um período muito anterior e acredita-se que tenha sido inventado pelos olmecas (1500-400 a.C.). Os maias fizeram uso considerável dos números em seu sistema de calendário, sendo um dos aspectos conhecido como Contagem Longa. Esta contagem atribui uma data a cada dia contando quantos dias se passaram desde a data mítica da Criação, que teria sido 11 de agosto de 3114 a.C. no corrente calendário ocidental. Nesse sistema um símbolo para zero é essencial para evitar ambiguidade.

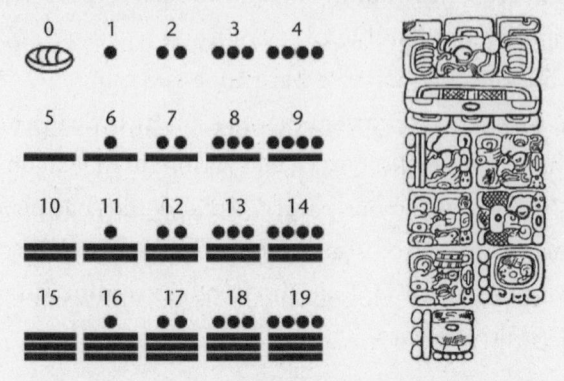

FIG 67 *Esquerda:* numerais maias. *Direita:* Uma estela de pedra em Quirigua traz a data maia da Criação: 13 baktuns, 0 katuns, 0 tuns, 0 uinals, 0 kins, 4 Ahau, 8 Cumku. É o nosso 11 de agosto de 3114 a.C.

Zero é um número?

Antes do século IX, o zero era visto como um *símbolo* conveniente para cálculos numéricos, mas não era considerado um *número* como tal. Provavelmente porque não contava nada.

Se alguém pergunta quantas vacas você tem, e você tem algumas vacas, você aponta para elas, uma de cada vez, e vai contando "um, dois, três, ...". Mas se você não tem nenhuma, não aponta para uma vaca e diz "zero", porque não há vaca para apontar. Como você não pode obter 0 por contagem, evidentemente não é um número.

Se tal atitude parece estranha, vale notar que, ainda antes, "um" não era pensado como número. Se você tem *um certo número* de vacas, seguramente tem mais de uma. Uma distinção similar ainda pode ser vista nas línguas modernas: a diferença entre singular e plural. O grego antigo também tinha uma forma "dual", com modificações específicas de palavras usadas quando se falava de dois objetos. Portanto, nesse sentido "dois" não era considerado um número igual aos restantes. Diversas outras línguas clássicas tinham a mesma coisa, e algumas modernas ainda têm, como o gaélico escocês e o esloveno. E restam vestígios em português, como o uso de "ambos" ou "ambas" para duas coisas e "todos" e "todas" para mais que duas.

À medida que o uso do zero se tornou mais difundido, e os números passaram a ser usados para outros propósitos além de contar, ficou claro que, sob a maioria dos aspectos, o zero se comporta como qualquer outro número. No século IX, os matemáticos indianos já consideravam o zero um número como qualquer outro, não só um símbolo usado para separar outros símbolos por clareza. E usavam o zero livremente em seus cálculos diários.

Na imagem da reta numérica, onde os números 1, 2, 3, ... são escritos em ordem da esquerda para a direita, fica claro qual é o lugar do 0: imediatamente à esquerda do 1. A razão é imediata: somando 1 a qualquer número faz com que ele dê um passo para a direita. Somando 1 a 0 faz com que ele se torne 1, então o lugar do 0 é aquele em que um passo à direita produz 1. E este lugar é um passo à esquerda de 1.

A aceitação dos números negativos selou o lugar do zero como número de verdade. Todo mundo era feliz por 3 ser um número. Se você aceita que −3 também é, e que sempre que você soma dois números obtém um número, então 3 + (−3) tem que ser um número. E esse número é 0.

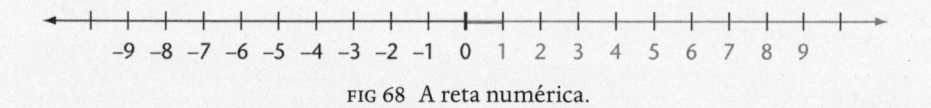

FIG 68 A reta numérica.

Características incomuns

Eu disse "sob quase todos os aspectos importantes zero se comporta como qualquer outro número" porque em circunstâncias excepcionais ele não o faz. Zero é especial. E tem que ser, porque é o único número que está claramente ensanduichado entre os números positivos e os negativos.

É claro que somar 0 a qualquer número não muda esse número. Se eu tenho três vacas e somo zero vaca, continuo tendo três vacas. Reconhecidamente, há cálculos estranhos como este:

Um gato tem um rabo.

Nenhum (zero) gato tem oito rabos.

Então, somando gatos e rabos:

Um gato tem nove rabos.

Mas essa pegadinha ocorre por causa da identificação de "nenhum" com "zero"; neste contexto o correto seria dizer: "Não existe gato com oito rabos", o que tornaria a soma impossível, já que não se pode somar algo que não existe.

Esta propriedade especial do 0 implica que $0 + 0 = 0$, o que nos diz que $-0 = 0$. Zero é seu próprio negativo. É o único número com essa característica. E isso acontece precisamente porque 0 está ensanduichado entre os números positivos e negativos na reta numérica.

E a multiplicação? Se tratarmos a multiplicação como repetidas somas, então

$2 \times 0 = 0 + 0 = 0$
$3 \times 0 = 0 + 0 + 0 = 0$
$4 \times 0 = 0 + 0 + 0 + 0 = 0$

então

$n \times 0 = 0$

para qualquer n. Isso faz sentido em transações financeiras: se eu ponho três quantias de zero dinheiro na minha conta, na verdade não pus dinheiro nenhum. Mais uma vez, zero é o único número com essa propriedade especial.

Em aritmética, $m \times n$ e $n \times m$ são iguais para quaisquer números m e n. Esta convenção implica que

$0 \times n = 0$

para qualquer n, mesmo que não possamos somar "zero cópia" de n.

E a divisão? Dividir zero por um número diferente de zero é imediato: obtemos zero. Metade de nada, ou um terço de nada, é nada. Mas quando se trata de dividir um número por zero, a natureza incomum do zero se faz sentir. O que é, por exemplo, $1 \div 0$? Nós definimos $m \div n$ como o número q que satisfaça $q \times n = m$. Então $1 \div 0$ é qualquer q que satisfaça $q \times 0 = 1$. No entanto, *esse número não existe*. O que quer que escolhamos para q, sempre teremos $q \times 0 = 0$. Nunca obtemos 1.

A maneira óbvia de lidar com isso é aceitar. Dividir por zero é proibido, porque não faz sentido. Por outro lado, as pessoas costumavam pensar que $1 \div 2$ não fazia sentido, até que as frações foram introduzidas, portanto talvez não devêssemos desistir com tanta facilidade. Poderíamos introduzir um número novo que nos permitisse dividir por zero. O problema é que esse número viola regras básicas da aritmética. Por exemplo, sabemos que $1 \times 0 = 2 \times 0$, uma vez que ambos são zero. Dividindo ambos os lados por zero temos $1 = 2$, o que é uma tolice. Então, parece sensato não permitir a divisão por zero.

Números do nada

O conceito mais próximo de "nada" em matemática ocorre na teoria dos conjuntos. Um *conjunto* é uma coleção de objetos matemáticos: números, figuras, funções, redes... Ele é definido listando, ou caracterizando, seus elementos. "O conjunto com elementos 2, 4, 6, 8" e o "conjunto dos inteiros pares entre 1 e 9" são ambas definições do mesmo conjunto, que podemos formar listando seus elementos:

$\{2, 4, 6, 8\}$

onde as chaves { } representam o conjunto formado pelo seu conteúdo.

Por volta de 1880, o matemático alemão Cantor desenvolveu uma extensiva teoria dos conjuntos. Ele vinha tentando resolver algumas questões técnicas em análise relacionadas com descontinuidades, lugares onde uma função dava súbitos saltos. Sua resposta envolvia a estrutura do conjunto de descontinuidades. Não eram as descontinuidades individuais que importavam: era a estrutura toda. O que realmente interessava a Cantor, por causa da ligação com análise, eram conjuntos infinitamente grandes. Ele fez a dramática descoberta de que alguns infinitos são maiores que outros [ver $\aleph_0$].

Conforme mencionei em "O que é um número?", logo no início do livro, outro matemático alemão, Frege, pegou as ideias de Cantor, mas estava muito mais interessado em conjuntos finitos. Ele pensou que poderiam resolver os grandes problemas filosóficos da natureza dos números. E pensou sobre como os conjuntos correspondem uns aos outros: por exemplo, associar xícaras a pires. Os sete dias da semana, os sete anões e os números de 1 a 7, todos se combinam, perfeitamente, então todos definem o mesmo número.

Qual desses conjuntos deveríamos escolher para representar o número sete? A resposta de Frege foi abrangente: *todos eles*. Frege definiu um número como sendo o conjunto de todos os conjuntos que combinam com um dado conjunto. Desse modo, nenhum conjunto é privilegiado, e a escolha é genérica em vez de ser uma convenção arbitrária. Os nossos nomes e símbolos dos números são apenas rótulos convencionais para estes gigantescos conjuntos. O número "sete" é o conjunto de *todos* os conjuntos que combinem com os anões, e é o mesmo que o conjunto de todos os conjuntos que combinem com os dias da semana ou com a lista {1, 2, 3, 4, 5, 6, 7}.

Talvez seja supérfluo ressaltar que, embora esta seja uma solução elegante para o problema *conceitual*, ela não constitui uma notação sensata.

Quando Frege apresentou suas ideias em *Leis básicas da aritmética*, uma obra em dois volumes publicada em 1893 e 1903, parecia que ele havia solucionado o problema. Agora todo mundo sabia o que era um número. Mas pouco antes de o segundo volume ir para o prelo, Bertrand Russell escreveu uma carta a Frege, que dizia (parafraseando): "Caro Gottlob: considere o conjunto de todos os conjuntos que não contêm a si mesmos."

Como o barbeiro da aldeia que faz a barba de todas as pessoas que não se barbeiam sozinhas, este conjunto é autocontraditório. O paradoxo de Russell, como é agora chamado, revelava os perigos de assumir que existem conjuntos abrangentemente grandes [ver $\aleph_0$].

Os lógicos matemáticos tentaram consertar o problema. A resposta acabou se revelando exatamente o oposto da política "pense grande" de Frege, ou seja, de agrupar todos os conjuntos possíveis juntos. Em vez disso, o truque foi pegar só um deles. Para definir o número 2, construa um conjunto padrão com dois elementos. Para definir 3, use um conjunto padrão com três elementos, e assim por diante. A lógica aqui não é circular, contanto que você construa os conjuntos primeiro, sem usar explicitamente números, e atribua posteriormente símbolos numéricos e nomes.

O principal problema era decidir que conjuntos padronizados usar. Eles precisavam ser definidos de maneira exclusiva, e suas estruturas deveriam corresponder ao processo de contagem. A resposta veio de um conjunto muito especial, chamado conjunto vazio.

Zero é um número, a base de todo o nosso sistema numérico. Então deveria contar os elementos de um conjunto. Que conjunto? Bem, deve ser um conjunto com nenhum elemento. Não é difícil pensar em conjuntos desse tipo: "o conjunto de todos os camundongos pesando mais de vinte toneladas". Matematicamente, existe um conjunto com nenhum elemento: o conjunto vazio. Mais uma vez, não é difícil achar exemplos: o conjunto de todos os primos divisíveis por 4, ou o conjunto de todos os triângulos com quatro vértices. Estes conjuntos têm aspecto diferente – um é formado de números, o outro de triângulos –, mas na verdade são o mesmo conjunto, porque de fato não ocorrem números nem triângulos, então não podemos constatar a diferença. Todos os conjuntos vazios têm exatamente os mesmos elementos, ou seja: nenhum. Então, *o* conjunto vazio é único. Seu símbolo, introduzido pelo pseudônimo grupal Bourbaki em 1939, é ∅. A teoria dos conjuntos precisa de ∅ pelo mesmo motivo que a aritmética precisa de 0: tudo fica muito mais simples se ele for incluído.

De fato, podemos definir o número 0 como *sendo* o conjunto vazio.

E o número 1? Intuitivamente, precisamos de um conjunto com exatamente um elemento. Algo único. Bem... o conjunto vazio é único. Então, definimos 1 como sendo o conjunto cujo único elemento é o conjunto vazio: em símbolos, $\{\emptyset\}$. Isso não é a mesma coisa que o conjunto vazio, porque tem um elemento, enquanto o conjunto vazio não tem nenhum. Tudo bem, esse elemento por acaso é o conjunto vazio, mas o elemento é um só. Pense no conjunto como um saco de papel contendo seus elementos. O conjunto vazio é um saco de papel vazio. O conjunto cujo único elemento é o conjunto vazio é um saco de papel contendo um saco de papel vazio. O que é diferente – ele tem um saco de papel dentro dele.

FIG 69 Construindo números a partir de um saco vazio. Os sacos representam conjuntos; seus elementos são seu conteúdo. As etiquetas mostram o nome do conjunto. O saco em si não é parte do conteúdo desse conjunto, mas pode ser a parte do conteúdo de outro saco.

O passo-chave é definir o número 2. Precisamos de um conjunto unicamente definido com dois elementos. Então por que não usar os únicos dois conjuntos que mencionamos até aqui: $\emptyset$ e $\{\emptyset\}$? Portanto, definimos 2 como sendo o conjunto $\{\emptyset, \{\emptyset\}\}$, que, graças à nossa definição, é o mesmo que 0,1.

Agora emerge um padrão geral. Definimos 3 = 0, 1, 2, um conjunto com três elementos – todos eles já definidos. Então 4 = 0, 1, 2, 3, 5 = 0, 1, 2, 3, 4; e assim por diante. Tudo remete ao conjunto vazio: por exemplo,

3 = $\{\emptyset, \{\emptyset\}, \{\emptyset, \{\emptyset\}\}\}$
4 = $\{\emptyset, \{\emptyset\}, \{\emptyset, \{\emptyset\}\}, \{\emptyset, \{\emptyset\}, \{\emptyset, \{\emptyset\}\}\}\}$

Você provavelmente não quer ver como é o número de anões.

Os materiais de construção aqui são abstrações: o conjunto vazio e o ato de formar um conjunto listando seus elementos. Mas a maneira como esses conjuntos se relacionam entre si leva a uma construção bem-definida para o sistema numérico, no qual cada número é um conjunto específico – que intuitivamente tem aquele número de elementos. E a história não para por aí. Uma vez definidos os números inteiros positivos, um artifício semelhante em teoria dos conjuntos define números negativos, frações, números reais (decimais infinitos), números complexos, e assim por diante, até o mais recente conceito matemático concebido na teoria quântica.

Então agora você conhece o terrível segredo da matemática: ela é toda baseada em nada.

–1
Menos que nada

SERÁ QUE UM NÚMERO pode ser menos que zero? Não é possível fazer isso com vacas, exceto introduzindo "vacas virtuais" que você deve para outra pessoa. Então, obtém-se uma extensão natural do conceito de número que facilita muito a vida para algebristas e contadores. Há algumas surpresas: menos vezes menos dá mais. Por quê?

Números negativos

Depois de aprender a somar números, somos ensinados a executar a operação inversa: a subtração. Por exemplo, 4 − 3 é algum número que dá 4 quando somado ao 3. O que, obviamente, é 1. A subtração é útil porque, por exemplo, ela nos diz quanto dinheiro nos resta se começamos com $4 e gastamos $3.

Subtrair um número menor de um maior causa poucos problemas. Se gastamos menos dinheiro do que temos no bolso ou na bolsa, ainda sobra algum. Mas o que acontece se subtrairmos um número maior de um menor? O que é 3 − 4?

Se você tem três moedas de $1 no bolso, não pode pegar quatro delas e entregá-las ao caixa do supermercado. Mas em tempos de cartões de crédito, você pode facilmente gastar dinheiro que não tem – não só do seu bolso, mas do banco. Quando isso acontece, você contrai uma *dívida*. Nesse caso, a dívida seria de $1, sem contar juros. Então, num certo sentido 3 − 4 é 1, mas um *tipo diferente* de 1: uma dívida, não dinheiro real. Se 1 tivesse um oposto, é o que seria.

Para distinguir dívidas de dinheiro, colocamos um sinal de menos na frente do número. Com essa notação

$3 - 4 = -1$

e inventamos um novo tipo de número: um número *negativo*.

História dos números negativos

Historicamente, a primeira extensão importante do sistema numérico foram as frações [ver $\frac{1}{2}$]. Os números negativos foram a segunda. No entanto, vou atacar esses números na ordem inversa. A primeira aparição conhecida de números negativos foi num documento chinês da dinastia Han, 202 a.C.-220 d.C., chamado *Jiu Zhang Suan Shu* (Nove capítulos da arte matemática).

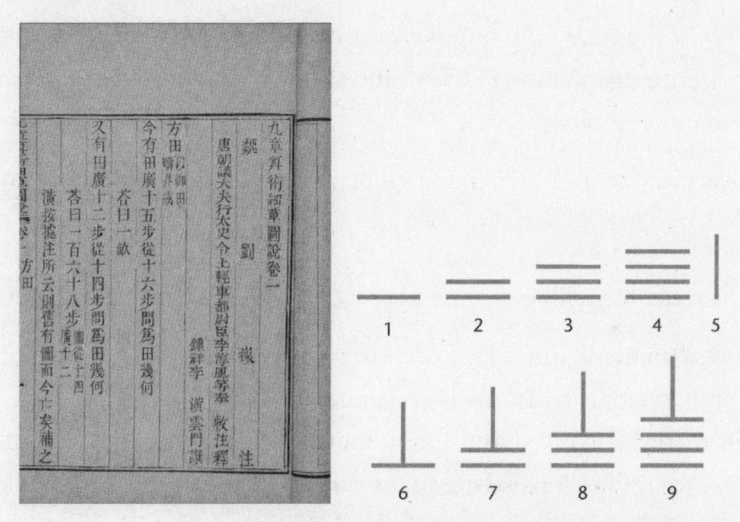

FIG 70 *Esquerda:* Uma página dos *Nove capítulos da arte matemática*.
Direita: Varetas de contagem chinesas.

Esse livro usava um recurso físico para fazer aritmética: contar varetas. São pequenas varetas, feitas de madeira, osso ou materiais semelhantes. As varetas eram dispostas em padrões para representar números. No lugar das "unidades" de um número, uma vareta horizontal representa "um", e uma vareta vertical representa "cinco". O mesmo vale para o lugar das "centenas". No lugar das "dezenas" e "milhares", as direções das varetas são trocadas: uma vareta vertical representa "um" e uma vertical representa "cinco". Os chineses deixavam um espaço vazio onde nós colocaríamos o zero, mas é fácil não notar o espaço. Então a convenção sobre a troca de direções ajuda a evitar confusão se, por exemplo, não há nada no lugar das dezenas. Torna-se menos efetivo se houver vários zeros um atrás do outro, mas isso é raro.

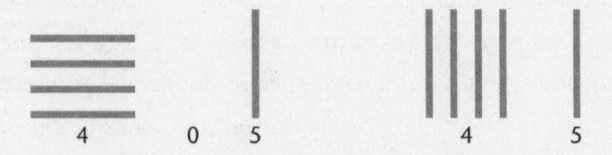

FIG 71 Como a direção das varetas de contagem distingue 405 de 45.

O *Nove capítulos* também usava varetas para representar números negativos, empregando uma ideia muito simples: colori-las de preto em vez de vermelho. Então

4 varetas vermelhas menos 3 varetas vermelhas dá 1 vareta vermelha,

mas

3 varetas vermelhas menos 4 varetas vermelhas dá 1 vareta preta.

Dessa maneira, um arranjo de varetas pretas representa uma dívida, e o valor da dívida é o arranjo correspondente de varetas vermelhas.

Os matemáticos indianos também reconheciam números negativos e anotaram regras consistentes para operar aritmeticamente com elas. O manuscrito Bakshali, de cerca de 300 d.C., inclui cálculos com números negativos, que são distinguidos por um símbolo + onde hoje usaríamos −. (Os símbolos matemáticos têm mudado repetidamente com o tempo, às vezes de maneiras que agora julgamos confusas.) A ideia foi encampada pelos árabes e acabou se espalhando pela Europa. Até os anos 1600, os matemáticos europeus geralmente interpretavam uma resposta negativa como uma prova de que o problema em questão era impossível, mas Fibonacci compreendeu que eles podiam representar dívidas em cálculos financeiros. No século XIX, os matemáticos já não se intrigavam mais com números negativos.

Representando números negativos

Geometricamente, os números podem ser convenientemente representados colocando-os ao longo de uma reta da esquerda para a direita, começando por 0. Já vimos que esta *reta numérica* tem uma extensão natural que inclui os números negativos, que correm no sentido oposto.

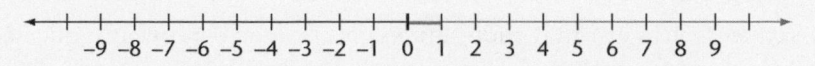

```
←—+—+—+—+—+—+—+—+—+—+—+—+—+—+—+—+—+—+—+→
  -9 -8 -7 -6 -5 -4 -3 -2 -1  0  1  2  3  4  5  6  7  8  9
```

FIG 72 Reta numérica: números positivos vão para a direita, negativos para a esquerda.

Adição e subtração têm uma representação simples na reta numérica. Por exemplo, para somar 3 com qualquer número, basta mover três espaços para a direita desse número. Para subtrair 3 de qualquer número, basta mover três espaços para a esquerda do número. Esta descrição produz o resultado correto para números positivos e negativos; por exemplo, se começamos com −7 e somamos 3, movemos três espaços para a direita e obtemos −4. As regras para a aritmética com números negativos também mostram que somar ou subtrair um número negativo tem o mesmo efeito que, respectivamente, subtrair ou somar o correspondente número positivo. Assim, para somar −3 a qualquer número, movemos três espaços para a esquerda. Para subtrair −3 de qualquer número, movemos três espaços para a direita.

A multiplicação com números negativos é mais interessante. Quando travamos contato com a multiplicação, pensamos nela como uma adição repetida. Por exemplo,

$$6 \times 5 = 5 + 5 + 5 + 5 + 5 + 5 = 30$$

A mesma abordagem sugere que deveríamos definir 6×-5 de maneira similar:

$$6 \times -5 = -5 + -5 + -5 + -5 + -5 + -5 = -30$$

Agora, uma das regras da aritmética determina que multiplicar dois números positivos entre si produz o mesmo resultado, qualquer que seja a ordem usada. Por exemplo, 5×6 também deve ser igual a 30. E de fato é, porque

$$5 \times 6 = 6 + 6 + 6 + 6 + 6 = 30$$

também. Então, parece sensato assumir a mesma regra para números negativos, e nesse caso $-5 \times 6 = -30$ também.

E quanto a -6×-5? Isso é bem menos claro. Não podemos escrever *menos seis cincos* e somar tudo. Então precisamos contornar a questão. Vamos dar uma olhada no que sabemos até agora:

$$6 \times 5 = 30$$
$$6 \times -5 = -30$$
$$-6 \times 5 = -30$$
$$-6 \times -5 = ?$$

Parece razoável que o número que falta seja ou 30 ou -30. A questão é: qual dos dois?

À primeira vista, as pessoas, com frequência, decidem que deveria ser -30. A psicologia parece ser que o cálculo é permeado por um ar de "negatividade", de modo que a resposta também deve ser negativa. Por outro lado, muitas operações matemáticas são uma questão de convenção humana. É exatamente o que ocorre com o significado de -6×-5. Quando inventamos novos números, não há garantia de que velhos conceitos ainda possam ser aplicados a eles. Então os matemáticos poderiam ter resolvido que $-6 \times -5 = -30$. Aliás, falando nisso, poderiam ter resolvido que -6×-5 é um hipopótamo roxo.

No entanto, há diversos motivos diferentes para que -30 seja uma escolha inconveniente, e todos apontam para a escolha oposta, 30.

Um é que se $-6 \times -5 = -30$, fica sendo a mesma coisa que -6×5. Dividindo por -6, obtemos $-5 = 5$, o que entra em conflito com o que já concluímos sobre os números negativos.

Um segundo motivo é que já sabemos que $5 + -5 = 0$. Olhe para a reta numérica: onde vamos parar quando damos cinco passos para a esquerda de 5? Zero. Agora, multiplicar um número positivo por 0 dá 0, e parece sensato admitir a mesma coisa para números negativos. Então faz bastante sentido admitir que $-6 \times 0 = 0$. Portanto,

$$0 = -6 \times 0 = -6 \times (5 + -5)$$

Segundo as regras aritméticas habituais, isso é igual a

$$-6 \times 5 + -6 \times -5$$

Com a escolha de $-6 \times -5 = -30$, isso fica sendo $-30 + -30 = -60$. Então $0 = -60$, o que não é muito sensato.

Por outro lado, se tivéssemos escolhido $-6 \times -5 = 30$, teríamos obtido

$$0 = -6 \times 0 = -6 \times (5 + -5) = -6 \times 5 + -6 \times -5 = -30 + 30 = 0$$

e tudo faria sentido.

Um terceiro motivo é a estrutura da reta numérica. Quando multiplicamos um número positivo por -1 nós o convertemos no correspondente número negativo; ou seja, giramos toda a metade positiva da reta numérica em 180°, movendo-a da direita para a esquerda. Para onde deveria ir a metade negativa? Se a deixássemos no lugar, teríamos o mesmo tipo de problema, porque -1×-1 seria -1, o que é igual a -1×1, e concluiríamos que $-1 = 1$. A única alternativa razoável é também girar a metade negativa da reta numérica em 180°, movendo-a da esquerda para a direita. Isso é bacana, porque agora multiplicar por -1 gira a linha numérica, invertendo a ordem. Segue-se que, como a noite vem após o dia, multiplicar novamente por -1 gira a reta numérica mais uma vez em 180°. Isso inverte novamente a ordem, e tudo acaba onde começou. De fato, o ângulo total é $180° + 180° = 360°$, uma volta completa, e isso faz tudo voltar ao local de início. Então -1×-1 é aonde vai o -1 quando você gira a reta, e isso é 1. E uma vez que você concluiu que $-1 \times -1 = 1$, segue-se que $-6 \times -5 = 30$.

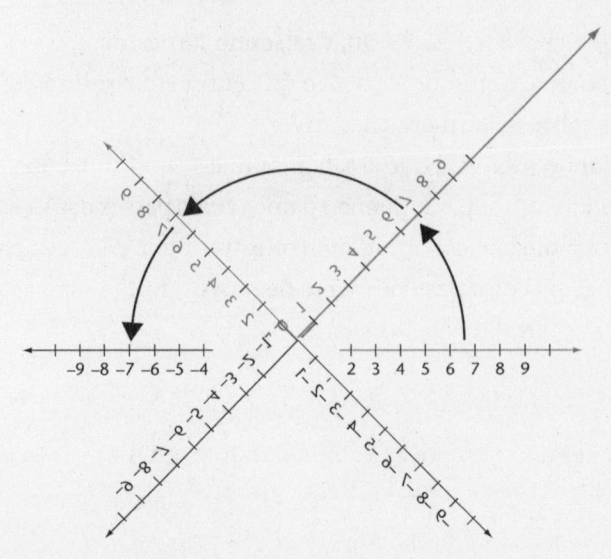

FIG 73 Girar a reta numérica em 180° multiplica todo número por −1.

Um quarto motivo é a interpretação da quantia negativa de dinheiro como dívida. Nesta interpretação, multiplicar alguma quantia por um número negativo tem o mesmo resultado que multiplicá-la pelo número correspondente positivo, exceto que o dinheiro se torna dívida. Agora, *subtrair* uma dívida, "tirá-la", tem o mesmo efeito de o banco remover de seus registros a quantia que você deve, devolvendo-lhe efetivamente algum dinheiro. Subtrair uma dívida de $10 da sua conta é o mesmo que depositar $10 do seu próprio dinheiro: faz *aumentar* o saldo da sua conta em $10. O efeito líquido em ambos os casos, nessas circunstâncias, é fazer o seu saldo voltar a zero. Segue-se que −6 × −5 tem o mesmo efeito na sua conta que tirar seis dívidas de $5, e isso é aumentar o seu saldo em $30.

O desfecho de tais argumentos é que, embora em princípio possamos ser livres para definir −6 × −5 como sendo qualquer coisa que quisermos, há somente uma escolha que faz com que as regras usuais da matemática se apliquem a números negativos. Ademais, a mesma escolha faz bastante sentido quando aplicada à interpretação de um número negativo como dívida. E tal escolha faz com que menos vezes menos seja mais.

Números complexos

Quando os matemáticos quiseram dividir um número por outro sem dar resultado exato, inventaram as frações.

Quando quiseram subtrair um número maior de um número menor, inventaram os números negativos.

Sempre que algo não pode ser feito, os matemáticos inventam algo novo para conseguir fazer.

Assim, quando a impossibilidade de achar a raiz quadrada de um número negativo começou a ser um aborrecimento sério... adivinhem o que aconteceu.

Número imaginário

Em "O sempre crescente sistema numérico" eu disse que temos a tendência de pensar nos números como sendo fixos e imutáveis, mas na realidade são invenções humanas. Os números começaram com a contagem, mas o conceito de número foi repetidamente ampliado: zero, números negativos, números racionais (frações), números reais (decimais infinitos).

Apesar de diferenças técnicas, todos esses sistemas dão uma sensação semelhante. É possível fazer aritmética com eles e é possível comparar dois números quaisquer para decidir qual deles é o maior. Ou seja, há uma noção de ordem. No entanto, do século XV em diante, alguns matemáticos se perguntaram se poderia haver um novo tipo de número com propriedades menos familiares, para os quais a relação de ordem habitual "maior que" não fosse mais significativa.

Como menos vezes menos é igual a mais, o quadrado de qualquer número real é sempre positivo. Então números negativos não têm raízes quadradas dentro do sistema de números reais. Isso é um tanto inconveniente, em especial na álgebra. Todavia, alguns resultados curiosos em álgebra, provendo fórmulas para resolver equações, sugeriam que deveria haver um meio de dar sentido a expressões como $\sqrt{-1}$. Então os matemáticos decidiram, após muito questionamento e reflexão, inventar um novo tipo de número – um número que forneça essas raízes quadradas que faltam.

O passo fundamental é introduzir uma raiz quadrada para −1. Euler introduziu o símbolo i para representar $\sqrt{-1}$ num artigo escrito em francês em 1777. Chamava-se número imaginário porque não se comportava como um número "real" tradicional. Tendo introduzido i, passam a ser permitidos números como 2 + 3i, que são ditos complexos. Portanto, não se obtém somente um número novo: obtém-se um novo e expandido sistema numérico.

Logicamente, números complexos dependem dos números reais. Contudo, a lógica é atropelada pelo que Terry Pratchett, Jack Cohen e eu, na série *Science of Discworld*, chamamos "narrativium". O poder da narrativa, da história. As histórias matemáticas por trás dos números são o que realmente importa, e precisamos dos números complexos para contar algumas delas – mesmo para os números mais familiares.

Números complexos

A aritmética e a álgebra dos números complexos são imediatas. Usam-se as regras normais para somar e multiplicar, com um ingrediente extra: sempre que se obtém i^2, deve-se substituir por -1. Por exemplo,

$$(2 + 3i) + (4 - i) = (2 + 4) + (3i - i) = 6 + 2i$$
$$(2 + 3i) \times (1 + i) = 2 + 2i + 3i + 3i \times i = 2 + 5i + 3 \times -1$$
$$= (2 - 3) + 5i = -1 + 5i$$

Quando os primeiros pioneiros exploraram esta ideia, obtiveram o que pareceu ser um tipo de número consistentemente lógico, ampliando o sistema dos números reais.

Havia precedentes. O sistema numérico já fora ampliado muitas vezes desde as suas origens na contagem com números inteiros. Mas, dessa vez, a noção de "maior que" teve de ser sacrificada: ela servia para os números existentes, mas virava encrenca assumir que funcionaria com os números novos. Números que não têm um *tamanho*! Esquisito. Tão esquisito que, na ocasião, os matemáticos notaram que estavam ampliando o sistema numérico e se perguntaram se era legítimo. Na verdade, não se tinham feito antes essa pergunta porque frações e números negativos têm análogos simples no mundo real. Mas i era só um símbolo, comportando-se de uma maneira que anteriormente era considerada impossível.

Em última instância, o pragmatismo acabou ganhando. A pergunta-chave não era se novos tipos de número "realmente" existiam, mas se seria útil supor que existissem. Já se sabia que números reais eram úteis em ciência, para descrever medições acuradas de grandezas físicas. Mas não estava claro se a raiz quadrada de um número negativo fazia algum sentido físico. Não se podia encontrá-la numa régua.

Para surpresa dos matemáticos, físicos e engenheiros de todo o mundo, os números complexos acabaram se revelando extremamente úteis. Eles preenchiam uma curiosa lacuna na matemática. Por exemplo, soluções de equações têm um comportamento muito melhor se forem permitidos os números complexos. De fato, para começar, esse foi o principal motivo para inventar números complexos. Mas havia mais. Os números complexos possibilitaram solucionar problemas em física matemática: magnetismo, eletricidade, calor, som, gravidade e dinâmica de fluidos.

O que importa em tais problemas não é só o tamanho da grandeza física, que pode ser especificado usando-se um número real, mas em que direção ela aponta. Como os números complexos vivem no plano (ver em seguida), eles definem uma direção: a linha do 0 até o número em questão. Assim, qualquer problema envolvendo direções num plano é uma aplicação potencial para números complexos, e a física estava repleta desse tipo de questão. Na verdade, interpretações menos literais dos números complexos também acabaram se revelando úteis. Em particular, eles são ideais para descrever ondas.

Durante muito tempo, os números complexos foram usados com tais propósitos, ainda que ninguém pudesse explicar o que esses números eram. Eles eram úteis demais para serem ignorados, e sempre pareciam funcionar, então todo mundo se acostumou com eles e quase todo mundo parou de se preocupar com o seu significado. Por fim, alguns matemáticos conseguiram estabelecer a ideia dos números complexos de modo que esta consistência lógica pudesse ser provada, interpretando-os usando coordenadas no plano.

O plano complexo

Geometricamente, números reais podem ser representados como pontos numa reta, a reta numérica, que é unidimensional. Analogamente, números complexos podem ser representados como pontos num plano, que é bidimensional. Há dois números básicos "independentes", 1 e i, e todo número complexo é uma combinação deles.

O plano entra na figura porque multiplicar números por −1 faz com que a reta numérica gire 180° [ver −1]. Então, o que quer que signifique a raiz de −1, ela presumivelmente faz alguma coisa com a reta numérica, e seja lá o que for, *ao ser feita duas vezes*, deve girá-la em 180°. Assim sendo, o que provoca um giro de 180° ao ser feito duas vezes?

Girar 90°.

Somos, portanto, levados a adivinhar que a raiz quadrada de −1 pode ser interpretada como uma rotação de 90° da reta numérica. Se desenharmos a figura, percebemos que isso não faz com que a reta se sobreponha a ela mesma. Em vez disso, cria uma segunda reta numérica em ângulo reto com a reta costumeira. A primeira é chamada de reta dos números reais. A segunda é onde vivem os números imaginários, tais como a raiz de menos um. Combinando ambas como eixos coordenados no plano, obtemos os números complexos.

"Reais" e "imaginários" são nomes que datam de séculos e refletem uma visão da matemática que não adotamos mais. Hoje, todos os conceitos matemáticos são considerados modelos mentais da realidade, não a realidade em si. Assim, os números reais não são nem mais nem menos reais que os números imaginários. Os números reais, porém, correspondem, sim, bem diretamente à ideia do mundo real de medir o comprimento de uma linha, enquanto os imaginários não têm uma interpretação *direta* desse tipo. Então os nomes sobreviveram.

Se pegarmos os números reais usuais e introduzirmos este número novo, i, seremos capazes de representar combinações como 3 + 2i. Este número corresponde ao ponto no plano com coordenadas (3, 2). Ou seja, fica 3 unidades ao longo do eixo real seguido de 2 unidades paralelas ao

Número imaginário 167

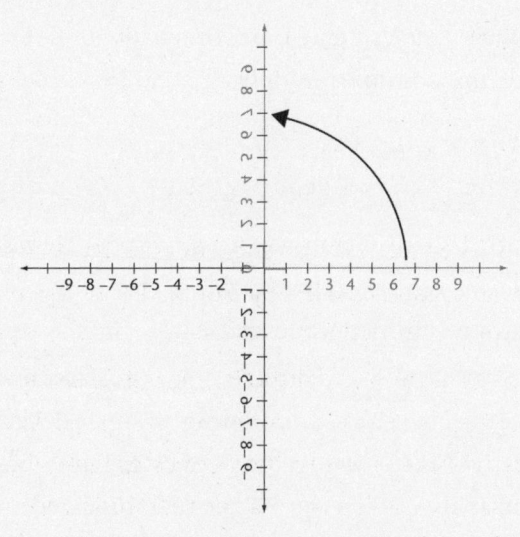

FIG 74 Girar a reta numérica em um ângulo reto leva a uma segunda reta numérica.

eixo imaginário. Em geral, $z = x + iy$ corresponde ao ponto com coordenadas (x, y).

Esta representação geométrica dos números complexos é frequentemente chamada diagrama de Argand, em homenagem ao matemático francês Jean-Robert Argand, que a descreveu em 1806. Contudo, a ideia remonta ao agrimensor dinamarquês-norueguês Caspar Wessel, que a descobriu em 1797 e a publicou em 1799 como *Om Directionens analytiske Betegning* (Da representação analítica da direção). Na época, a Dinamarca e a Noruega estavam temporariamente unificadas. Na ocasião, o artigo passou despercebido porque poucos cientistas sabiam ler dinamarquês.

Gauss reinventou esta mesma ideia em sua tese de doutorado de 1799, dando-se conta de que sua descrição podia ser simplificada usando coordenadas para visualizar um número complexo como um par (x, y) de números reais. Nos anos 1830, Hamilton *definiu* números complexos como "duplas de números reais", sendo dupla o nome por ele dado para um par ordenado. Um ponto no plano é um par ordenado (x, y), e o símbolo $x + iy$ é simplesmente um outro nome para aquele ponto ou par. A misteriosa expressão i é então simplesmente o par ordenado (0, 1). O ponto-chave é que temos de definir adição e multiplicação para esses pares como

$(x, y) + (u, v) = (x + u, y + v)$
$(x, y)(u, v) = (xu - yv, xv + yu)$

De onde vêm essas equações? Elas surgem quando você soma ou multiplica $x + iy$ e $u + iv$, assume as leis padronizadas da álgebra e substitui i^2 por -1.

Estes cálculos *motivam* as definições, mas nós assumimos as leis da álgebra para ver qual deveria ser a definição. A lógica deixa de ser circular quando verificamos as leis da álgebra para esses pares, baseados apenas nas definições formais. Não é surpresa que tudo funcione, mas isso precisa ser conferido. O argumento é longo mas direto.

Raízes da unidade

A interligação entre álgebra e geometria nos números complexos é impressionante. Em nenhum lugar ela é mais visível que nas raízes da unidade: soluções para a equação $z^n = 1$ para z complexo e n inteiro. Por exemplo, raízes quintas da unidade satisfazem a equação $z^5 = 1$.

Uma solução óbvia é $z = 1$, a única solução real. Nos números complexos, porém, há outras quatro soluções. São elas ζ, ζ^2, ζ^3 e ζ^4, onde

$\zeta = \cos 72° + i \operatorname{sen} 72°$

Aqui $72° = {}^{360°}\!/_5$. Há fórmulas exatas:

$\cos 72° = \dfrac{\sqrt{5} - 1}{4} \quad \operatorname{sen} 72° = \sqrt{\dfrac{5 + \sqrt{5}}{8}}$

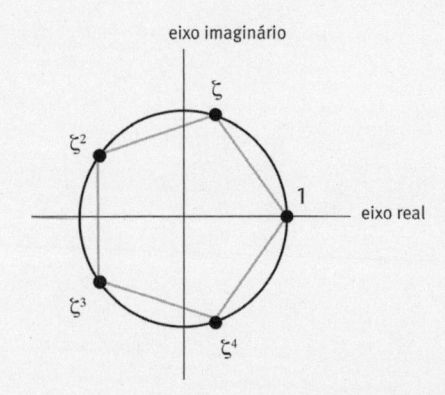

FIG 75 As cinco raízes quintas da unidade no plano complexo.

Estes cinco pontos formam os vértices de um pentágono regular, um fato que pode ser provado usando a trigonometria. A ideia básica é que assim como a multiplicação por i gira o plano complexo em 90°, a multiplicação por ζ gira o plano complexo em 72°. Fazendo isso cinco vezes, obtemos 360°, que é o mesmo que não girar nada ou multiplicar por 1. Então $\zeta^5 = 1$.

Mais genericamente, a equação $z^n = 1$ tem n soluções: $1, \zeta, \zeta^2, \zeta^3, \ldots \zeta^{n-1}$, onde agora

$$\zeta = \cos\frac{360°}{n} + i\,\text{sen}\,\frac{360°}{n}$$

Estas ideias fornecem uma interpretação algébrica de polígonos regulares, que é usada para estudar construções usando régua e compasso na geometria euclidiana [ver 17].

Números racionais

Agora vamos olhar as frações, que os matemáticos chamam de números racionais.

Historicamente, as frações apareceram quando bens ou propriedades precisaram ser divididos entre diversas pessoas, cada uma recebendo uma parte.

Tudo começou com ½, que se aplica quando duas pessoas recebem partes iguais.

O desfecho foi um sistema numérico no qual a divisão é sempre possível, exceto por zero.

$\frac{1}{2}$
Dividindo o indivisível

AGORA ESTAMOS PASSANDO para as frações. Os matemáticos preferem um termo mais rebuscado: *números racionais*. São números como ½, ¾ ou $^{137}/_{42}$, formados dividindo-se um número inteiro por outro. Imagine-se de volta aos tempos em que "número" significava número inteiro. Nesse mundo, a divisão só faz sentido quando um número cabe exatamente dentro de outro; por exemplo, $^{12}/_{3}$ = 4. Mas desse jeito não se obtém nada de novo. As frações tornam-se interessantes precisamente quando a divisão não é exata. Mais precisamente, quando o resultado não é um número inteiro. Porque então precisamos de um *novo tipo de número*.

A fração mais simples, e aquela que surge com mais frequência na vida cotidiana, é metade, ou um meio: ½. O *Oxford English Dictionary* a define como "uma das duas partes iguais ou correspondentes em que alguma coisa é ou pode ser dividida". Metades abundam na vida diária: meio quilo de feijão ou açúcar, as duas metades de um jogo de futebol, ofertas ou bilhetes pela metade do preço, meia hora, meio-dia, dividir um prêmio ao meio. Meio cheio ou meio vazio? Ele é só meio esperto…

Além de ser a fração mais simples, ½ é indiscutivelmente a mais importante. Euclides sabia como bisseccionar segmentos e ângulos: dividi-los ao meio. Uma propriedade mais avançada ocorre na teoria analítica dos números: os zeros não triviais da função zeta de Riemann são conjecturados como tendo sempre parte real ½. Este é provavelmente o mais importante problema não resolvido de toda a matemática.

Bissecção do ângulo

A natureza especial de ½ aparece cedo na geometria euclidiana. A Proposição 9 do Livro I dos *Elementos* fornece uma construção "para bisseccionar um dado ângulo", isto é, construir um ângulo que tenha metade do tamanho. Eis como. Dado um ângulo BAC, use o compasso para construir os pontos D e E equidistantes de A sobre as retas AB e AC. Agora trace um arco com centro em D e raio DE e um arco com centro em E e raio ED. Esses dois arcos se encontram num ponto F equidistante de D e E. Agora a reta AF bissecciona o ângulo BAC. Euclides, na realidade, descreve o passo final de forma ligeiramente diferente: construa um triângulo equilátero DEF. Esta é uma decisão tática baseada no que ele havia acabado de provar e dá exatamente o mesmo resultado, porque o triângulo DEF é equilátero.

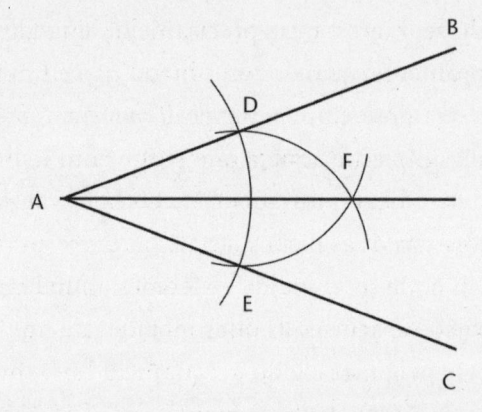

FIG 76 Como fazer a bissecção de um ângulo.

A razão profunda que faz com que esta construção dê certo é a simetria. O diagrama inteiro é simétrico por reflexão na reta AF. A reflexão, ou espelhamento, é uma simetria de ordem 2: execute-a duas vezes e você volta ao ponto de partida. Assim, não é surpresa que dividamos o ângulo em *duas* partes iguais.

Euclides não nos mostra como trisseccionar um ângulo genérico: dividi-lo em três partes iguais – correspondentes à fração ⅓. No Capítulo 3 vimos que cerca de 2 mil anos depois os matemáticos provaram que isso é impossível com os instrumentos tradicionais de uma régua (não graduada) e compasso. Na verdade, as únicas frações de um ângulo genérico que podem ser construídas dessa maneira são as da forma $p/2^k$: dividir por dois k vezes e então fazer p cópias. Basicamente, a única coisa que se pode fazer é a bissecção repetida. Então ½ é especial em geometria.

A hipótese de Riemann

Em matemática avançada, ½ aparece naquele que é provavelmente o mais importante problema não resolvido em toda a disciplina: a hipótese de Riemann. Esta é uma conjectura de aparência enganosamente simples proposta por Georg Bernhard Riemann em 1859. É uma propriedade profunda de um dispositivo sagaz: a função zeta $\zeta(z)$. Aqui z é um número complexo e ζ é a letra grega "zeta". A função zeta está intimamente relacionada aos números primos, então técnicas poderosas usando números complexos podem usar essa função para sondar a estrutura dos primos.

No entanto, não podemos explorar essas técnicas até termos determinado algumas características básicas da função zeta, e é aí que tudo fica meio complicado. As características básicas são os *zeros* da função zeta: os números complexos z para os quais $\zeta(z) = 0$. Alguns zeros são fáceis de achar: todos os inteiros pares negativos, $z = -2, -4, -6, -8, \ldots$. Todavia, Riemann conseguiu provar que há infinitos outros zeros, e achou seis deles:

$$\frac{1}{2} \pm 14{,}135\,i \quad \frac{1}{2} \pm 21{,}022\,i \quad \frac{1}{2} \pm 25{,}011\,i$$

(Os zeros sempre aparecem em pares com partes imaginárias positivas e negativas.)

Você não precisa ter muita sensibilidade matemática para notar que esses seis números têm algo interessante em comum: são todos da forma ½ + iy. Ou seja, todos têm parte real ½. Riemann conjecturou que a mesma afirmação é válida para *todos* os zeros da função zeta exceto os inteiros pares negativos. Esta conjectura ficou conhecida como hipótese de Riemann. Se fosse verdadeira – e todas as evidências apontam neste sentido – teria muitas consequências de longo alcance. O mesmo vale para uma variedade de generalizações, o que seria ainda mais importante.

Apesar dos mais de 150 anos de pesquisa exaustiva, até hoje nenhuma prova foi encontrada. A hipótese de Riemann permanece um dos mais desconcertantes e irritantes enigmas de toda a matemática. Sua resolução seria um dos acontecimentos mais dramáticos na história da matemática.

O caminho para a hipótese de Riemann começou com a descoberta de que, embora os números primos individualmente pareçam ser surpreendentemente irregulares, coletivamente possuem claros padrões estatísticos. Em 1835, Adolphe Quetelet surpreendeu seus contemporâneos ao descobrir regularidades matemáticas em eventos sociais que dependem de escolhas humanas conscientes ou da intervenção do destino: nascimentos, casamentos, mortes, suicídios. Os padrões eram estatísticos: referiam-se não a indivíduos, mas ao comportamento humano médio de grande número de pessoas. Mais ou menos na mesma época, os matemáticos começaram a perceber que o mesmo recurso funciona para os primos. Embora cada um seja um empedernido individualista, coletivamente existem padrões ocultos.

Quando Gauss tinha mais ou menos quinze anos, escreveu uma nota nas suas tábuas de logaritmos: quando x é grande, a quantidade de primos menores ou iguais a x é aproximadamente $x/\ln x$. Este tornou-se conhecido como o teorema dos números primos, e, para começar, carecia de uma prova, então na verdade era a conjectura dos números primos. Em 1848 e 1850, o matemático russo Pafnuty Chebyshev tentou provar o teorema dos números primos usando análise. À primeira vista não há nenhuma conexão óbvia; poder-se-ia tentar provar usando dinâmica dos fluidos ou o cubo de Rubik. Mas Euler já tinha identificado um elo curioso entre os dois tópicos: a fórmula

$$\frac{1}{1-2^{-s}} \times \frac{1}{1-3^{-s}} \times \ldots \times \frac{1}{1-p^{-s}} \ldots$$
$$= \frac{1}{1^s} + \frac{1}{2^s} + \frac{1}{3^s} + \frac{1}{4^s} + \frac{1}{5^s} + \frac{1}{6^s} + \frac{1}{7^s} + \ldots$$

onde *p* assume todos os valores de números primos e *s* é qualquer número real maior que 1. A condição de *s* > 1 é requerida para fazer com que a série do lado direito tenha um valor significativo. A ideia principal por trás da fórmula é exprimir a exclusividade da fatoração em primos em linguagem analítica. A função zeta $\zeta(s)$ é a série do lado direito da equação; seu valor depende de *s*.

Chebyshev usou a fórmula de Euler para provar que quando *x* é grande, a quantidade de primos menores ou iguais a *x* é bastante próxima de $x/\ln x$. Na verdade, a razão jaz entre duas constantes, uma ligeiramente maior que 1 e uma ligeiramente menor. Isso não era tão preciso quanto o teorema dos números primos, mas levou a uma prova de outra conjectura excepcional, o postulado de Bertrand, de 1845: se você pegar qualquer inteiro e duplicá-lo, existe um primo entre ambos.

Riemann se perguntou se a ideia de Euler poderia se tornar mais poderosa se exposta a novas técnicas, e foi levado a uma extensão ambiciosa da função zeta: defini-la não só para uma variável real, mas para uma complexa. A série de Euler é um lugar para começar. A série faz perfeitamente sentido para um *s complexo*, contanto que a parte real de *s* seja maior que 1. (Esta é uma exigência técnica, implicando que a série converge: sua soma infinita tem significado.) A primeira grande sacada de Riemann foi que ele podia fazer algo ainda melhor. Podia usar um procedimento chamado continuação analítica para estender a definição de $\zeta(s)$ para *todos* os números complexos exceto 1. Este valor é excluído porque a função zeta torna-se infinita quando *s* = 1.

É a técnica da extensão que implica que todos os inteiros pares negativos sejam zeros. Não se pode ver isso diretamente da série. E também insinua novas propriedades da função zeta, que Riemann explorou. Em 1859, ele reuniu suas ideias num artigo, "Do número de primos menor que uma dada grandeza". Nele, Riemann deu uma fórmula explícita, exata para a quantidade de primos menores que um dado número real *x*. Grosso modo, a fórmula diz que a soma dos logaritmos desses primos é aproximadamente

$$-\sum_{\rho} \frac{x^\rho}{\rho} + x - \frac{1}{2}\ln(1 - x^{-2}) - \ln 2\pi$$

Aqui Σ indica uma soma de todos os números ρ para os quais $\zeta(\rho)$ é zero, excluindo os inteiros pares negativos.

Se soubermos o suficiente sobre os zeros da função zeta, poderemos deduzir um bocado de informação nova sobre os primos a partir da fórmula de Riemann. Informação sobre as partes reais dos zeros, em particular, nos permitirá deduzir propriedades estatísticas dos primos: quantos deles há até um determinado valor, como estão espalhados entre os outros inteiros, e assim por diante. É aí que a hipótese de Riemann paga dividendos... *se* puder ser provada.

Riemann enxergou essa possibilidade, mas nunca forçou seu programa no sentido de uma conclusão sólida. No entanto, em 1896, Jacques Hadamard e Charles Jean de la Vallée Poussin usaram independentemente a visão de Riemann para deduzir o teorema dos números primos. Fizeram-no provando uma propriedade mais fraca dos zeros não triviais da função zeta: a parte real jaz entre 0 e 1.

Em 1903, Jorgen Gram demonstrou numericamente que os primeiros dez (pares de ±) zeros estão sobre a linha crítica. Em 1935, E.C. Titchmarsh já havia aumentado esse número para 195. Em 1936, Titchmarsh e Leslie Comrie provaram que os primeiros 1 041 pares de zeros estão sobre a linha crítica – foi a última vez que alguém fez esses cálculos à mão. Em 1953, Turing descobriu um método mais eficiente, usando um computador para deduzir que os primeiros 1 104 pares de zeros estão sobre a linha crítica. O recorde atual, de Yannick Saouter e Patrick Demichel, de 2004, é que os primeiros 10 trilhões (10^{13}) de zeros não triviais estão sobre a linha crítica. Matemáticos e cientistas da computação têm verificado outras gamas de zeros. Até a presente data, todo zero não trivial que foi computado jaz sobre a linha crítica.

Infelizmente, nesta área de teoria dos números, evidência experimental desse tipo tem menos peso do que seria de esperar. Muitas outras conjecturas, aparentemente sustentadas por um bocado de evidência, acabaram beijando o pó. Basta *uma única* exceção para derrubar todo o edifício, e, pelo que sabemos, essa exceção pode ser tão grande que as nossas computações nem chegam perto dela. É por isso que matemáticos exigem provas – e é o que tem atrasado o progresso na área por mais de 150 anos.

$$\frac{22}{7}$$

Aproximação para π

EM GRANDE PARTE da matemática escolar somos ensinados a "adotar $\pi = {}^{22}\!/_7$". Mas será que podemos realmente fazer isso se interpretamos o sinal de igual ao pé da letra? E mesmo que não nos importemos com um pequeno erro, de onde vem esta particular fração?

Racionalizando π

O número π não pode ser *exatamente* igual a ${}^{22}\!/_7$ porque é irracional [ver $\sqrt{2}$ e π]; ou seja, ele não é uma fração exata p/q onde p e q são números inteiros. Tal fato, há muito suspeitado pelos matemáticos, foi provado pela primeira vez em 1768 por Johann Lambert. Várias provas diferentes foram achadas desde então. Em particular, isso implica que a expansão decimal de π continua para sempre sem repetir jamais o mesmo bloco de números indefinidamente; ou seja, não é um decimal *recorrente*, que chamamos de *dízima periódica*. O que não significa que um bloco específico como 12345 não possa ocorrer muitas vezes; na verdade, ele ocorre com infinita frequência. Mas não se pode obter π repetindo algum bloco fixo de algarismos para sempre. A matemática em nível escolar evita esta dificuldade usando uma aproximação simples para π, a saber $3^{1}\!/_7$ ou ${}^{22}\!/_7$.* Você não precisa provar que π é irracional para ver que isso não é exato:

---

* No Brasil, opta-se preferencialmente pela forma decimal 3,14... (N.T.)

$$\pi = 3{,}141592\ldots$$
$$\frac{22}{7} = 3{,}142857\ldots$$

Ademais, $^{22}/_7$, como qualquer número racional, é uma dízima periódica, e seus dígitos decimais

$$\frac{22}{7} = 3{,}142857142857142857142857\ldots$$

repetindo o bloco 142857 para sempre.

Ao longo da história, vários números racionais têm sido usados como aproximação para π.

Por volta de 1900 a.C., matemáticos babilônios faziam cálculos equivalentes com a aproximação $\pi \sim {}^{25}/_8 = 3\frac{1}{8}$.

O papiro matemático Rhind foi escrito por um escriba chamado Ahmes durante o Segundo Período Intermediário, em cerca de 1650-1550 a.C., embora afirme tê-lo copiado de um papiro mais antigo do Médio Império, 2055-1650 a.C. O papiro inclui um cálculo aproximado da área de um círculo; interpretado em termos modernos, o resultado é equivalente a uma aproximação para π de $^{256}/_{81}$. No entanto, não fica claro se os antigos egípcios reconheciam uma constante específica análoga a π.

Em cerca de 900 a.C., em seu *Shatapatha Brahmana*, o astrônomo indiano Yajnavalkya efetivamente aproximou π em $^{339}/_{108}$.

Por volta de 250 a.C., o grego Arquimedes, um dos maiores matemáticos de todos os tempos, e também excelente engenheiro, provou, com pleno rigor lógico, que π é menor que $^{22}/_7$ e maior que $^{223}/_{71}$.

Por volta de 150 a.C., Ptolomeu aproximou π em $^{377}/_{120}$.

Por volta de 250 d.C., o matemático chinês Liu Hui mostrou que $\pi \sim {}^{3927}/_{1250}$.

Podemos comparar essas aproximações calculando-as com cinco casas decimais:

número	com 5 casas	erro relativo
π	3,14159	
$^{22}/_7$	3,14285	4% grande demais
$^{25}/_8$	3,12500	5% pequeno demais
$^{256}/_{81}$	3,16049	6% grande demais
$^{339}/_{108}$	3,13888	8% pequeno demais
$^{223}/_{71}$	3,14084	2% pequeno demais
$^{377}/_{120}$	3,14166	0,2% grande demais
$^{3\,927}/_{1\,250}$	3,14160	0,02% grande demais

TABELA 9

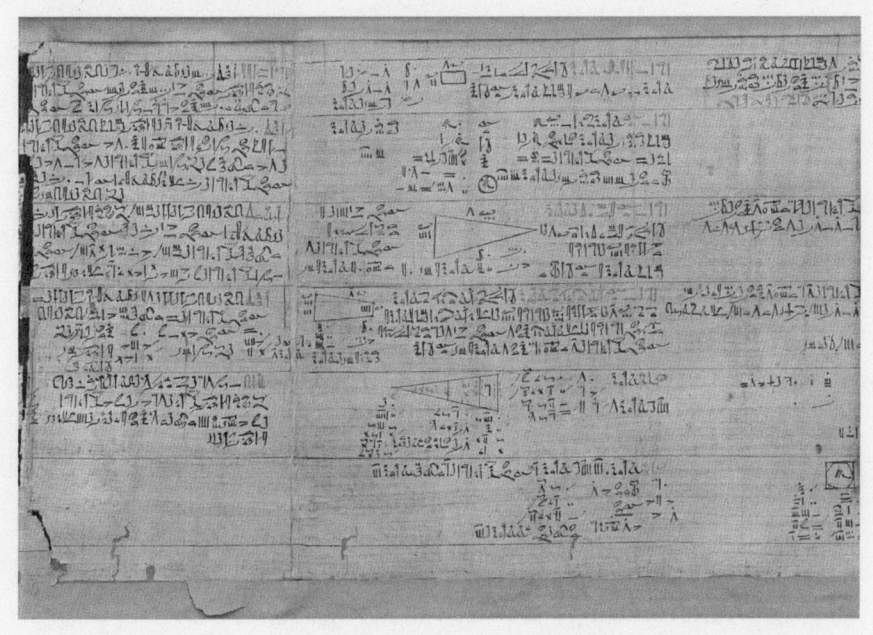

FIG 77 Parte do papiro Rhind.

$\frac{466}{885}$

Torre de Hanói

PELA APARÊNCIA INICIAL, você não diria que $^{466}/_{885}$ é um número especial. Eu certamente não, até mesmo após ter feito alguma pesquisa que conduz exatamente a esse número. Mas acontece que ele está intimamente relacionado a um famoso quebra-cabeça, a Torre de Hanói, e a uma figura ainda mais famosa, a Junta de Sierpiński, ou Triângulo de Sierpiński.

Mova os discos

A Torre de Hanói é um quebra-cabeça tradicional que foi comercializado em 1883. Ele contém uma série de discos circulares de diferentes tamanhos, encaixados em três pinos. Aqui pegamos os tamanhos dos inteiros positivos 1, 2, 3,..., n e referimo-nos ao quebra-cabeça como Hanói de n discos. Geralmente, n é 5 ou 6 em quebra-cabeças tradicionais.

Inicialmente os discos estão todos num pino só, dispostos em tamanhos decrescentes da base ao topo. O objetivo é mover todos os discos para outro pino. Cada movimento transfere um disco do topo de uma pilha para uma pilha nova. No entanto, um disco só pode ser movido desta maneira se

• o disco sobre o qual ele está colocado é maior ou
• o pino estava anteriormente desocupado.

A primeira regra quer dizer que quando todos os discos forem transferidos, eles novamente decrescem de tamanho da base para o topo.

Torre de Hanói 183

Antes de seguir com a leitura, você deveria tentar resolver o quebra-cabeça. Comece com dois discos e vá aumentando até cinco ou seis, dependendo do seu grau de ambição (e persistência).

Por exemplo, você pode resolver o Hanói de dois discos em três movimentos apenas:

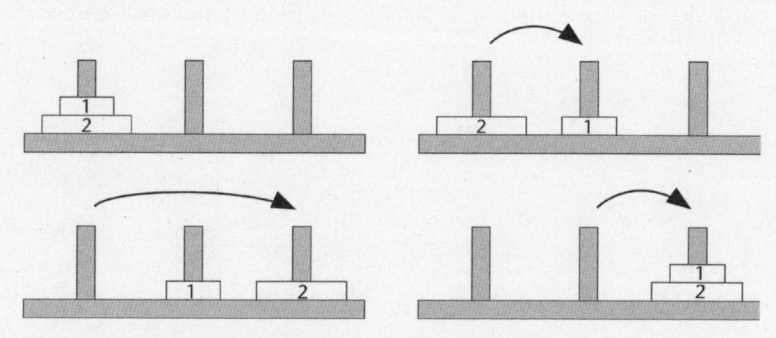

FIG 78   Resolvendo o Hanói de dois discos. Passe o disco 1 para o meio, depois passe o disco 2 para a direita, e aí passe o disco 1 para a direita.

Que tal um Hanói de três discos? Ele começa assim:

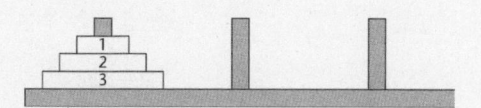

FIG 79   Posição inicial com três discos.

O primeiro movimento é essencialmente forçado: o único disco que temos permissão de mover é o disco 1. Ele pode ir para qualquer um dos outros dois pinos, e na verdade não importa qual, porque conceitualmente podemos trocar estes pinos de lugar sem afetar o quebra-cabeça. Então podemos muito bem passar o disco 1 para o pino central:

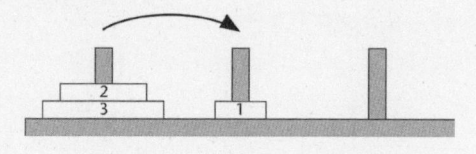

FIG 80   Primeiro movimento.

Nesse estágio podemos mover novamente o disco 1, mas isso não adianta nada: ou ele volta para onde começou ou passa para o pino vazio – para onde poderia ter ido diretamente. Então temos de mover um disco diferente. Não podemos mover o disco 3 porque ele está debaixo do disco 2, então precisamos mover o disco 2. E não podemos colocar o disco 2 em cima do disco 1. Então, a única possibilidade é passar o disco 2 para o pino da direita:

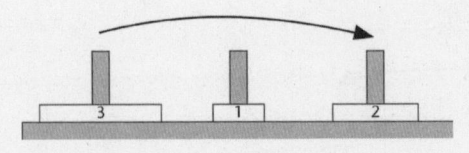

FIG 81 Segundo movimento.

Agora não podemos mover o 3, e é bobagem mover o disco 2 novamente. Então movimentamos o disco 1. Se o pusermos em cima do disco 3, ficaremos encalhados e precisaremos desfazer esse movimento no próximo passo. Então, só temos uma opção:

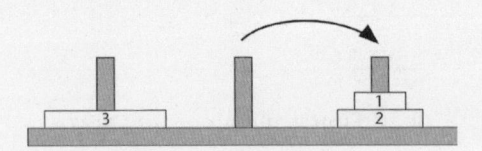

FIG 82 Terceiro movimento.

E agora? Ou desfazemos o movimento ou colocamos o disco 1 em cima do disco 3, o que não parece adiantar muito – ou passamos o disco 3 para o pino vazio:

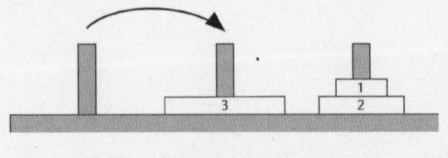

FIG 83 Quarto movimento.

Neste estágio já percorremos um bom caminho na resolução do quebra-cabeça, porque movemos o disco mais difícil, o disco 3, para um pino novo. Obviamente, tudo que temos de fazer agora é colocar os discos 1 e 2 em cima dele. E mais, *já sabemos como fazer isso*. Já passamos a pilha com os discos 1 e 2 para um novo pino. Então, basta copiar os movimentos, tendo o cuidado de escolher os pinos certos, assim:

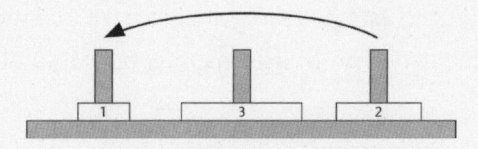

FIG 84   Quinto movimento.

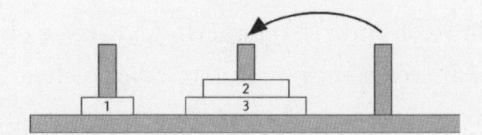

FIG 85   Sexto movimento.

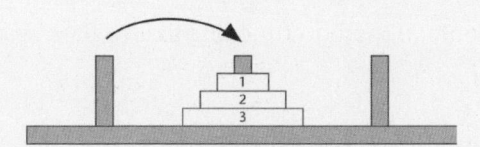

FIG 86   Sétimo movimento.

Pronto!
Esta solução precisou de sete movimentos, que é $2^3 - 1$. É possível demonstrar que não existe solução mais curta. O método aponta para uma solução astuciosa para qualquer número de discos. Podemos resumir da seguinte maneira:

• Primeiro mova os dois discos de cima para um pino vazio.
• Então mova o disco maior para o único pino vazio restante.
• Então mova os dois discos de cima para o pino que contém o disco maior.

O primeiro e último estágios são efetivamente soluções para o Hanói de dois discos. O estágio do meio é inteiramente direto.

A mesma ideia agora resolve um Hanói de quatro discos:

- Primeiro mova os três discos de cima para um pino vazio.
- Então mova o disco maior para o único pino vazio restante.
- Então mova os três discos de cima para o pino contendo o disco maior.

O primeiro e o último estágios são soluções para o Hanói de três discos, que acabamos de encontrar. Mais uma vez, o estágio do meio é inteiramente direto.

A mesma ideia pode ser estendida agora para o Hanói de cinco discos, de seis discos, e assim por diante. Podemos resolver o quebra-cabeça para *qualquer* número de discos, usando um procedimento "recursivo" no qual a solução para um determinado número de discos é obtida a partir da solução com um disco a menos. Assim, resolver o Hanói de cinco discos se reduz a resolver o Hanói de quatro discos, que por sua vez se reduz a resolver o Hanói de três discos, que por sua vez se reduz a resolver o Hanói de dois discos, que por sua vez se reduz a resolver o Hanói de um disco. Mas isso é fácil: basta pegar o disco e colocá-lo num outro pino.

Especificamente, o método funciona assim. Para resolver um Hanói de n discos:

- Ignore temporariamente o disco maior n.
- Use a solução para o Hanói de $(n - 1)$ discos para transferir os discos 1, 2,..., $n - 1$ para um pino novo.
- Então mova o disco n para o pino vazio restante.
- Finalmente, use a solução do Hanói de $(n - 1)$ discos *outra vez* para transferir os discos 1, 2,..., $n - 1$ para o pino contendo o disco n. (Note que, por simetria, o pino final pode ser escolhido como qualquer uma das duas possibilidades ao dar início à solução para o Hanói de $(n - 1)$ discos.)

O diagrama de estado

Procedimentos recursivos podem ficar bastante complicados se você os seguir passo a passo, e é o que ocorre com a Torre de Hanói. Esta complexidade é inerente ao quebra-cabeça, não só ao método de solução. Para ver por quê, vou representar o quebra-cabeça geometricamente desenhando seu *diagrama de estado*. Este diagrama consiste em nós que representam posições possíveis dos discos, ligados por linhas que representam os movimentos permitidos. Para um Hanói de dois discos o diagrama de estado toma a forma mostrada na figura abaixo:

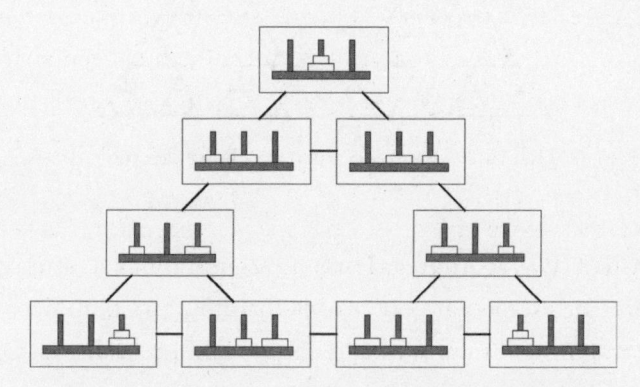

FIG 87 Diagrama de estado de um Hanói de dois discos.

Este diagrama pode ser visto como três cópias do diagrama correspondente para um Hanói de um disco, ligados em três lugares. Em cada cópia, o disco inferior está numa posição fixa, em um dos três pinos possíveis. As junções ocorrem quando um pino vazio permite que o disco inferior seja movido. Vários matemáticos notaram, independentemente, que a solução recursiva do quebra-cabeça se revela na estrutura do diagrama de estado. Os primeiros parecem ter sido R.S. Scorer, P.M. Grundy e Cedric A.B. Smith, que escreveram um artigo em conjunto em 1944.

Podemos usar a solução recursiva para prever o diagrama de estado quando há mais discos. Para o Hanói de três discos, faça três cópias do diagrama anterior, cada um com um disco adicional na base, e junte-as num triângulo. E assim por diante. Por exemplo, a Figura 88 mostra o diagrama de estado de um Hanói de cinco discos, omitindo as posições dos discos:

FIG 88 Diagrama de estado para um Hanói de cinco discos.

H.-T. Chan (1989) e Andreas Hinz (1992) usaram a estrutura recursiva do diagrama de estado para obter uma fórmula para o número mínimo médio de movimentos entre estados num Hanói de n discos. O número total de movimentos pelos trajetos mais curtos, entre todos os pares possíveis de posições, acaba sendo

$$\frac{466}{885} 18^n - \frac{1}{3} 9^n - \frac{3}{5} 3^n + \left(\frac{12}{59} + \frac{18}{1\,003} \sqrt{17}\right)\left(\frac{5 + \sqrt{17}}{2}\right)^n + \left(\frac{12}{59} - \frac{18}{1\,003} \sqrt{17}\right)\left(\frac{5 - \sqrt{17}}{2}\right)^n$$

Para um n grande, isto é aproximadamente

$$\frac{466}{885} 18^n$$

porque todos os outros termos na fórmula são muito menores que o primeiro. O tamanho médio desses trajetos é aproximadamente $466/885$ vezes o número de movimentos ao longo de um lado do diagrama de estado. Agora vemos a importância da estranha fração $466/885$.

Junta de Sierpiński, ou Triângulo de Sierpiński

A mesma fração surge num problema intimamente relacionado. Hinz e Andreas Schief usaram a fórmula para o número médio de movimentos entre estados na Torre de Hanói para calcular a distância média entre dois pontos quaisquer numa famosa figura conhecida como *Junta de Sierpiński*. Se os lados da junta têm comprimento 1, então a resposta, surpreendentemente, é exatamente $466/885$.

A Junta de Sierpiński é formada pegando-se um triângulo equilátero, dividindo-o em quatro triângulos com lado medindo a metade do lado do triângulo original (sendo que o do meio está de cabeça para baixo) e apagando o triângulo do meio. Então o mesmo processo é repetido nos três triângulos equiláteros menores que restam, e isso continua para sempre. O resultado é um dos primeiros exemplos do que agora chamamos de *fractal*: uma forma que tem estrutura intrincada, não importa quanto a ampliemos [ver $\frac{\ln 3}{\ln 2}$].

O matemático polonês Waclaw Sierpiński inventou este fascinante conjunto em 1915, embora formas similares já estivessem em uso séculos antes para decoração. Ele o descreveu como sendo "simultaneamente cantoriano e jordaniano, onde todo ponto é um ponto de ramificação". Por "cantoriano" Sierpiński entendia que seu conjunto era todo uma peça única com uma intrincada estrutura fina. Por "jordaniano" entendia que era uma curva. E por "todo ponto é um ponto de ramificação" entendia que em todo ponto o conjunto cruzava sobre si mesmo. Mais tarde, de brincadeira, Benoît Mandelbrot o batizou como Junta de Sierpiński por causa de sua semelhança com a junta de muitos furos que fica entre a cabeça do cilindro de um carro e o resto do motor.

FIG 89 Os primeiros seis estágios na formação de uma Junta de Sierpiński.

Números irracionais

As frações são suficientemente boas para qualquer problema prático de divisão, e por algum tempo os gregos antigos estiveram convencidos de que elas descreviam tudo no Universo.

Então, um deles levou adiante as consequências do teorema de Pitágoras, perguntando-se como a diagonal de um quadrado está relacionada com seu lado.

A resposta lhes disse que há alguns problemas que as frações não podem resolver.

Nasceram então os números irracionais. Juntos, números racionais e irracionais formam o sistema dos números reais.

$$\sqrt{2} \sim 1{,}414213$$

Primeiro irracional conhecido

Os NÚMEROS RACIONAIS – frações – são suficientemente bons para a maioria dos propósitos práticos, mas alguns problemas não têm soluções racionais. Por exemplo, os geômetras gregos descobriram que a diagonal de um quadrado de lado 1 *não é* um número racional. Se a diagonal tem comprimento x, então o teorema de Pitágoras diz que

$$x^2 = 1^2 + 1^2 = 2$$

então $x = \sqrt{2}$. E provaram, para seu pesar, que esta não é racional.

Isso levou os geômetras gregos a focar em comprimentos geométricos e a ignorar números. A alternativa, que acabou se revelando uma ideia melhor, é reforçar o sistema numérico de modo a poder lidar com este tipo de questão.

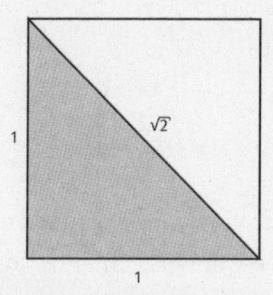

FIG 90   A diagonal de um quadrado unitário.

Decimais, frações e números irracionais

Nos dias de hoje geralmente escrevemos números como decimais. Por motivos práticos, as calculadoras usam decimais que terminam com um número limitado de dígitos após a vírgula decimal. No capítulo de abertura vimos que a diagonal de um quadrado unitário com dez casas decimais é

$$\sqrt{2} = 1{,}4142135623$$

No entanto, um cálculo mostra que

$$(1{,}4142135623)^2 = 1{,}99999999979325598129$$

exatamente. Embora seja muito perto de 2, não é igual a 2.

Talvez tenhamos parado de calcular cedo demais. Talvez 1 milhão de dígitos deem um valor exato para a raiz quadrada de 2. Na verdade, há um meio simples de ver que isso não funciona. A aproximação de dez dígitos termina em 3. Quando elevamos ao quadrado, obtemos um decimal de vinte dígitos terminando em 9, que é 3^2. Isso não é coincidência; é uma consequência da maneira como multiplicamos decimais. Agora, o último algarismo significativo de qualquer número decimal, exceto o 0, é diferente de zero. Então seu quadrado termina com um algarismo diferente de zero. Como a expansão decimal de 2 é 2,000... só com zeros, nenhum quadrado desses pode ser exatamente igual a 2. Todos os números decimais numa calculadora são na realidade racionais. Por exemplo, o valor de π com nove casas decimais é 3,141592653, o que é *exatamente* igual à fração

$$\frac{3\,141\,592\,653}{1\,000\,000\,000}$$

Decimais de tamanho fixo representam exatamente um conjunto bastante limitado de frações: aquelas em que o denominador (número de baixo) é uma potência de 10. Outras frações são mais complicadas sob esse aspecto. Se eu digito ⅓ na minha calculadora, ela vem com 0,333333333. Na verdade, isso não está totalmente certo: multiplique por 3 e você obtém 1 = 0,999999999. Não é bem assim: há uma diferença de 0,0000000001. Mas quem liga para uma parte em 10 bilhões?

A resposta depende do que você está querendo fazer. Se estiver montando uma estante de livros e precisa cortar uma tábua de um metro de comprimento em três partes iguais, então 0,333 metro (333 milímetros) é suficientemente acurado. Mas se estiver provando um teorema matemático e quer que 3 vezes ⅓ seja igual a 1, como deveria ser, então até mesmo um erro minúsculo pode ser fatal. Se quiser expandir ⅓ como decimal com exatidão absoluta, esses algarismos 3 precisam continuar para sempre.

Os dígitos de $\sqrt{2}$ também continuam para sempre, mas não há um padrão óbvio. O mesmo vale para os dígitos de π. No entanto, se você quiser representar os comprimentos que aparecem em geometria usando números, terá de encontrar uma representação numérica para coisas como $\sqrt{2}$ e π. O resultado foi o sistema que agora chamamos de números reais. Eles podem ser representados por expansões decimais infinitamente longas. Métodos mais abstratos são usados em matemática avançada.

O adjetivo "real" surgiu porque esses números se encaixam com a nossa ideia intuitiva de medida. Cada casa decimal a mais torna a medida mais precisa. Contudo, o mundo real fica um pouco borrado no nível das partículas fundamentais, então os decimais perdem contato com a realidade por volta da 15ª casa. Agora acabamos de abrir a caixa de Pandora. Estruturas e objetos matemáticos são (na melhor das hipóteses) *modelos* para o mundo real, não a realidade em si. Se considerarmos os decimais que continuam para sempre, o sistema dos números reais é claro e organizado. Nesse caso, podemos fazer matemática usando-o e então comparar os resultados com a realidade, se esse for o nosso principal objetivo. Se quisermos fazer com que os decimais parem depois de cinquenta casas, ou que fiquem borrados, arranjamos uma bela bagunça. Há sempre uma opção de custo/benefício entre conveniência matemática e acurácia física.

Todo número racional é real. Na verdade (não darei uma prova, mas não é muito difícil), as expansões decimais dos números racionais são precisamente aquelas que *se repetem*. Isto é, repetem para sempre o mesmo bloco finito de algarismos, talvez com alguns algarismos diferentes na frente. Por exemplo,

$$\frac{137}{42} = 3{,}2619047619047619047\ldots$$

com o bloco inicial excepcional 3,2 e então infinitas repetições de 619047.

No entanto, muitos números reais não são racionais. Qualquer decimal que careça de tais repetições servirá como exemplo. Então, posso ter certeza de que, digamos,

1,101001000100001000001 ...

com faixas cada vez maiores de 0s, não é racional. O nome para tais números é *irracionais*. Todo número real é ou racional ou irracional.

Prova de que $\sqrt{2}$ é irracional

Todos os decimais finitos são frações, porém muitas frações não são decimais finitos. Poderia uma delas representar exatamente $\sqrt{2}$? Se a resposta fosse "sim", todo o corpo de trabalho dos gregos sobre comprimentos e áreas teria sido muito mais simples. No entanto, os gregos descobriram que a resposta é "não". E não descobriram usando decimais: descobriram geometricamente.

Se agora vemos isso como uma importante revelação, abrindo vastas áreas de uma matemática nova e útil, na época foi meio que um constrangimento. A descoberta remonta aos pitagóricos, que acreditavam que os alicerces do Universo são números. Com isso queriam dizer números inteiros e frações. Infelizmente, um deles – que teria sido Hipaso de Metaponto – descobriu que a diagonal de um quadrado unitário é irracional. Conta-se que ele teria anunciado este irritante fato quando um grupo de pitagóricos estava num barco no mar, e alguns ficaram tão enfurecidos que o lançaram ao mar e ele se afogou. Não há evidência histórica deste fato, mas com toda a certeza não ficaram muito contentes, pois a descoberta contradizia suas crenças mais essenciais.

A prova grega emprega um processo geométrico que agora chamamos de algoritmo de Euclides. É um modo sistemático de descobrir se dois comprimentos dados a e b são *comensuráveis* – ambos múltiplos inteiros de algum comprimento comum c. Se forem, isso nos dirá o valor de c. Do ponto de vista numérico de hoje, a e b são comensuráveis se e somente se

a/b for racional, de modo que o algoritmo de Euclides é "realmente" um teste para decidir se um dado número é racional.

O ponto de vista geométrico dos gregos os levou a argumentar de forma bem diferente, indo pela seguinte linha. Suponha que a e b sejam múltiplos inteiros de c. Por exemplo, talvez $a = 17c$ e $b = 5c$. Desenhe uma grade de 17×5 quadrados, cada um com lado c. Note que, na horizontal, a é composto de dezessete cópias de c; na vertical, b é composto de cinco cópias de c. Então a e b são comensuráveis.

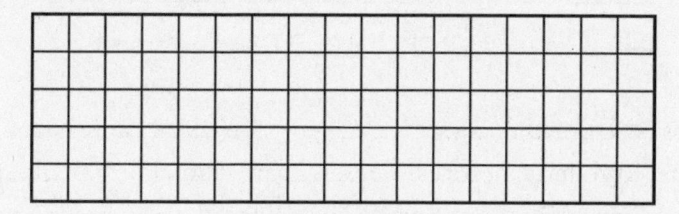

FIG 91 Grade 17×5.

Em seguida, recorte o máximo de quadrados 5×5 que puder:

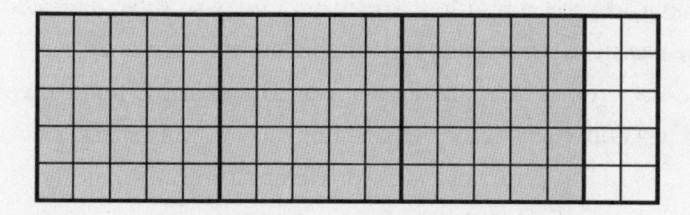

FIG 92 Recorte três quadrados 5×5.

Isso deixa um retângulo 2×5 no final. Repita o processo neste retângulo menor, recortando agora quadrados 2×2:

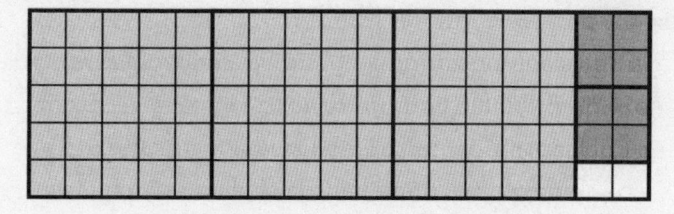

FIG 93 Então recorte dois quadrados 2×2.

Tudo que resta agora é um retângulo 2 × 1. Corte-o em dois quadrados 1 × 1 e não sobra nem um retangulozinho sequer – eles se encaixam exatamente.

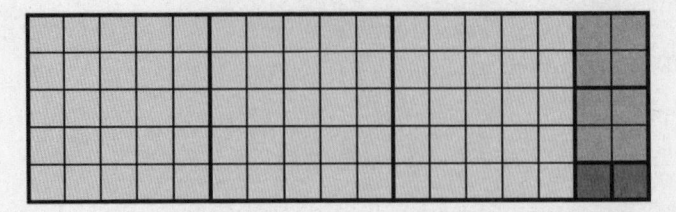

FIG 94 Finalmente, recorte dois quadrados 1 × 1.

Se os comprimentos originais a e b são múltiplos inteiros de um comprimento comum c, o processo precisa parar em algum ponto, porque todas as linhas estão sobre a grade e os retângulos vão ficando menores. E vice-versa, se o processo para, então ao trabalharmos de trás para a frente concluímos que a e b são múltiplos inteiros de c. Em resumo: dois comprimentos são comensuráveis se, e somente se, o algoritmo de Euclides, aplicado ao retângulo correspondente, para após uma quantidade finita de passos.

Se quisermos provar que algum par de comprimentos é incomensurável, basta construir um retângulo para o qual o processo obviamente *não* pare. Para lidar com $\sqrt{2}$, o truque é começar com um retângulo cujo formato seja escolhido de modo a assegurar que, após recortar *dois* quadrados grandes, obtenhamos um pedaço restante que tenha exatamente o mesmo formato que o original. Se assim for, o algoritmo de Euclides continua recortando dois quadrados para sempre, então não pode parar nunca.

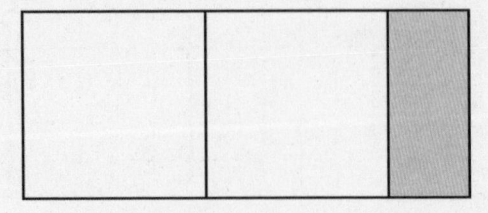

FIG 95 Faça o retângulo sombreado com o mesmo formato do original.

Os gregos construíam esse retângulo geometricamente, mas nós podemos usar álgebra. Admita que os lados sejam a e 1. A condição requerida então é

$$\frac{a}{1} = \frac{1}{a-2}$$

Então $a^2 - 2a = 1$, daí $(a-1)^2 = 2$, então $a = 1 + \sqrt{2}$. Resumindo: o algoritmo de Euclides implica que os comprimentos $1 + \sqrt{2}$ e 1 são incomensuráveis, então $1 + \sqrt{2}$ é irracional.

Portanto $\sqrt{2}$ também é irracional. Para ver por quê, suponha que $\sqrt{2}$ seja racional, igual a p/q. Então $1 + \sqrt{2} = (p+q)/q$, que continua sendo racional. Mas na verdade não é, então chegamos a uma contradição, e a nossa premissa é falsa.

$\pi \sim 3{,}141592$

Medida do círculo

Os NÚMEROS QUE USAMOS para contar tornam-se familiares rapidamente, mas alguns números são bem mais estranhos. O primeiro número realmente incomum com que deparamos quando estudamos matemática é π. Este número surge em muitas áreas da matemática, nem todas com uma ligação óbvia com círculos. Os matemáticos calcularam π com mais de 12 trilhões de casas decimais. Mas como? Compreender que tipo de número é π responde à antiga questão: é possível quadrar o círculo usando régua e compasso?

Razão entre a circunferência de um círculo e seu diâmetro

Encontramos π a primeira vez quando calculamos a circunferência e a área de um círculo. Se o raio é r então a circunferência é $2\pi r$ e a área é πr^2. Geometricamente, essas duas grandezas não estão diretamente relacionadas, então é bastante notável que o *mesmo* número π ocorra em ambas. Há um modo intuitivo de ver por que isso acontece. Corte um círculo numa porção de fatias, como uma pizza, e rearranje-as de modo a formar aproximadamente um retângulo. A largura desse retângulo é aproximadamente metade da circunferência do círculo, que é πr. Sua altura é aproximadamente r. Então sua área é aproximadamente $\pi r \times r = \pi r^2$.

Porém, isso é apenas uma aproximação. Talvez os números que apareçam em conexão com a circunferência e a área sejam muito semelhantes, mas não idênticos. No entanto, parece algo improvável, porque o argumento funciona por mais finas que sejam cortadas as fatias. Se usarmos

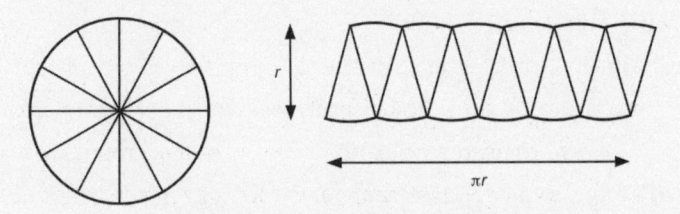

FIG 96 Aproximação da área do círculo.

uma quantidade enorme de fatias muito finas, a aproximação torna-se extremamente acurada. Na verdade, permitindo que a quantidade de fatias venha a ser tão grande quanto desejamos, a diferença entre o formato real e um retângulo genuíno torna-se tão pequena quanto desejamos. Usando a matemática dos limites, esta observação fornece uma prova de que a fórmula para a área é correta e exata. É por isso que o mesmo número ocorre tanto para a circunferência como para a área do círculo.

O procedimento de limites também *define* o que entendemos por área neste contexto. Áreas de círculos não são tão imediatas quanto imaginamos. Áreas de polígonos podem ser definidas cortando-os em triângulos, mas figuras com bordas curvas não podem ser divididas dessa maneira. Mesmo a área de um retângulo não é imediata se seus lados forem incomensuráveis. O problema é não enunciar qual *é* a área: simplesmente multiplicar os dois lados. A parte difícil é provar que o resultado se comporta como uma área deve se comportar – por exemplo, que quando você junta figuras suas áreas se somam. A matemática escolar passa correndo por esses problemas esperando que ninguém perceba.

Por que os matemáticos usam um símbolo obscuro para representar um número? Por que apenas não escrever esse número? Na escola muitas vezes nos dizem que $\pi = {}^{22}/_7$, mas professores cuidadosos explicarão que este é só um valor aproximado [ver $\frac{22}{7}$]. Então por que em vez disso não usamos uma fração exata para π?

Porque essa fração não existe.

O número π é o exemplo mais conhecido de número irracional. Como $\sqrt{2}$, não pode ser representado exatamente por nenhuma fração, por mais complicada que seja. É seriamente difícil provar isso, mas os matemáticos sabem como fazê-lo, e é verdade. Assim, decididamente, precisamos de um símbolo novo, porque este número específico não pode ser escrito exatamente usando os símbolos numéricos habituais. Como π é um dos números mais importantes em toda a matemática, precisamos de um modo não ambíguo de nos referir a ele. É a letra grega correspondente ao "π", a primeira letra de "perímetro".

É realmente uma peça bastante cruel que o Universo nos pregou: um número de importância vital que não podemos nem anotar direito, exceto se usarmos fórmulas complicadas. É um estorvo, talvez, mas também é fascinante. E contribui para a mística do π.

π e círculos

Encontramos π pela primeira vez em conexão com círculos. Círculos são figuras matemáticas muito básicas, então qualquer coisa que nos conte algo sobre círculos deve valer a pena. Círculos têm montes de aplicações úteis. Em 2011, o número de círculos usados em um único aspecto da vida cotidiana era mais que 5 bilhões, porque o número de carros ultrapassou a significativa marca de 1 bilhão, e nessa época o carro típico tinha cinco rodas – quatro pneus no chão e um sobressalente. (Atualmente, o sobressalente é muitas vezes um kit para consertar furos, o que economiza combustível e tem custo mais baixo.) É claro que há uma porção de outros círculos num carro, desde arruelas até o volante. Para não mencionar as rodas de bicicletas, caminhões, ônibus, trens, aviões...

FIG 97 Ondulações na água.

FIG 98 Arco-íris – arco de um círculo.

Rodas são apenas uma das aplicações da geometria do círculo. Elas funcionam porque todo ponto num círculo está à mesma distância do seu centro. Se fixarmos uma roda circular no centro, ela pode rodar tranquilamente ao longo de uma estrada plana. Mas os círculos também aparecem de muitas outras maneiras. Ondulações da água numa lagoa são circulares, da mesma forma que os arcos coloridos de um arco-íris. As órbitas dos planetas são, numa primeira aproximação, circulares. Numa aproximação mais acurada, as órbitas são elipses, que são círculos que foram achatados numa direção.

Todavia, engenheiros podem projetar rodas alegremente sem qualquer conhecimento de π. Sua verdadeira importância é teórica e jaz num nível muito mais profundo. Inicialmente, os matemáticos depararam com π numa questão básica sobre círculos. O tamanho de um círculo pode ser descrito usando três números intimamente relacionados:

- Seu *raio* – a distância do centro até qualquer ponto sobre o círculo.
- Seu *diâmetro* – a largura máxima do círculo.
- Sua *circunferência* – o comprimento do próprio círculo, medido ao longo da volta toda.

O raio e o diâmetro estão relacionados de uma maneira muito simples: o diâmetro é o dobro do raio, e o raio é a metade do diâmetro.

A relação entre a circunferência e o diâmetro não é tão imediata. Se você desenhar um hexágono dentro de um círculo, poderá se convencer de que a circunferência é um pouco maior que o triplo do diâmetro. A figura mostra seis raios, que se juntam aos pares para formar três diâmetros. O hexágono tem o mesmo comprimento que seis raios – isto é, três diâmetros. E o círculo é claramente um pouco mais longo que o hexágono.*

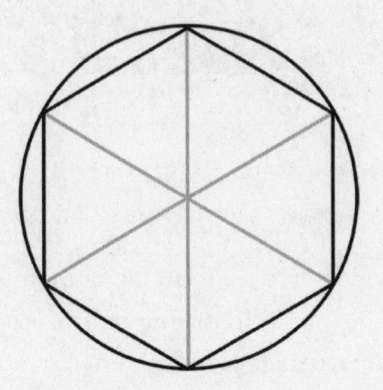

FIG 99 Por que π é maior que 3.

O número π *é definido* como a circunferência de qualquer círculo dividida pelo seu diâmetro. Qualquer que seja o tamanho do círculo, nossa expectativa é que esse número tenha sempre o mesmo valor, porque a circunferência e o diâmetro permanecem na mesma proporção se aumentarmos ou encolhermos o círculo. Cerca de 2 200 anos atrás Arquimedes veio com uma prova lógica completamente diferente de que o mesmo número funciona para qualquer círculo.

Pensando no hexágono dentro do círculo, e duplicando o número de lados de seis para doze, depois 24, depois 48 e, finalmente, 96 lados, Arquimedes também obteve um valor bastante acurado para π. Ele provou que é maior que $3^{10}/_{71}$ e menor que $3^{1}/_{7}$. Em decimais, esses dois valores são 3,141 e 3,143. (Arquimedes trabalhou com figuras geométricas, não

---

*Isso acontece porque os triângulos formados pelo hexágono e pelos raios são equiláteros. Daí decorre que os seis lados do hexágono correspondem aos seis raios (N.T.)

com números de verdade, e pensou no número que agora chamamos de π em termos geométricos, então esta é a interpretação moderna do que ele efetivamente fez. Os gregos não tinham notação decimal.)

O método de Arquimedes para calcular π pode se tornar o mais acurado que desejarmos lançando mão de suficientes duplicações do número de lados do polígono usado como aproximação do círculo. Matemáticos posteriores acharam métodos melhores – discutirei alguns deles abaixo. Para mil casas decimais π é:

3,1415926535897932384626433832795028841971693993751058209749445923078164062862089986280348253421170679821480865132823066470938446095505822317253594081284811174502841027019385211055596446229489549303819644288109756659334461284756482337867831652712019091456485669234603486104543266482133936072602491412737245870066063155881748815209209628292540917153643678925903600113305305488204665213841469519415116094330572703657595919530921861173819326117931051185480744623799627495673518857527248912279381830119491298336733624406566430860213949463952247371907021798609437027705392171762931767523846748184676694051320005681271452635608277857713427577896091736371787214684409012249534301465495853710507922796892589235420199561121290219608640344181598136297747713099605187072113499999983729780499510597317328160963185950244594553469083026425223082533446850352619311881710100031378387528865875332083814206171776691473035982534904287554687311595628638823537875937519577818577805321712268066130019278766111959092164201999

Olhando esses números, a característica que mais chama a atenção é a absoluta ausência de qualquer padrão. Os dígitos parecem aleatórios. Mas não podem ser, porque são dígitos de π, e este é um número específico. A ausência de padrões fornece um forte indício de que π é um número muito estranho. Os matemáticos desconfiam intensamente de que toda sequência finita de dígitos ocorre em algum lugar (na verdade, com infinita frequência) na expansão decimal de π. Na realidade, acredita-se que π é um número *normal*, significando que todas as sequências de um dado comprimento ocorrem com igual frequência. Essas conjecturas não foram nem provadas nem refutadas.

Outras ocorrências de π

O número π aparece em muitas outras áreas da matemática, muitas vezes sem qualquer conexão óbvia com círculos. Sempre há uma conexão indireta, porque é daí que π veio, sendo uma das maneiras de defini-lo. Qualquer outra definição tem que dar o mesmo número, então em algum ponto ao longo da linha é preciso provar uma ligação com o círculo. Mas ela pode ser *muito* indireta.

Por exemplo, em 1748 Euler notou uma ligação entre os números π, *e* e i, a raiz quadrada de menos um [ver i]. A saber, a elegante fórmula

$$e^{i\pi} = -1$$

Euler também notou que π aparece na soma de certas séries infinitas. Em 1735, ele resolveu o problema de Basel, uma questão levantada por Pietro Mengoli em 1644: encontrar a soma dos inversos de todos os quadrados. Esta é uma série infinita, porque há infinitos quadrados. Muitos dos grandes matemáticos do período tentaram resolvê-la, mas fracassaram. Em 1735, Euler descobriu a resposta deliciosamente simples:

$$\frac{\pi^2}{6} = \frac{1}{1^2} + \frac{1}{2^2} + \frac{1}{3^2} + \frac{1}{4^2} + \frac{1}{5^2} + \ldots$$

Esta descoberta logo o tornou famoso entre os matemáticos. Você consegue localizar a ligação com círculos? Não? Eu tampouco consigo. Ainda assim, não deve ser terrivelmente óbvia, porque muitos matemáticos de alto nível não conseguiram resolver o problema de Basel. Na verdade, ela ocorre por meio da função seno, que à primeira vista não parece ter conexão nenhuma com o problema.

O método de Euler levou a resultados semelhantes para as quartas potências, sextas potências e, em geral, para qualquer potência par. Por exemplo

$$\frac{\pi^4}{90} = \frac{1}{1^4} + \frac{1}{2^4} + \frac{1}{3^4} + \frac{1}{4^4} + \frac{1}{5^4} + \ldots$$

$$\frac{\pi^6}{945} = \frac{1}{1^6} + \frac{1}{2^6} + \frac{1}{3^6} + \frac{1}{4^6} + \frac{1}{5^6} + \ldots$$

É possível também usar apenas números pares ou ímpares:

$$\frac{\pi^2}{8} = \frac{1}{1^2} + \frac{1}{3^2} + \frac{1}{5^2} + \frac{1}{7^2} + \frac{1}{9^2} + \ldots$$

$$\frac{\pi^2}{24} = \frac{1}{2^2} + \frac{1}{4^2} + \frac{1}{6^2} + \frac{1}{8^2} + \frac{1}{10^2} + \ldots$$

No entanto, nenhuma fórmula similar foi provada para potências ímpares, tais como cubos ou quintas potências, e conjectura-se que ela não exista [ver $\zeta(3)$].

Notavelmente, estas séries e outras correlacionadas têm profundas ligações com os primos e a teoria dos números. Por exemplo, se você escolher ao acaso dois números inteiros, então a probabilidade de que não tenham fator comum (maior que 1) é $6/\pi^2 \sim 0{,}6089$, o inverso da soma da série de Euler.

Outra aparição inesperada de π ocorre em estatística. A área sob a famosa "curva do sino", com equação $y = e^{-x^2}$, é exatamente $\sqrt{\pi}$.

Muitas fórmulas em física matemática envolvem π. Algumas aparecem a seguir, na lista de fórmulas que envolvem π. Matemáticos descobriram uma enorme variedade de equações em que π aparece proeminentemente; algumas são discutidas adiante.

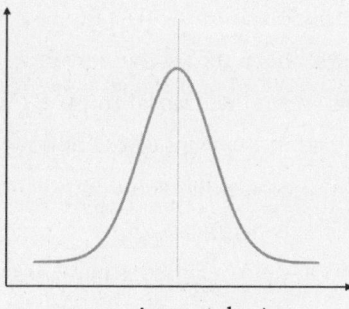

FIG 100 A curva do sino.

Como calcular π

Em 2013, durante um período de 94 dias, Shigeru Kondo usou um computador para calcular π com 12 100 000 000 050 dígitos decimais – mais de 12 trilhões. Os usos práticos de π não requerem nada semelhante a este nível de precisão. E não se pode obtê-la medindo círculos físicos. Vários métodos diferentes têm sido usados ao longo da história, todos baseados em fórmulas para π ou processos que agora expressamos como fórmulas.

Boas razões para realizar estes cálculos são para ver a qualidade do desempenho das fórmulas e testar novos computadores. Mas a razão principal, na realidade, é a sedução de quebrar recordes. Alguns matemáticos têm fascínio em calcular cada vez mais dígitos de π porque, assim como acontece na relação entre montanhas e montanhistas, simplesmente "estão aí para isso". Atividades de quebra de recordes não são típicas da maior parte da pesquisa matemática e têm pouco significado ou valor prático por si sós, mas levaram a fórmulas inteiramente novas e fascinantes, revelando ligações inesperadas entre diferentes áreas da matemática.

Fórmulas para π geralmente envolvem processos infinitos, que – quando executados uma quantidade suficiente de vezes – fornecem boas aproximações para π. Os primeiros progressos sobre o trabalho de Arquimedes foram feitos no século XV, quando matemáticos indianos representaram π como a soma de uma série infinita – uma soma que segue para sempre. Se, como era o caso dessas fórmulas, o valor da soma vai chegando a um número único bem-definido, seu *limite*, então a série pode ser usada para calcular aproximações cada vez mais acuradas. Uma vez atingido o nível de exatidão requerido, o cálculo é interrompido.

Por volta de 1400, Madhava de Sangamagrama usou uma série dessas para calcular π com onze casas decimais. Em 1424, o persa Jamshīd al-Kāshī melhorou esse cálculo, usando aproximações por polígonos com um número crescente de lados, de maneira muito semelhante à que Arquimedes tinha feito. Ele obteve os dezesseis primeiros dígitos considerando um polígono de 3×2^{28} lados. O método de Arquimedes para aproximação de π inspirou François Viète a anotar um novo tipo de fórmula para π em 1593, a saber:

$$\frac{2}{\pi} = \frac{\sqrt{2}}{2} \cdot \frac{\sqrt{2+\sqrt{2}}}{2} \cdot \frac{\sqrt{2+\sqrt{2+\sqrt{2}}}}{2} \ldots$$

(Aqui os pontos indicam multiplicação.) Em 1630, Cristóvão Grienberger havia empurrado o método do polígono para até 38 dígitos.

Em 1655, John Wallis encontrou uma fórmula diferente:

$$\frac{\pi}{2} = \frac{2}{1} \cdot \frac{2}{3} \cdot \frac{4}{3} \cdot \frac{4}{5} \cdot \frac{6}{5} \cdot \frac{6}{7} \cdot \frac{8}{7} \cdot \frac{8}{9} \ldots$$

usando uma abordagem bastante complicada para achar a área de um semicírculo.

Em 1641, James Gregory redescobriu uma das séries de Madhava para π. A ideia é começar com uma função trigonométrica chamada tangente, representada por tg x. Medido em radianos, um ângulo de 45° é $\pi/4$, e no caso da figura a seguir $a = b$, então tg $\pi/4 = 1$.

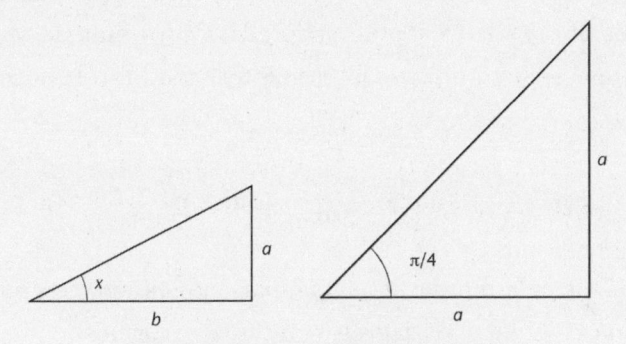

FIG 101 *Esquerda:* A tangente tg x é a/b.
Direita: Quando $x = \pi/4$, a tangente é $a/a = 1$.

Agora considere a função inversa, representada por arctan. Esta "desfaz" a função tangente; ou seja, se $y = $ tg x, então $x = $ arctan y. Em particular, arctan $1 = \pi/4$. Madhava e Gregory descobriram uma série infinita para arctan:

$$\arctan y = y - \frac{y^3}{3} + \frac{y^5}{5} - \frac{y^7}{7} + \frac{y^9}{9} - \ldots$$

Fazendo $y = 1$, obtemos

$$\frac{\pi}{4} = 1 - \frac{1}{3} + \frac{1}{5} - \frac{1}{7} + \frac{1}{9} - \cdots$$

Em 1699, Abraham Sharp usou esta fórmula para obter 71 dígitos para π, mas a série converge muito devagar; ou seja, é preciso calcular muitos termos para obter uma boa aproximação. Em 1706, John Machin usou uma fórmula trigonométrica para tg $(x + y)$ a fim de mostrar que

$$\frac{\pi}{4} = 4\arctan\frac{1}{5} - \arctan\frac{1}{239}$$

e então substituiu ⅕ e 1⁄239 na série pelo arctan. Como esses números são bem menores que 1, a série converge bem mais depressa, tornando-a mais prática. Machin calculou π com cem dígitos usando a fórmula. Em 1946, Daniel Ferguson tinha forçado esta ideia o máximo que podia, usando fórmulas similares mas diferentes, e chegou a 620 dígitos.

Há uma porção de variantes elaboradas da fórmula de Machin; na verdade, uma teoria completa sobre essas fórmulas. Em 1896, F. Störmer sabia que

$$\frac{\pi}{4} = 44\arctan\frac{1}{57} + 7\arctan\frac{1}{239} - 12\arctan\frac{1}{682} + 24\arctan\frac{1}{12\,943}$$

e há muitas fórmulas modernas ainda mais impressionantes nesta linha, que convergem muito mais depressa graças aos enormes denominadores que aparecem.

Ninguém se saiu melhor usando aritmética de lápis e papel, mas calculadoras mecânicas e computadores eletrônicos tornaram os cálculos mais rápidos e eliminaram erros. A atenção voltou-se para achar fórmulas que dessem boas aproximações usando apenas poucos termos. A série de Chudnovsky

$$\frac{1}{\pi} = 12 \sum_{k=0}^{\infty} \frac{(-1)^k (6k)!(545\,140\,134k + 13\,591\,409)}{(3k)!(k!)^3\, 640\,320^{3k + \frac{1}{2}}}$$

encontrada pelos irmãos David e Gregory Chudnovsky, produz catorze novos dígitos decimais por termo. Aqui o sinal Σ de somatória significa: some os valores da expressão enunciada com k variando por todos os números inteiros a começar por 0 e continuando para sempre.

Há muitos outros métodos para calcular π, e novas descobertas ainda estão sendo feitas. Em 1997, Fabrice Bellard anunciou que o trilionésimo dígito de π, em notação binária, é 1. Surpreendentemente, ele não calculou nenhum dos dígitos anteriores. Em 1996, David Bailey, Peter Borwein e Simon Plouffe haviam descoberto uma fórmula muito curiosa:

$$\pi = \sum_{n=0}^{\infty} \frac{1}{2^{4n}} \left(\frac{4}{8n+1} - \frac{2}{8n+4} - \frac{1}{8n+5} - \frac{1}{8n+6} \right)$$

Bellard usou uma fórmula similar, mais eficiente para computações:

$$\pi = \frac{1}{64} \sum_{n=0}^{\infty} \frac{(-1)^n}{2^{10n}}$$

$$\left(-\frac{32}{4n+1} - \frac{1}{4n+3} + \frac{256}{10n+1} - \frac{64}{10n+3} - \frac{4}{10n+5} - \frac{4}{10n+7} + \frac{1}{10n+9} \right)$$

Com alguma análise inteligente, o método dá dígitos binários individuais. A característica-chave da fórmula é que muitos dos números nela, tais como 4, 32, 64, 256, 2^{4n} e 2^{10n}, são potências de 2, que são muito simples no sistema binário usado para o funcionamento interno de computadores. O recorde para achar um único dígito binário de π é quebrado regularmente: em 2010, Nicholas Sze, do Yahoo, computou o segundo quatrilionésimo dígito binário de π, que acontece de ser 0.

As mesmas fórmulas podem ser usadas para achar dígitos isolados de π em aritmética de bases 4, 8 e 16. Nada do tipo é conhecido para qualquer outra base; em particular, não podemos computar dígitos decimais isolados. Será que tais fórmulas existem? Até a fórmula de Bailey-Borwein-Plouffe ser encontrada, ninguém imaginava que o cálculo pudesse ser feito em binário.

A quadratura do círculo

Os gregos antigos buscavam uma construção geométrica para quadrar o círculo: encontrar o lado de um quadrado com a mesma área que um dado círculo. No fim das contas foi provado que, assim como acontece com a trissecção do ângulo e a duplicação do cubo, não existe nenhuma construção com régua e compasso [ver 3]. A prova depende de se saber que tipo de número é π.

Vimos que π não é um número racional. O passo seguinte além dos números racionais são os números algébricos, que satisfazem uma equação polinomial com coeficientes inteiros. Por exemplo, $\sqrt{2}$ é algébrico, satisfazendo a equação $x^2 - 2 = 0$. Um número que não seja algébrico é chamado transcendental, e, em 1761, Lambert, que foi o primeiro a provar que π é irracional, conjecturou se ele não seria na verdade transcendental.

Foram necessários 112 anos até que Charles Hermite fizesse o primeiro grande avanço, em 1873, provando que o *outro* famoso número curioso em matemática, a base e dos logaritmos naturais [ver e], é transcendental. Em 1882, Ferdinand von Lindemann aperfeiçoou o método de Hermite e provou que, se um número diferente de zero é algébrico, então e elevado à potência desse número é transcendental. Ele então se aproveitou da fórmula de Euler $e^{i\pi} = -1$, nesse formato. Suponha que π seja algébrico. Então $i\pi$ também é. Portanto, o teorema de Lindemann implica que -1 *não* satisfaz uma equação algébrica. No entanto, é óbvio que satisfaz, a saber $x + 1 = 0$. A única saída para esta contradição lógica é que π não satisfaz uma equação algébrica; ou seja, é transcendental.

Uma consequência importante deste teorema é a resposta para o antigo problema geométrico da quadratura do círculo, isto é, construir um quadrado com a mesma área que a de um círculo usando apenas régua e compasso. Isto equivale a construir um segmento de comprimento π começando com um segmento de comprimento 1. A geometria de coordenadas mostra que qualquer número que possa ser construído dessa maneira deve ser algébrico. Como π não é algébrico, tal construção não existe.

Isso não impede algumas pessoas de procurar uma construção com régua e compasso, mesmo hoje. Elas parecem não entender o que significa "impossível" em matemática. É uma velha confusão. Em 1872, De Morgan escreveu *A Budget of Paradoxes* (Um inventário de paradoxos), onde expunha os erros de numerosas pretensas quadraturas de círculos, comparando-as com milhares de moscas zumbindo em torno de um elefante, cada uma alegando ser "maior que o quadrúpede". Em 1992, Underwood Dudley deu prosseguimento à tarefa em *Mathematical Cranks* (Manias matemáticas). Explore por todos os meios as aproximações geométricas de π e construções usando outros instrumentos. Mas, por favor, entenda que uma construção com régua e compasso, no estrito sentido clássico, não existe.

$$\varphi \sim 1{,}618034$$

Número áureo

Este número era conhecido dos gregos antigos, em relação com pentágonos regulares e o dodecaedro na geometria de Euclides. Ele está intimamente associado à sequência dos números de Fibonacci [ver 8] e explica alguns padrões curiosos na estrutura de plantas e flores. Ele é comumente chamado *número áureo*, nome que parece ter sido dado entre 1826 e 1835. Suas propriedades místicas e estéticas têm sido amplamente promovidas, mas a maioria dessas alegações é exagerada, algumas baseadas em estatísticas suspeitas e muitas sem absolutamente nenhuma base. Contudo, o número áureo tem, sim, características matemáticas notáveis, inclusive a ligação com os números de Fibonacci e a genuína conexão com o mundo natural – especialmente na numerologia e geometria de plantas.

Geometria grega

O número φ (grego "fi" – às vezes escrito na notação diferente τ, grego "tau") surgiu inicialmente na matemática em conexão com a geometria do pentágono regular, nos *Elementos* de Euclides. Seguindo a prática padrão da época, foi interpretado geometricamente, não numericamente.

Há uma fórmula exata para φ, à qual chegaremos em breve. Com seis casas decimais

$$\varphi = 1{,}618034$$

e como 100 é

Número áureo

$\varphi = 1{,}61803398874989484820458683436563811772030917980576286213544862270526046281890244970720720418939113 75$

Um aspecto característico de φ aparece se calcularmos seu inverso $1/\varphi$. Novamente, com seis casas decimais,

$$\frac{1}{\varphi} = 0{,}618034$$

Isto sugere que $\varphi = 1 + 1/\varphi$. Esta relação pode ser reescrita como uma equação quadrática, $\varphi^2 = \varphi + 1$, ou na sua forma padrão:

$$\varphi^2 - \varphi - 1 = 0$$

A álgebra das equações quadráticas mostra que esta equação tem duas soluções:

$$\frac{1 + \sqrt{5}}{2} \text{ e } \frac{1 - \sqrt{5}}{2}$$

Numericamente, são os números decimais 1,618034 e $-0{,}618034$. Adotamos a solução positiva como definição de φ. Então

$$\varphi = \frac{1 + \sqrt{5}}{2}$$

e é efetivamente o caso de que $\varphi = 1 + 1/\varphi$, exatamente.

Conexão com pentágonos

O número áureo aparece na geometria dos pentágonos regulares. Comece com um pentágono regular cujos lados têm comprimento 1. Desenhe as cinco diagonais formando uma estrela de cinco pontas. Euclides provou que cada diagonal tem comprimento igual ao número áureo.

Mais precisamente, Euclides trabalhou com a "divisão em extrema e média razão". Esta é uma maneira de cortar um segmento em duas partes de modo que a razão da parte maior para a menor seja igual à razão do segmento todo para a parte maior.

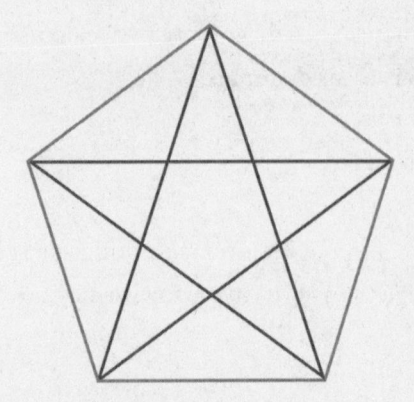

FIG 102 Um pentágono regular e suas diagonais.

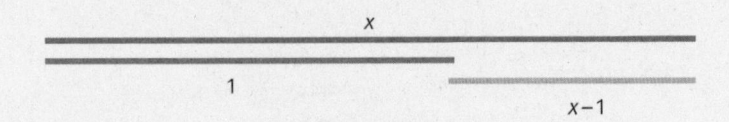

FIG 103 Divisão em extrema e média razão: a razão do segmento cinza-escuro (1) para o segmento cinza-claro ($x - 1$) é igual à razão do segmento preto (x) para o segmento cinza-escuro (1).

A que número conduz este processo? Em símbolos, suponha que o segmento preto tenha comprimento x e o cinza-escuro comprimento 1. Então o comprimento do segmento cinza-claro é $x - 1$. Logo, a condição de divisão em razão extrema e média se reduz à equação

$$\frac{x}{1} = \frac{1}{(x-1)}$$

que podemos rearranjar de modo a dar

$$x^2 - x - 1 = 0$$

Esta é a equação que define o número áureo, e queremos uma solução que seja maior que 1, portanto φ.

Euclides notou que, na figura do pentágono, o lado divide a diagonal na razão extrema e média. Isso permitiu-lhe construir um pentágono regular com os instrumentos tradicionais, régua e compasso [ver 17]. E o pentágono era importante para os gregos porque forma as faces de um dos cinco sólidos regulares, o dodecaedro. O clímax dos *Elementos* é uma prova de que existem exatamente cinco sólidos regulares [ver 5].

Números de Fibonacci

O número áureo está intimamente associado aos números de Fibonacci, introduzidos em 1202 por Leonardo de Pisa [ver 8]. Lembre-se de que esta sequência de números começa com

1 1 2 3 5 8 13 21 34 55 89 144 233

Cada número, após os dois primeiros, é obtido somando-se os dois anteriores: $1 + 1 = 2$, $1 + 2 = 3$, $2 + 3 = 5$, $3 + 5 = 8$, e assim por diante. Razões entre números sucessivos de Fibonacci aproximam-se mais e mais do número áureo:

$$\frac{1}{1} = 1 \qquad \frac{21}{13} = 1{,}6153$$

$$\frac{2}{1} = 2 \qquad \frac{34}{21} = 1{,}6190$$

$$\frac{3}{2} = 1{,}5 \qquad \frac{55}{34} = 1{,}6176$$

$$\frac{5}{3} = 1{,}6666 \qquad \frac{89}{55} = 1{,}6181$$

$$\frac{8}{5} = 1{,}6 \qquad \frac{144}{89} = 1{,}6179$$

$$\frac{13}{8} = 1{,}625 \qquad \frac{233}{144} = 1{,}6181$$

e esta propriedade pode ser provada a partir da regra de formação da sequência e da equação quadrática para φ.

Inversamente, podemos exprimir os números de Fibonacci em termos do número áureo [ver 8]:

$$F_n = \frac{\varphi^n - (-\varphi)^{-n}}{\sqrt{5}}$$

Presença nas plantas

Por mais de 2 mil anos as pessoas notaram que os números de Fibonacci são muito comuns no reino vegetal. Por exemplo, muitas flores, especialmente na família das margaridas, têm um número de Fibonacci de pétalas. Malmequeres têm caracteristicamente treze pétalas. Ásteres, 21. Muitas margaridas têm 34 pétalas; senão, geralmente, 55 ou 89. Girassóis têm 55, 89 ou 144 pétalas.

Outros números são mais raros, embora cheguem a ocorrer: por exemplo, os brincos-de-princesa têm quatro pétalas. Estas exceções frequentemente envolvem os números de Lucas 4, 7, 11, 18 e 29, que são formados da mesma maneira que os números de Fibonacci, mas começando com 1 e 3. Alguns exemplos são mencionados mais adiante.

Os mesmos números aparecem em diversas outras características de plantas. O abacaxi tem um padrão aproximadamente hexagonal na sua superfície; os hexágonos são frutos individuais, que coalescem à medida que crescem. Eles se encaixam em duas famílias de espirais enganchadas. Uma família se enrola no sentido anti-horário, vista de cima, e contém 8 espirais; a outra, no sentido horário e contém 13. Também é possível ver uma terceira família de 5 espirais, enrolando-se no sentido horário num ângulo menos inclinado.

As pontas da casca das pinhas formam conjuntos de espirais similares. E o mesmo ocorre com as sementes na cabeça de um girassol maduro, mas aí as espirais estão no plano.

A chave para a geometria das espirais de girassol é o número áureo, o que, por sua vez, explica a ocorrência dos números de Fibonacci. Divida um

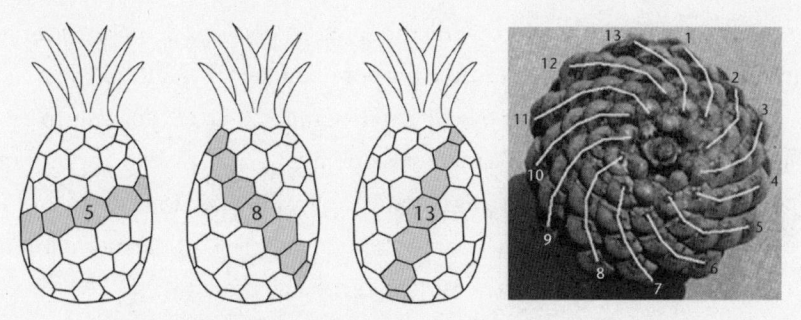

FIG 104 *Esquerda:* Três famílias de espirais num abacaxi.
Direita: Família de 13 espirais anti-horárias numa pinha.

círculo inteiro (360°) em dois arcos que estejam entre si numa razão áurea, de modo que o ângulo determinado pelo arco maior seja φ vezes o ângulo determinado pelo arco menor. Então o arco menor é $1/{1+\varphi}$ vezes um círculo inteiro. Este ângulo, chamado ângulo áureo, é aproximadamente 137,5°.

FIG 105 Espirais de Fibonacci na cabeça de um girassol.
Esquerda: Arranjos de sementes. *Direita:* Membros das duas famílias de espirais: horária (cinza-claro) e anti-horária (cinza-escuro).

Em 1868, o botânico alemão Wilhelm Hofmeister observou como o broto de uma planta em crescimento muda e assentou os fundamentos para todo o trabalho subsequente nesse problema. O padrão básico de desenvolvimento é determinado pelo que acontece na ponta que cresce, dependendo de pequenos aglomerados de células conhecidos como germinativas primordiais, que acabarão se tornando sementes. Hofmeister descobriu que primordiais sucessivas estão numa espiral. Cada uma é separada da antecessora por um ângulo áureo A, de modo que a enésima semente fica num ângulo nA. A distância do centro é proporcional à raiz quadrada de n.

Esta observação explica o padrão das sementes na cabeça de um girassol. Ele pode ser obtido colocando-se sementes sucessivas em ângulos que sejam múltiplos inteiros do ângulo áureo. A distância do centro deve ser proporcional à raiz quadrada do referido número. Se chamarmos o ângulo áureo de A, então as sementes estarão dispostas em ângulos

$A \quad 2A \quad 3A \quad 4A \quad 5A \quad 6A \ldots$

e as distâncias proporcionais a

$1 \quad \sqrt{2} \quad \sqrt{3} \quad \sqrt{4} \quad \sqrt{5} \quad \sqrt{6} \ldots$

Em flores como as margaridas, as pétalas formam a extremidade externa de uma família de espirais. Então um número de Fibonacci de espirais implica um número de Fibonacci de pétalas. Mas por que obtemos números de Fibonacci nas espirais?

Por causa do ângulo áureo.

Em 1979, Helmut Vogel usou a geometria das sementes de girassol para explicar por que o ângulo áureo ocorre. Ele calculou o que aconteceria com a cabeça de sementes se fosse empregada a mesma espiral, mas se o ângulo áureo de 137,5° fosse um pouco modificado. Somente o ângulo áureo produz sementes estreitamente aglutinadas, sem vazios nem sobreposições. Mesmo uma pequena alteração de um décimo de grau no ângulo faz com que o padrão se quebre numa única família de espirais com vazios entre as sementes. Isso explica por que o ângulo áureo é especial, e não só uma coincidência numérica.

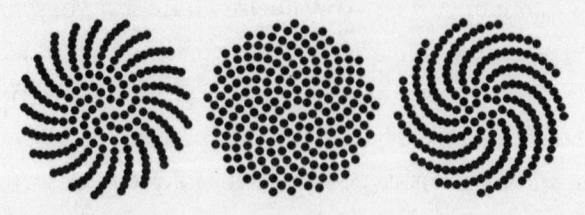

FIG 106 Colocação de sementes sucessivas usando ângulos de 137°, 137,5° e 138°. Apenas o ângulo áureo faz com que as sementes fiquem estreitamente juntas.

No entanto, uma explicação plena reside num nível ainda mais profundo. À medida que as células crescem e se deslocam, criam forças que afetam as células vizinhas. Em 1992, Stéphane Douady e Yves Couder investigaram a mecânica de tais sistemas usando tanto experimentos como simulações de computador. Descobriram que os ângulos entre sementes sucessivas são aproximações de frações de Fibonacci do ângulo áureo.

Sua teoria também explica a intrigante presença de números que não sejam de Fibonacci, tais como as quatro pétalas no brinco-de-princesa. Essas exceções provêm de uma sequência como a de Fibonacci, chamada números de Lucas:

1   3   4   7   11   18   29   47   76   123 ...

A fórmula para esses números é:

$$L_n = \varphi^n + (-\varphi)^{-n}$$

que é muito semelhante à fórmula dos números de Fibonacci, mostrada anteriormente.

As quatro pétalas do brinco-de-princesa são um exemplo de um número de Lucas de pétalas. Alguns cactos exibem um padrão de 4 espirais num sentido e 7 no outro, ou 11 num sentido e 18 no outro. Uma espécie de equinocacto tem 29 estrias. Conjuntos de 47 e 76 espirais já foram encontrados em girassóis.

Uma das principais áreas de matemática aplicada é a teoria da elasticidade, que estuda como os materiais se dobram ou se curvam quando são aplicadas forças. Por exemplo, esta teoria explica como vigas ou placas de metal se comportam em edifícios e pontes. Em 2004, Patrick Shipman e Alan Newell aplicaram a teoria da elasticidade para modelar um broto de planta em crescimento, com ênfase nos cactos. Modelaram a formação de células germinativas primordiais como curvaturas da superfície da ponta do broto em crescimento e mostraram que isso leva a padrões superpostos de ondas paralelas. Esses padrões são governados por dois fatores: número e direção da onda. Os padrões mais importantes envolvem a interação de três ondas dessas, e o número de onda para uma delas deve ser a soma dos números das outras duas. As espirais do abacaxi têm, por exemplo, números de onda 5, 8 e 13. Essa teoria remete os números de Fibonacci diretamente à aritmética do padrão ondulatório.

E quanto à bioquímica subjacente? A formação de células primordiais é dirigida por um hormônio chamado auxina. Padrões de onda similares surgem na distribuição de auxina. Logo, uma explicação completa dos números de Fibonacci e do ângulo áureo envolve a relação entre bioquímica, forças mecânicas entre células e geometria. A auxina estimula o crescimento das células primordiais. Estas exercem forças entre si. Essas forças criam a geometria. De maneira crucial, a geometria, por sua vez, afeta a bioquímica deflagrando a produção de auxina adicional em locais específicos. Então, há um conjunto complexo de circuitos de feedback entre bioquímica, mecânica e geometria.

e ~ 2,718281

Logaritmos naturais

DEPOIS DE π, o próximo número realmente esquisito que encontramos – geralmente em cálculo – é chamado *e*, referindo-se a "exponencial". Esse número foi discutido pela primeira vez por Jacob Bernoulli em 1683. Ele ocorre em problemas sobre juros compostos, levou aos logaritmos e nos diz como variáveis como temperatura, radiatividade ou a população humana crescem ou decrescem. Euler o comparou a π e i.

Taxas de juros

Quando investimos ou tomamos dinheiro emprestado, provavelmente temos de pagar, ou receber, juros sobre a quantia envolvida. Por exemplo, se investimos $100 a uma taxa de juros de 10% ao ano, recebemos de volta $110 após um ano. É claro que, nesse estágio da crise financeira, 10% parece irrealisticamente alto para juros sobre depósitos, mas irrealisticamente *baixo* para juros sobre empréstimos, especialmente empréstimos na casa dos 5 853% como taxa anual. Seja como for, é um número conveniente para propósitos ilustrativos.

Frequentemente os juros são *compostos*. Isto é, os juros são adicionados à quantia original e são pagos sobre o total. Com uma taxa de juros compostos, os juros sobre o total de $110 para o próximo ano serão de $11, ao passo que um segundo ano de juros sobre a quantia original seria de apenas $10. Então, depois de dois anos de juros compostos de 10% teríamos $121. Um terceiro ano de juros compostos acrescentaria $12,10 a essa soma, perfazendo $133,10, e um quarto ano levaria o total para $146,41.

A constante matemática conhecida como *e* surge se imaginarmos uma taxa de juros de 100%, de modo que após um período fixo de tempo (digamos um século) nosso dinheiro duplica. Para cada $1 que investimos, recebemos $2 após esse período.

Suponha que em vez de 100% de juros ao longo de um século, apliquemos uma taxa de 50% (a metade daquele índice) por meio século (o dobro da frequência), e façamos a composição desses juros. Após meio século, temos, em dinheiro

$1 + 0{,}5 = 1{,}5$

Após a segunda metade, temos

$1{,}5 + 0{,}75 = 2{,}25$

Logo, a quantia que recebemos é maior.

Se dividirmos um século em três períodos iguais, e dividirmos também a taxa de juros por 3, nosso $1 crescerá da seguinte maneira, com precisão de dez casas decimais:

inicialmente:	1
após ⅓ do período:	1,3333333333
após ⅔ do período:	1,7777777777
após 1 período :	2,3703703704

O que é novamente maior.

Há um padrão nos números acima:

$$1 = \left(1\,\frac{1}{3}\right)^0$$

$$1{,}3333333333 = \left(1\,\frac{1}{3}\right)^1$$

$$1{,}7777777777 = \left(1\,\frac{1}{3}\right)^2$$

$$2{,}3703703704 = \left(1\,\frac{1}{3}\right)^3$$

Logaritmos naturais

Os matemáticos se perguntaram o que aconteceria se se aplicasse a taxa de juros continuamente – ou seja, sobre frações cada vez menores do período. O padrão agora fica: se dividimos o período em n partes iguais, com uma taxa de juros de $1/n$, então no fim do período teríamos

$$\left(1+\frac{1}{n}\right)^n$$

Juros compostos continuamente correspondem a tornar n extremamente grande. Então tentemos alguns cálculos, mais uma vez com dez casas decimais.

n	$(1 + 1/n)^n$
2	2,2500000000
3	2,3703703704
4	2,4414062500
5	2,4883200000
10	2,5937424601
100	2,7048138294
1 000	2,7169239322
10 000	2,7181459268
100 000	2,7182682372
1 000 000	2,7182816925
10 000 000	2,7182816925

TABELA 10

Precisamos pegar valores muito grandes de n para ver o padrão, mas parece que, no limite à medida que n torna-se muito grande, $(1 + 1/n)^n$ vai ficando mais e mais perto de um número fixo, aproximadamente igual a 2,71828. Isto é de fato verdade, e os matemáticos definem um número especial, chamado e, como sendo este valor limite:

$$e = \lim_{n\to\infty}\left(1+\frac{1}{n}\right)^n$$

Onde o símbolo lim significa que "*n* se torne infinitamente grande e vejamos rumo a que valor a expressão tende a se fixar". Com cem casas decimais,

$$e = 2{,}7182818284590452353602874713526624977572470936999595\\7496969676277240766303535475945713821785251664274$$

Esse é outro daqueles números engraçados que, como π, tem uma expansão decimal que continua para sempre mas que jamais repete vezes e vezes o mesmo bloco de dígitos. Ou seja, *e* é irracional [ver $\sqrt{2}$, π]. Ao contrário do que acontece com π, a prova de que *e* é irracional é fácil; Euler a descobriu em 1737, mas não a publicou durante sete anos.

Euler calculou os primeiros 23 dígitos de *e* em 1748, e uma série de matemáticos posteriores melhorou os resultados. Em 2010, Shigeru Kondo e Alexander Yee haviam computado o primeiro trilhão de casas decimais de *e*, utilizando um computador rápido e um método aperfeiçoado.

Logaritmos naturais

Em 1614 John Napier, oitavo barão de Merchistoun (hoje Merchiston, parte da cidade de Edimburgo, na Escócia), escreveu um livro com o título *Mirifici Logarithmorum Canonis Descriptio* (Descrição do maravilhoso cânone de logaritmos). Ele parece ter inventado sozinho a palavra "logaritmo", do grego *logos*, "proporção", e *arithmos*, "número". E apresentou a ideia da seguinte maneira:

> Como nada é mais tedioso, colegas matemáticos, na prática das artes matemáticas, que o grande atraso sofrido no tédio de longas multiplicações e divisões, a descoberta de razões, e na extração de raízes quadradas e cúbicas – e os muitos erros escorregadios que podem surgir: venho, portanto, revirando na minha mente, mediante qual arte segura e expedita eu poderia ser capaz de fazer melhorias para estas ditas dificuldades. No final, após muito pensar, finalmente descobri um espantoso modo de abreviar os procedimentos ... É uma tarefa prazerosa apresentar o método para o uso público dos matemáticos.

Logaritmos naturais

Napier sabia, por experiência própria, que muitos problemas científicos, especialmente em astronomia, requeriam multiplicar entre si números complicados, ou achar raízes quadradas e raízes cúbicas. Numa época em que não havia eletricidade, muito menos computadores, os cálculos tinham de ser feitos à mão. Somar dois números decimais era razoavelmente simples, mas multiplicá-los era bem mais difícil. Assim, Napier inventou um método de transformar multiplicação em adição. O truque era trabalhar com potências de um número fixo.

Em álgebra, potências de uma incógnita x são indicadas por um pequeno número sobrescrito. Ou seja, $xx = x^2$, $xxx = x^3$, $xxxx = x^4$, e assim por diante, onde a colocação de duas letras uma ao lado da outra significa que você deve multiplicá-las entre si. Por exemplo, $10^3 = 10 \times 10 \times 10 = 1\,000$, e $10^4 = 10 \times 10 \times 10 \times 10 = 10\,000$.

Multiplicar duas expressões dessas é fácil. Por exemplo, suponha que desejemos encontrar $10^4 \times 10^3$. Escrevemos

$$10\,000 \times 1\,000 = (10 \times 10 \times 10 \times 10) \times (10 \times 10 \times 10)$$
$$= 10 \times 10 \times 10 \times 10 \times 10 \times 10 \times 10$$
$$= 10\,000\,000$$

O número de zeros na resposta é 7, o que é igual a 4 + 3. O primeiro passo do cálculo mostra *por que* é 4 + 3: enfiamos quatro 10s e logo atrás três 10s. Logo

$$10^4 \times 10^3 = 10^{4+3} = 10^7$$

Do mesmo modo, qualquer que possa ser o valor de x, se multiplicarmos x elevado à potência a por x elevado à potência b, onde a e b são números inteiros, então obteremos x elevado à potência $(a + b)$:

$$x^a + x^b = x^{a+b}$$

Isso é mais interessante do que parece, porque no lado esquerdo estamos multiplicando duas grandezas, enquanto no lado direito o passo principal é somar a e b, o que é muito mais simples.

Ser capaz de multiplicar potências inteiras de 10 não é lá um grande progresso. Mas a mesma ideia pode ser estendida para fazer cálculos mais úteis.

Suponha que você queira multiplicar 1,484 por 1,683. Por multiplicação extensa você obtém 2,497572, o que arredondado até a terceira casa decimal é 2,498. Em vez disso, podemos usar a fórmula $x^a x^b = x^{a+b}$ fazendo uma escolha adequada de x. Se imaginarmos x como sendo 1,001, então um pouco de aritmética revela que

$1,001^{395} = 1,484$

$1,001^{521} = 1,683$

correto até três casas decimais. A fórmula então nos diz que $1,484 \times 1,683$ é

$1,001^{395+521} = 1,001^{916}$

que, até três casas decimais, é 2,498. Nada mau!

A essência do cálculo é uma adição fácil: $395 + 521 = 916$. No entanto, à primeira vista, este método torna o problema mais difícil. Para calcular $1,001^{395}$ é preciso multiplicar 1,001 por si mesmo 395 vezes, e o mesmo vale para as outras duas potências. Assim sendo, parece ser uma ideia bastante inútil. A grande sacada de Napier foi que esta objeção é errada. Mas para superá-la alguém tem de fazer o trabalho duro de calcular montes de potências de 1,001, começando por $1,001^2$ e chegando até algo como $1,001^{10\,000}$. Quando é publicada uma tabela desses valores, o trabalho árduo já foi feito. Basta correr os dedos pelas sucessivas potências até ver 1,484 ao lado de 395; de modo similar localiza-se 1,683 ao lado de 521. Aí somam-se esses dois números e obtém-se 916. A linha correspondente da tabela nos diz que esta potência de 1,001 é 2,498. Serviço pronto.

No contexto deste exemplo, dizemos que a potência 395 é o *logaritmo* do número 1,484 e 521 é o logaritmo do número 1,683. Da mesma forma, 916 é o logaritmo do seu produto 2,498. Escrevendo log como abreviatura, o que fizemos corresponde à equação

$\log ab = \log a + \log b$

Logaritmos naturais

que é válida para quaisquer números *a* e *b*. O número 1,001, escolhido mais ou menos arbitrariamente, é chamado de *base*. Se usarmos uma base diferente, os logaritmos que calcularmos também serão diferentes, mas para qualquer base fixa tudo funciona do mesmo jeito.

Aperfeiçoamento de Briggs

Isso é o que Napier deveria ter feito, mas por algum motivo ele fez algo ligeiramente diferente, e não tão conveniente. Um matemático chamado Henry Briggs ficou encantado pela descoberta de Napier. Mas sendo um matemático típico, a tinta mal tinha secado no papel e ele já se perguntava se haveria algum meio de simplificar tudo. E havia. Primeiro, ele reescreveu a ideia de Napier de modo que ela funcionasse exatamente do jeito que acabei de descrever. Em seguida, notou que usar potências de um número como 1,001 acaba sendo a mesma coisa que usar potências (uma aproximação) daquele número especial *e*.

A 1000ª potência de 1,001, ou seja $1,001^{1\,000}$ é igual a $(1 + 1/1\,000)^{1\,000}$, e isso deve ser próximo de *e*, pela definição de *e*. Basta usar $n = 1\,000$ na fórmula $(1 + 1/n)^{1\,000}$. Então, em vez de escrever

$$1,001^{395} = 1,484$$

poderíamos escrever

$$(1,001^{1\,000})^{0,395} = 1,484$$

Agora, $1,001^{1\,000}$ é muito próximo de *e*, então com razoável aproximação

$$e^{0,395} = 1,484$$

Para obter resultados mais acurados, usamos potências de algo muito mais próximo de 1, tal como 1,000001. Agora $1,000001^{1\,000\,000}$ é ainda mais próximo de *e*. Isso torna a tabela bem maior, com cerca de 1 milhão de potências. Calcular essa tabela é uma empreitada gigantesca – mas precisa ser feito *somente uma vez*. Se uma pessoa fizer esse esforço, gerações sucessivas estarão salvas de uma quantidade enorme de matemática. E não é terrivelmente difícil multiplicar um número por 1,000001. Basta ser muito cuidadoso para não cometer um erro.

Essa versão do aperfeiçoamento de Briggs implicou definir o *logaritmo natural* de um número como a potência à qual *e* deve ser elevado para obter esse número. Ou seja,

$$e^{\ln x} = x^*$$

para qualquer x. Agora

$$\ln xy = \ln x + \ln y$$

e uma tabela de logaritmos naturais, uma vez calculados, reduz qualquer problema de multiplicação a um problema de adição.

No entanto, a ideia ficará ainda mais simples para cálculos práticos se substituirmos *e* por 10, de modo que $10^{\ln x} = x$. Agora obtemos *logaritmos na base 10*, escritos $\log_{10} x$.** O ponto-chave é que agora $\log_{10} 10 = 1$, $\log_{10} 100 = 2$, e assim por diante. Uma vez sabidos os logaritmos na base 10 dos números de 1 a 10, todos os outros logaritmos podem ser facilmente encontrados. Por exemplo,

$$\log_{10} 2 = 0{,}3010$$
$$\log_{10} 20 = 1{,}3010$$
$$\log_{10} 200 = 2{,}3010$$

e assim por diante.

Os logaritmos na base 10 são mais simples para a aritmética prática porque usamos o sistema decimal. Mas em matemática avançada não há nada de muito especial em relação ao 10. Poderíamos usar qualquer outro número como base para a notação. Acontece que os logaritmos naturais de Briggs, na base *e*, são mais fundamentais em matemática avançada.

---

* Adotaremos a notação ln quando nos referirmos aos logaritmos naturais, ou seja, de base *e*. (N.T.)

** Manteremos aqui a notação do autor, embora no Brasil seja de uso corrente a omissão da base quando nos referimos a logaritmos decimais, ou na base 10: $\log x$. (N.T.)

Entre as muitas propriedades de *e*, mencionarei apenas uma aqui. Ele aparece na aproximação de Stirling do fatorial, que é muito útil quando *n* é grande:

$$n! \sim \sqrt{2\pi n}\left(\frac{n}{e}\right)^n$$

Crescimento e decréscimo exponencial

O número *e* ocorre em todo campo das ciências porque é básico para qualquer processo natural no qual a taxa de crescimento (ou decréscimo) de alguma grandeza, num dado tempo, é proporcional ao valor da grandeza nesse tempo. Escrevendo x' para a taxa com que a grandeza x se altera, tal processo é descrito pela equação diferencial

$$x' = kx$$

para uma constante k. Por cálculo, a solução é

$$x = x_0 e^{kt}$$

num instante t, onde x_0 é o valor inicial no instante $t = 0$.

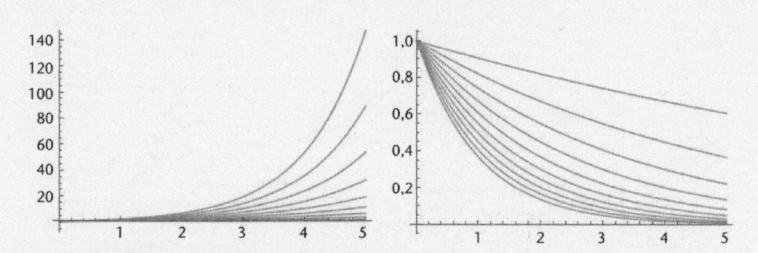

FIG 107 *Esquerda:* Crescimento exponencial e^{kt} para $k = 0{,}1;\ 0{,}2;\ldots;1$.
Direita: Decréscimo exponencial e^{-kt} para $k = 0{,}1;\ 0{,}2;\ldots;1$.

Crescimento exponencial

Quando k é positivo, $x_0 e^{kt}$ cresce cada vez mais rápido à medida que t aumenta: esse é o crescimento exponencial.

Por exemplo, x poderia ser o tamanho de uma população de animais. Se não houver limites para seus recursos de alimento e hábitat, a população cresce numa taxa que é proporcional ao seu tamanho, então o modelo exponencial se aplica. Finalmente, o tamanho da população pode se tornar irrealisticamente grande. Na prática, alimento e hábitat ou algum outro recurso começam a se esgotar, limitando o tamanho, e é preciso usar modelos mais sofisticados. Mas esse modelo simples tem a virtude de mostrar que o crescimento irrestrito numa taxa constante é, em última análise, irrealista.

A população humana total da Terra tem crescido de forma aproximadamente exponencial ao longo da maior parte da história registrada, mas há sinais de que a taxa de crescimento tem diminuído desde cerca de 1980. Senão, estamos metidos numa bela encrenca. Projeções para a população futura assumem que esta tendência deve continuar, mas, mesmo assim, há uma incerteza considerável. As estimativas da ONU para 2100 variam de 6 bilhões (menos que a população atual de pouco menos de 7 bilhões) até 16 bilhões (mais que o dobro da população atual).

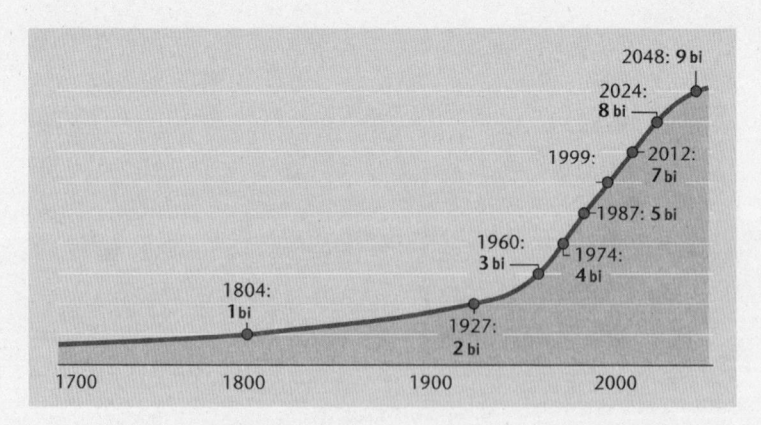

FIG 108 Crescimento da população humana total.

Decréscimo exponencial

Quando k é negativo, $x_0 e^{kt}$ decresce cada vez mais depressa à medida que t aumenta: esse é o *decréscimo ou diminuição exponencial*.

Logaritmos naturais

Exemplos incluem o resfriamento de um corpo quente e o decaimento radiativo. Elementos radiativos transformam-se em outros elementos por meio de processos nucleares, emitindo partículas como radiação. O nível de radiatividade decai exponencialmente com o tempo. Assim, o nível de radiatividade $x(t)$ num instante t segue a equação

$$x(t) = x_0 e^{-kt}$$

onde x_0 é o nível inicial e k é uma constante positiva, dependendo do elemento em questão.

Uma medida conveniente do tempo para o qual a radiatividade persiste é a *meia-vida*, um conceito introduzido pela primeira vez em 1907. Trata-se do tempo que leva para que um nível inicial x_0 caia para a metade do seu valor. Suponha que a meia-vida seja uma semana, por exemplo. Então, a taxa original com que um material emite radiação cai pela metade após uma semana, cai para um quarto após duas semanas, um oitavo após três semanas, e assim por diante. E leva dez semanas para cair a um milésimo do nível original (na realidade $1/1024$) e vinte semanas para cair a um milionésimo.

Para calcular a meia-vida, resolvemos a equação

$$\frac{x_0}{2} = x_0 e^{-kt}$$

tomando os logaritmos de ambos os lados. O resultado é

$$t = \frac{\ln 2}{k} = \frac{0{,}6931}{k}$$

A constante k é conhecida por meio de experimentos.

Em acidentes com reatores nucleares atuais, os produtos radiativos mais importantes são iodo-131 e césio-137. O primeiro pode causar câncer da tireoide, porque a glândula tireoide concentra iodo. A meia-vida do iodo-131 é de apenas oito dias, então ele causa poucos danos se a medicação correta (principalmente tabletes de iodo) for acessível. O césio-137 tem meia-vida de trinta anos, de modo que leva cerca de duzentos anos para que o nível de radiatividade caia a um centésimo de seu valor inicial. Portanto, ele continua sendo um risco por um longo tempo, a não ser que possa ser limpo.

Conexão entre e e π (fórmula de Euler)

Em 1748, Euler descobriu uma conexão notável entre e e π, frequentemente considerada como a mais bela fórmula de toda a matemática. E ela requer também a presença do número imaginário i. A fórmula é:

$$e^{i\pi} = -1$$

A fórmula pode ser explicada usando uma conexão surpreendente entre as funções exponencial complexa e trigonométrica, a saber

$$e^{i\theta} = \cos\theta + i\,\text{sen}\,\theta$$

que é estabelecida com extrema facilidade usando métodos do cálculo. Aqui o ângulo θ é medido em radianos, uma unidade na qual os 360° de um círculo inteiro equivalem a 2π radianos – a circunferência de um círculo de raio 1. A medida em radianos é padrão em matemática avançada porque simplifica todas as fórmulas. Para deduzir a fórmula de Euler, fazemos $\theta = \pi$. Então $\cos\pi = -1$, $\text{sen}\,\pi = 0$, e assim $e^{i\pi} = \cos\pi + i\,\text{sen}\,\pi = -1 + i.0 = -1$.

Uma prova alternativa usando a teoria de equações diferenciais remete a equação à geometria do plano complexo e tem a virtude de explicar como π entra em cena. Aí vai um esboço. A equação de Euler funciona porque multiplicar números complexos por i gira o plano complexo em um ângulo reto.

Medido em radianos, que os matemáticos usam para investigações teóricas – principalmente porque torna as fórmulas de cálculo mais simples –, um ângulo é definido pelo comprimento do arco correspondente num círculo de raio unitário. Como o semicírculo unitário tem comprimento π, um ângulo reto é $\pi/2$ radianos. Usando equações diferenciais, é possível demonstrar que para qualquer número real, multiplicar pelo número complexo e^{ix} provoca uma rotação do plano complexo de x radianos. Em particular, multiplicar por $e^{i\pi/2}$ o faz girar em um ângulo reto. Mas é isso que i faz. Então

$$e^{i\pi/2} = i$$

Elevando ambos os lados ao quadrado, obtemos a fórmula de Euler.

$$\frac{\ln 3}{\ln 2} \sim 1{,}584962$$

Fractais

ESTE CURIOSO NÚMERO, como $^{466}/_{885}$, é uma propriedade básica da junta de Sierpiński. Mas este aqui caracteriza quanto é sinuosa e irregular a famosa curva patológica de Sierpiński. Perguntas desse tipo surgem na geometria fractal, uma maneira nova de modelar formas complexas na natureza. E aí ela generaliza o conceito de dimensão. Um dos mais famosos fractais, o conjunto de Mandelbrot, é uma figura infinitamente intrincada definida por um processo bastante simples.

Fractais

A junta de Sierpiński [ver $\frac{466}{885}$] é um entre o pequeno zoológico de exemplos que foram trazidos à luz no começo do século XX, e que na época receberam o nome bastante negativo de "curvas patológicas". Eles incluem a curva do floco de neve de Helge von Koch e as curvas de preenchimento de espaço de Giuseppe Peano e David Hilbert.

FIG 109 *Esquerda:* Curva do floco de neve. *Direita:* Estágios sucessivos da construção da curva de preenchimento de espaço de Hilbert.

Na época em que surgiram, tais curvas eram um gosto adquirido: contraexemplos para afirmações matemáticas mais ou menos plausíveis que na realidade eram falsas. A curva do floco de neve é contínua, mas não é diferenciável em nenhum ponto; ou seja, não tem quebras, mas é denteada em toda parte. Tem comprimento infinito, mas cerca uma área finita. As curvas de preenchimento de espaço não são apenas muito densas: elas realmente preenchem o espaço. Quando a construção é executada com duração infinita, as curvas resultantes passam por *todo ponto* dentro de um quadrado sólido.

Alguns dos matemáticos mais conservadores ridicularizaram tais curvas como sendo intelectualmente estéreis. Hilbert foi uma das poucas figuras proeminentes do período a reconhecer sua importância em contribuir para o rigor da matemática e esclarecer sua base lógica, manifestando entusiástico apoio para levar suas propriedades a sério.

Hoje, vemos estas curvas sob uma luz mais positiva: foram passos iniciais rumo a uma nova área da matemática: a *geometria fractal*, desbravada por Mandelbrot na década de 1970. As curvas patológicas foram inventadas por motivos puramente matemáticos, mas Mandelbrot percebeu que figuras semelhantes lançavam uma luz sobre as irregularidades do mundo natural. E ressaltou que triângulos, quadrados, círculos, cones, esferas e outras figuras tradicionais da geometria euclidiana não possuem estrutura fina. Se ampliarmos um círculo, ele irá parecer uma linha reta sem quaisquer características. No entanto, muitas das formas naturais têm uma estrutura intrincada em escalas muito refinadas. Mandelbrot escreveu: "Nuvens não são esferas, montanhas não são cones, linhas costeiras não são círculos, cascas de árvores não são lisas e os relâmpagos não viajam em linha reta." Todos sabiam disso, é claro, mas Mandelbrot entendeu sua importância.

Ele não alegava que as figuras de Euclides eram inúteis. Elas desempenham papel fundamental nas ciências. Por exemplo, os planetas são aproximadamente esféricos, e os primeiros astrônomos consideravam tal fato como uma aproximação proveitosa. Uma aproximação melhor surge se a esfera é achatada num elipsoide, que, novamente, é uma figura euclidiana simples. Mas, para alguns propósitos, figuras simples não são particularmente úteis. Árvores têm galhos cada vez menores, nuvens são formas difusas, montanhas são denteadas e costas litorâneas correm em zigue-zague. Compreender matematicamente estas formas, e solucionar problemas científicos referentes a elas, requer uma abordagem nova.

Pensando em linhas costeiras, Mandelbrot deu-se conta de que elas têm um aspecto muito semelhante no mapa, qualquer que seja a escala. Um mapa em grande escala mostra mais detalhes, mais saliências e reentrâncias, mas o resultado é muito parecido com uma linha costeira num mapa em escala menor. A forma exata da costa muda, mas a "textura" permanece a mesma. Na verdade, a maioria dos traços estatísticos de linha costeira, tais como a proporção de baías em relação a um dado tamanho, é a mesma, não importando a escala do mapa que se usa.

Mandelbrot introduziu a palavra "fractal" para descrever qualquer figura que tenha uma estrutura intrincada, não importando quanto é ampliada. Se a estrutura em escalas pequenas é a mesma que nas grandes, o fractal é dito *autossimilar*. Se apenas traços estatísticos se mantêm nas diferentes escalas, o fractal é dito *estatisticamente autossimilar*. Os fractais mais fáceis de entender são os autossimilares. A junta de Sierpiński [ver $\frac{466}{885}$] é um exemplo. Ela é feita de três cópias de si mesma, cada uma com a metade do tamanho.

FIG 110 A junta de Sierpiński.

A curva do floco de neve é outro exemplo. Ela pode ser criada a partir de três cópias da curva mostrada do lado direito na Figura 111. Este componente (embora não o floco de neve inteiro) é *exatamente* autossimilar. Estágios sucessivos na construção abrangem quatro cópias do estágio anterior, cada uma com um terço do tamanho. No limite infinito, obtemos uma curva infinitamente intrincada composta de quatro cópias de si mesma, cada uma com um terço do tamanho.

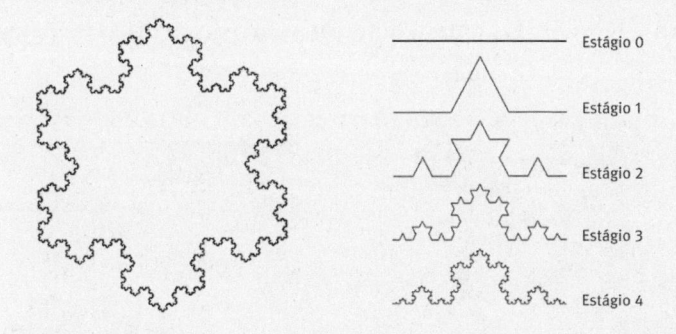

FIG 111 A curva do floco de neve e estágios sucessivos na sua construção.

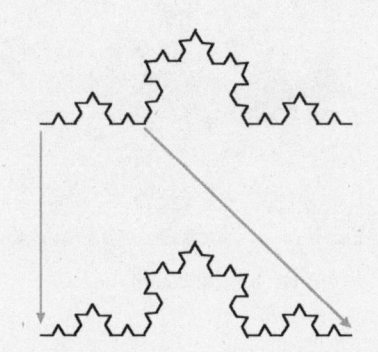

FIG 112 Cada quarto da curva, ampliado para o triplo do seu tamanho, tem a aparência da curva original.

Esta figura é regular demais para representar uma linha costeira real, mas tem mais ou menos o mesmo grau de sinuosidade, e curvas irregulares formadas de maneira semelhante mas com variações aleatórias se parecem com linhas costeiras genuínas.

Os fractais estão espalhados pelo mundo natural. Mais precisamente: formas que podem ser vantajosamente *modeladas* por fractais são comuns. Não existem objetos matemáticos no mundo real; eles são todos conceitos.

Um tipo de couve-flor, chamado brócolis romanesco, é composto de minúsculas florezinhas, cada uma delas com a mesma forma que a couve-flor inteira. Aplicações de fractais variam da estrutura final de minerais até a distribuição da matéria no Universo. Os fractais têm sido usados como antenas para telefones celulares, para espremer grandes quantidades de dados em CDs e DVDs e para detectar células cancerosas. Novas aplicações surgem regularmente.

FIG 113 Brócolis romanesco.

Dimensão fractal

A sinuosidade de fractal, ou a maneira como ele efetivamente preenche o espaço, pode ser representada por um número chamado *dimensão fractal*. Para compreender isso, temos primeiro que considerar algumas formas mais simples não fractais.

Se dividirmos um segmento em pedaços com um quinto do seu tamanho, vamos precisar de cinco dessas divisões para reconstruir o segmento. Fazendo a mesma coisa com um quadrado, vamos precisar de 25 peças, o que é 5^2. Com cubos, precisaremos de 125, que é 5^3.

Fractais 241

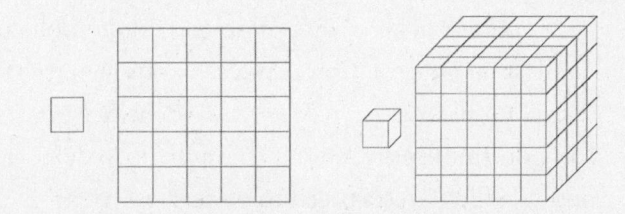

FIG 114 Efeito de escala em "cubos" em 1, 2 e 3 dimensões.

A potência de 5 que surge é igual à dimensão da figura: 1 para um pedaço de reta, 2 para um quadrado, 3 para um cubo. Se a dimensão é d, e temos de encaixar k pedaços de tamanho $1/n$ para restituir sua forma original, então $k = n^d$. Pegando os logaritmos [ver *e*] e resolvendo a equação para d, obtemos a fórmula:

$$d = \frac{\ln k}{\ln n}$$

Experimentemos esta fórmula na junta de Sierpiński. Para montar a junta a partir de cópias menores precisamos $k = 3$ pedaços, cada um com ½ do tamanho. Portanto $n = 2$, e a fórmula produz

$$d = \frac{\ln 3}{\ln 2}$$

que é aproximadamente 1,5849. Portanto, a dimensão da junta de Sierpiński, neste sentido específico, *não é um número inteiro*.

Quando pensamos em dimensão no sentido convencional, como o número de diferentes direções que temos à disposição, ela precisa ser um número inteiro. Mas quando se trata de fractais, estamos tentando medir quanto são irregulares, complexos, ou a qualidade de sua ocupação do espaço em volta – e não em quantas direções independentes eles apontam. A junta é visivelmente mais densa que uma reta, porém menos densa que um quadrado sólido. Assim, a grandeza que queremos deve residir em algum ponto entre 1 (a dimensão de uma reta) e 2 (a dimensão de um quadrado). Em particular, *não pode ser* um número inteiro.

Podemos achar a dimensão fractal de uma curva de floco de neve da mesma maneira. Como antes, é mais fácil trabalhar com um terço da curva, uma das suas três "arestas" idênticas, porque é autossimilar. Para compor uma aresta de uma curva de floco de neve a partir de cópias menores daquela aresta precisamos de $k = 4$ pedaços, cada um com um terço do tamanho, portanto $n = 3$. A fórmula produz

$$d = \frac{\ln 4}{\ln 3}$$

que é aproximadamente 1,2618. Mais uma vez a dimensão fractal não é um número inteiro, e mais uma vez isso faz sentido. O floco de neve é claramente mais cheio de saliências e reentrâncias que o segmento de reta, mas preenche o espaço menos bem que um quadrado sólido. Mais uma vez, a grandeza que estamos querendo deve estar em algum ponto entre 1 e 2, de modo que 1,2618 faz bastante sentido. Uma curva de dimensão 1,2618 é mais sinuosa que uma curva de dimensão 1, como uma linha reta; mas é menos sinuosa que uma curva de dimensão 1,5849, como a junta. A dimensão fractal da maioria das linhas costeiras é próxima de 1,25 – mais parecida com a curva do floco de neve do que com a junta. Logo, a dimensão está de acordo com a nossa intuição sobre qual desses fractais é melhor para preencher o espaço.

Ela também dá aos experimentalistas um meio quantitativo de testar teorias baseadas em fractais. Por exemplo, a fuligem tem uma dimensão fractal em torno de 1,8, de modo que modelos fractais de deposição de fuligem, dos quais há muitos, podem ser testados vendo se resultam nesse número.

Há muitos modos diferentes de definir a dimensão de um fractal quando ele não é autossimilar. Matemáticos usam a *dimensão de Hausdorff-Besicovitch*, que é bastante complicada de definir. Físicos frequentemente usam uma definição mais simples, a *dimensão caixa de contagem*, ou dimensão Minkowski-Bouligand. Em muitos casos, mas não sempre, essas duas noções de dimensão são iguais. Neste, usamos o termo *dimensão fractal* para nos referir a qualquer uma delas. Os primeiros fractais eram curvas, mas podem ser superfícies, sólidos ou figuras de dimensão superior. Agora a dimensão fractal mede a *rugosidade* do fractal, ou sua efetividade de preenchimento do espaço.

Ambas essas dimensões fractais são irracionais. Suponha que $\ln 3/\ln 2 = p/q$, com p e q inteiros. Então $q \ln 3 = p \ln 2$, portanto $\ln 3^q = \ln 2^p$, logo $3^q = 2^p$. Mas isso contradiz uma fatoração única em primos. Um argumento semelhante funciona para $\ln 4/\ln 3$. É extraordinário como fatos básicos como esse aparecem em locais inesperados, não é?

O conjunto de Mandelbrot

Talvez o fractal mais famoso de todos seja o conjunto de Mandelbrot. Ele representa o que acontece com um número complexo se o elevarmos repetidamente ao quadrado e somarmos uma constante. Isto é, escolhe-se uma constante complexa c, e aí se forma $c^2 + c$, então $(c^2 + c)^2 + c$, então $((c^2 + c)^2 + c)^2 + c$, e assim por diante. (Há outras maneiras de definir o conjunto, mas esta é a mais simples.) Geometricamente, os números complexos vivem num plano, ampliando a reta numérica usual dos números reais. Há duas possibilidades principais: ou todos os números complexos na sequência acima permanecem dentro de uma região finita do plano complexo ou não. Vamos colorir de preto os c para os quais a sequência permanece dentro de uma região finita e de branco aqueles que escapam para o infinito. Então o conjunto de todos os pontos pretos é o conjunto de Mandelbrot. Seu aspecto é este:

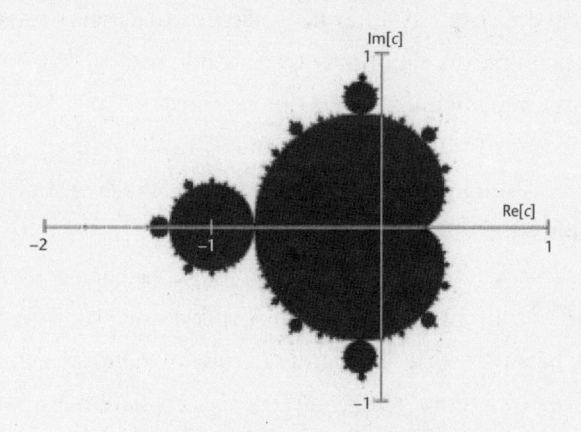

FIG 115 O conjunto de Mandelbrot.

A fronteira do conjunto de Mandelbrot – os pontos na borda, tão perto quanto desejemos dos pontos pretos e dos pontos brancos – é um fractal. Sua dimensão fractal se revela como sendo 2, de modo que "quase preenche o espaço".

Para ver detalhes mais finos podemos colorir os pontos brancos conforme a rapidez com que a sequência tende ao infinito. Agora obtemos desenhos excepcionalmente intrincados, cheios de arabescos e espirais e outras formas. Ampliando a figura somos levados a níveis de detalhe cada vez maiores. É possível encontrar conjuntos de Mandelbrot inteiros se olharmos nos lugares certos.

FIG 116 Um filhote de conjunto de Mandelbrot.

O conjunto de Mandelbrot em si não parece ter qualquer aplicação prática, mas é um dos sistemas dinâmicos não lineares mais simples com base nos números complexos e, por isso, tem atraído muita atenção de matemáticos que buscam princípios gerais que possam ter aplicação mais ampla. E também demonstra um ponto "filosófico" fundamental: regras simples podem levar a resultados complicados, ou seja, causas simples podem ter efeitos complicados. É muito tentador, quando se busca entender um sistema muito complicado, esperar que as regras subjacentes sejam igualmente complicadas. O conjunto de Mandelbrot prova que esta expectativa pode estar errada. Esta percepção fundamenta toda a "ciência da complexidade", uma nova área que tenta chegar a termos com sistemas aparentemente complicados buscando as regras mais simples que os dirigem.

$$\frac{\pi}{\sqrt{18}} \sim 0{,}740480$$

Empilhamento de esferas

O NÚMERO $\pi/\sqrt{18}$ é de fundamental importância na matemática, na física e na química. É a fração do espaço que fica preenchido quando empilhamos esferas idênticas juntas da maneira mais eficiente, ou seja, deixando o menor espaço possível desocupado. Kepler conjecturou este resultado em 1611, mas ele permaneceu sem ser próvado até que Thomas Hales completou uma prova com auxílio do computador em 1998. Uma prova que possa ser checada diretamente por um ser humano ainda não foi encontrada.

Empilhamento de círculos

Começamos com a questão mais simples de empilhar círculos idênticos no plano. Se você fizer a experiência com algumas dúzias de moedas do mesmo valor e forçá-las a se encaixar o máximo possível, rapidamente descobrirá que uma distribuição aleatória deixa uma porção de espaço não aproveitado. Se você tentar se livrar desse espaço espremendo mais as moedas, elas parecerão se empilhar de modo mais eficiente seguindo um padrão tipo colmeia.

No entanto, é ao menos concebível que algum outro arranjo inteligente possa espremer as moedas ainda mais. Não parece provável, mas isso não prova nada. Há infinitas maneiras de distribuir moedas idênticas, então não há experimento que possa tentar todas elas.

O padrão de colmeia é muito regular e simétrico, ao contrário de arranjos aleatórios. E também é *rígido*: não se pode mover nenhuma das moedas, porque as outras as mantêm presas numa posição fixa. À primeira vista, uma distribuição rígida deveria preencher o espaço com um máximo de eficiência, porque não há como mudá-la para um arranjo mais eficiente movendo as moedas uma de cada vez.

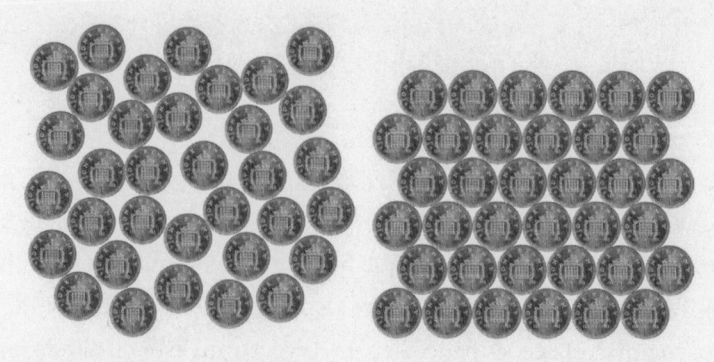

FIG 117 *Esquerda:* Uma distribuição aleatória deixa muito espaço desperdiçado. *Direita:* Um padrão de colmeia acaba com a maior parte dos vazios.

No entanto, há outros arranjos rígidos que são menos eficientes. Comecemos com duas maneiras óbvias de empilhar círculos num padrão regular:

- O reticulado colmeia ou hexagonal, assim chamado porque os centros dos círculos formam hexágonos.
- O reticulado quadrado, onde os círculos estão dispostos como quadrados de um tabuleiro de xadrez.

FIG 118 *Esquerda:* Seis centros formam um hexágono regular. *Direita:* Um empilhamento de reticulado quadrado.

O reticulado quadrado também é rígido, mas empilha os círculos com menos eficiência. Se criarmos padrões muito grandes, o reticulado hexagonal cobrirá uma proporção maior do espaço em questão.

Para tornar tudo isso preciso, os matemáticos definem a *densidade* de um empilhamento de círculos como a proporção de uma dada área que é coberta por círculos, no limite à medida que a referida região se torna indefinidamente grande. Informalmente, a ideia é cobrir *o plano inteiro* com círculos e calcular que fração da área está coberta. Literalmente falando, esta proporção é ∞/∞, que não tem significado. Então cobrimos quadrados cada vez maiores e levamos ao limite.

Vamos calcular a densidade do empilhamento de reticulado quadrado. Se cada quadrado tiver uma área unitária, todos os círculos terão raio ½, de modo que a área será $\pi \, (½)^2 = \pi/4$. Para muitos quadrados e muitos círculos, a proporção coberta não muda. Então no limite chegamos a uma densidade de $\pi/4$, que é aproximadamente 0,785.

Um cálculo mais complicado para o reticulado hexagonal conduz a uma densidade de $\pi/\sqrt{12}$, aproximadamente 0,906. É uma densidade *maior* que a densidade do reticulado quadrado.

Em 1773, Lagrange provou que o reticulado hexagonal produz o *reticulado* de empilhamento de círculos mais denso num plano. Mas isso deixou em aberto a possibilidade de que um empilhamento menos regular pudesse dar resultados melhores. Foram necessários 150 anos para que os matemáticos eliminassem esta possibilidade improvável. Em 1892, Axel Thue deu uma palestra esboçando uma prova de que nenhum empilhamento de círculos no plano podia ser mais denso que o reticulado hexagonal, mas os detalhes publicados são vagos demais para concluir qual era a prova proposta e muito menos para decidir se estava certa. Ele forneceu uma nova prova em 1910, mas também com algumas lacunas lógicas. A primeira prova completa foi publicada por Laszlo Fejes Tóth em 1940. Logo depois, Beniamino Segre e Kurt Mahler acharam provas alternativas. Em 2010, Hai-Chau Chang e Lih-Chung Wang publicaram na internet uma prova mais simples.

A conjectura de Kepler

A conjectura de Kepler trata do problema análogo para empilhamento de esferas idênticas no espaço. No começo do século XVII o grande matemático e astrônomo Kepler enunciou esta conjectura – num livro sobre flocos de neve.

FIG 119 Essas figuras mostram cristais de neve reais que caíram sobre a terra no norte de Ontário, Alasca, Vermont, na península superior de Michigan, e nas montanhas de Sierra Nevada, na Califórnia. As fotos foram tiradas por G. Libbrecht usando um fotomicroscópio de flocos de neve especialmente projetado.

Kepler estava interessado nos flocos de neve porque eles, frequentemente, têm simetria hexagonal: repetem quase a mesma forma seis vezes, espaçadas com ângulos iguais de 60°. Ele se perguntou por quê, e usou de lógica, imaginação e do seu conhecimento de padrões similares na natureza para dar uma explicação que é notavelmente próxima do que hoje sabemos.

Kepler foi o matemático da corte de Rodolfo II, imperador do Sacro Império Romano, e seu trabalho era patrocinado por Johannes Wacker von Wackenfels, rico diplomata e um dos conselheiros do imperador. Em 1611, Kepler deu ao seu patrocinador um presente de Ano-novo: um livro especialmente escrito, *De Nive Sexangula* (Dos flocos de neve sextavados). Ele começa perguntando por que os flocos de neve têm seis lados. Para obter a resposta, discute formas naturais que também possuem simetria hexagonal, tais como favas numa colmeia e sementes empacotadas dentro de uma romã. Acabamos de ver como empilhar círculos num plano conduz naturalmente a um padrão de colmeia. Kepler explicou a forma simétrica do floco de neve em termos de esferas empilhadas no espaço.

Ele chegou espantosamente perto da explicação moderna: um floco de neve é um cristal de gelo, cuja estrutura atômica é muito semelhante à de uma colmeia. Em particular, possui simetria hexagonal (na realidade, um pouco mais de simetria que isso). A diversidade de formas de flocos de neve, todas com a mesma simetria, resulta das diferentes condições nas nuvens onde os flocos de neve se formam.

Durante o processo, Kepler fez outra observação bastante casual, apresentando um quebra-cabeça matemático que levaria 387 anos para ser resolvido. Qual é a maneira mais eficiente de empilhar esferas idênticas no espaço? Ele sugeriu que a resposta deveria ser o que agora conhecemos como reticulado cúbico de faces centradas (CFC).

É o jeito que os quitandeiros usam para empilhar laranjas. Primeiro, uma camada plana de esferas arranjadas numa grande área quadrada (Figura 120, esquerda). Depois uma camada similar por cima, colocando cada esfera nos vãos entre quatro esferas vizinhas da camada de baixo (Figura 120, centro). Continua-se dessa maneira (Figura 120, direita) até preencher o espaço todo. Isso requer estender cada camada para o lado a fim de preencher todo o plano e colocar camadas por baixo da primeira, bem como por cima de tudo. A densidade desse empilhamento pode ser calculada como $\pi/\sqrt{18} \sim 0{,}740480$. De acordo com Kepler, este arranjo deve ser o "pacote mais apertado", ou seja, o que tem a maior densidade possível.

Os quitandeiros começam com uma caixa e vão subindo camada por camada, e essa é uma maneira de definir o reticulado CFC. Mas o problema de Kepler indaga sobre todos os empilhamentos possíveis, então

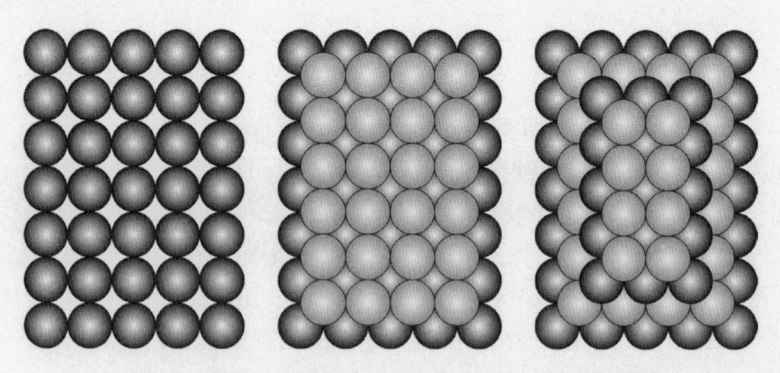

FIG 120 Reticulado CFC. *Esquerda:* a primeira camada. *Centro:* primeiras duas camadas. *Direita:* Primeiras quatro camadas.

não podemos assumir que tudo vem em camadas planas. O método do quitandeiro na realidade resolve um problema diferente. A questão é: isso muda a resposta?

À primeira vista o empilhamento do quitandeiro parece ser a resposta *errada*, porque utiliza camadas de reticulados quadrados, e um reticulado hexagonal é mais denso. Os quitandeiros usam reticulados quadrados porque colocam suas laranjas em caixas retangulares, não porque desejam o empilhamento mais apertado. Então não seria melhor que a primeira camada fosse um reticulado hexagonal? Mais uma vez, camadas sucessivas se encaixariam nos vãos da camada de baixo, cada uma arranjada no mesmo padrão de reticulado hexagonal.

Kepler percebeu que não faz diferença. Um lado inclinado da figura da direita forma um reticulado hexagonal. Camadas paralelas a esta também são reticulados hexagonais, encaixando-se nos vãos das camadas vizinhas. Então, o arranjo alternativo usando camadas hexagonais é só uma versão inclinada do reticulado CFC.

Mas isso nos diz, efetivamente, algo significativo: *infinitos* empilhamentos diferentes, quase todos eles *não* reticulados, têm a mesma densidade que o reticulado CFC. Há duas maneiras distintas de encaixar um reticulado hexagonal nos vãos de outro, e para cada camada sucessiva podemos escolher qualquer uma das duas alternativas. Com duas camadas, um arranjo é uma rotação do outro, mas de três camadas em diante este não é mais o caso. Logo, há dois arranjos genuinamente diferentes para três camadas, quatro para quatro camadas, oito para cinco camadas, e assim por diante. Com todas as camadas no lugar, o número de possibilidades é infinito. Contudo, cada camada tem a mesma densidade, e as camadas se empilham de forma igualmente apertada para cada escolha dos vãos. Assim, a densidade é $\pi/\sqrt{18}$ para qualquer série de escolhas. A existência de infinitos empilhamentos com a mesma densidade é um aviso de que o problema de Kepler tem sutilezas ocultas.

A conjectura de Kepler permaneceu sem provas até 1998, quando Thomas Hales e seu aluno Samuel Ferguson completaram uma prova com auxílio do computador. Em 1999, Hales submeteu a prova à prestigiosa publicação *Annals of Mathematics*. Uma comissão de especialistas precisou de quatro anos para conferi-la, mas os cálculos eram tão enormes e complicados que se sentiram incapazes de certificar sua correção absoluta. A prova acabou sendo publicada, mas com uma nota que ressaltava essa dificuldade.

Ironicamente, o modo de contornar o problema é provavelmente reescrever a prova numa forma cuja correção possa ser verificada... por computador. O ponto é que o programa de verificação tem chance de ser mais simples que a prova de Hales, então poderia ser possível checar a lógica do programa de verificação à mão. Então poderemos ter confiança de que ele realmente faz o que se propõe a fazer, que é verificar a prova muito mais complexa da conjectura de Kepler.

Não se perde por esperar.

$\sqrt[12]{2} \sim 1,059463$

Escala musical

A RAIZ 12ª de 2 é a razão das frequências de notas sucessivas na escala musical temperada. Ela é um valor acordado, mais ou menos como $^{22}/_{7}$ para π – exceto que, dessa vez, os intervalos musicais naturais são números racionais simples, e potências de $\sqrt[12]{2}$ fornecem aproximações irracionais a eles –, e surge por causa da maneira como o ouvido humano percebe o som.

Ondas sonoras

Fisicamente, uma nota musical é uma onda sonora, produzida por um instrumento musical e detectada pelo ouvido. Uma onda é uma perturbação num sólido, líquido ou gás, que viaja sem mudar de forma, ou repete o mesmo movimento vezes e vezes seguidas de maneira regular. Ondas são comuns no mundo real: alguns exemplos são ondas luminosas, ondas sonoras, ondas de água e vibrações. Ondas dentro da Terra causam terremotos.

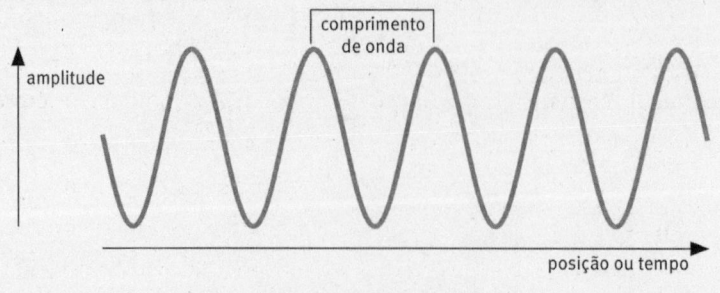

FIG 121 Curva senoidal.

A forma mais simples e básica de uma onda é a curva senoidal, ou da função seno. A altura da curva representa a *amplitude* da onda, uma medida do tamanho da perturbação correspondente. Para ondas sonoras isso corresponde ao volume da nota: uma amplitude maior perturba mais o ar, o que perturba mais o ouvido, e nós percebemos isso como um aumento de volume.

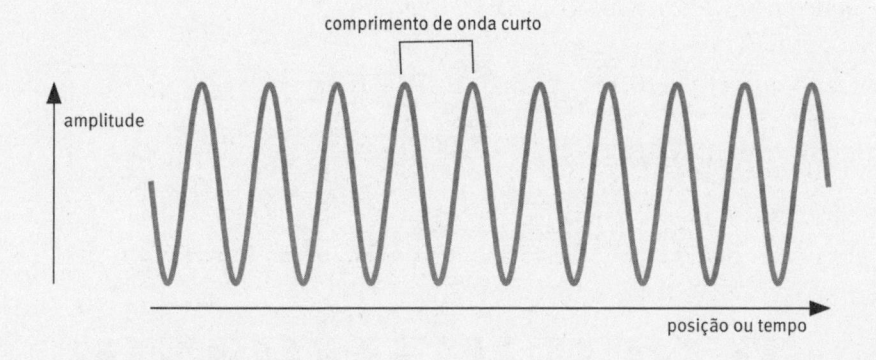

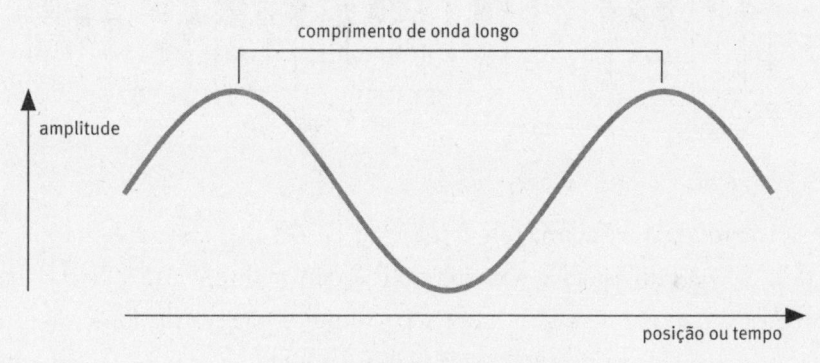

FIG 122 Comprimento de onda.

Outra característica importante de uma curva senoidal é o seu *comprimento de onda*: a distância (ou tempo decorrido) entre dois picos sucessivos de amplitude. O comprimento de onda determina o formato da onda. Para ondas sonoras, o comprimento de onda determina o tom da nota. Comprimentos de onda mais curtos tornam o som da nota mais agudo, e comprimentos de onda mais longos tornam o som da nota mais grave.

Há outro jeito de medir a mesma característica da onda, chamada *frequência*, que é inversamente proporcional ao comprimento de onda. Ela corresponde ao número de picos de onda que ocorrem numa dada distância ou tempo. Frequências são medidas numa unidade chamada hertz (Hz): um hertz é uma vibração por segundo. Por exemplo, o dó central num piano tem frequência de 261,62556 hertz, significando que ocorrem pouco mais de 261 vibrações a cada segundo.

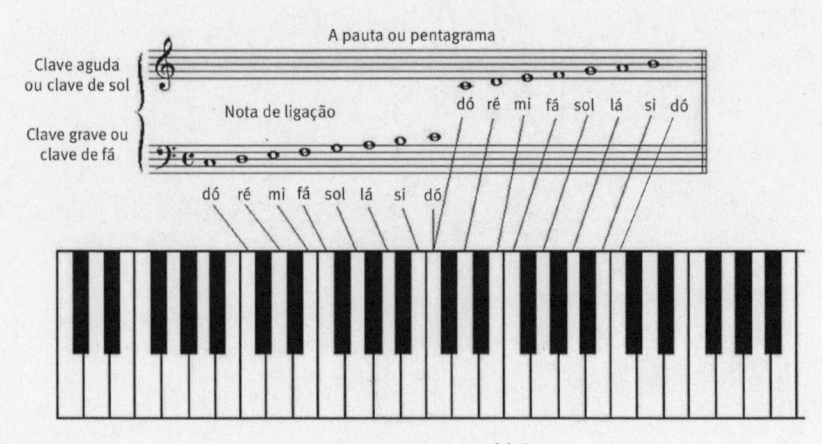

FIG 123 Notação musical básica.

O dó uma oitava acima tem frequência de 523,25113 hertz: exatamente o dobro. O dó uma oitava abaixo tem frequência de 130,81278 hertz: exatamente a metade. Essas relações são exemplos básicos de como a matemática das ondas se relaciona com a música. Para levar o tópico adiante, pense num instrumento de corda, como um violino ou violão, e considere por um momento apenas uma corda.

Suponha que o instrumento esteja apoiado sobre sua lateral e nós o estejamos olhando de frente. Quando o músico toca a corda, ela vibra de lado a lado em relação ao instrumento; para nós ela se move para cima e para baixo. Isso produz um tipo de onda chamado onda estacionária, na qual as extremidades da corda permanecem fixas, mas a forma vai mudando num ciclo periódico.

Escala musical

A vibração mais simples ocorre quando a corda forma metade de uma onda senoidal. A segunda vibração mais simples é uma onda senoidal completa. Depois disso uma onda e meia, depois duas ondas, e assim por diante. Meias ondas surgem porque uma onda senoidal completa cruza a horizontal uma vez no meio, bem como em cada extremidade.

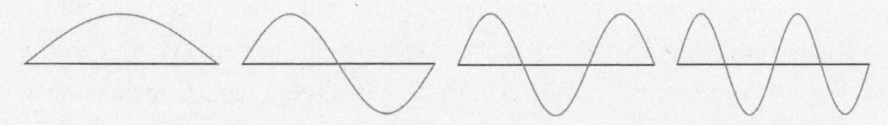

FIG 124 *Da esquerda para a direita:* Meia onda senoidal. Onda senoidal completa. Uma onda senoidal e meia. Duas ondas senoidais.

Aqui os comprimentos de onda são ½, 1, 3⁄2, 2, e assim por diante. As metades estão presentes porque estamos usando meias ondas. Se optarmos por trabalhar em unidades tais que o comprimento da corda seja ½, então os comprimentos de onda passam a ser 1, 2, 3, 4, o que é mais simples.

As frequências correspondentes, para a mesma corda mantida sob a mesma tensão, estão nas razões 1, ½, ⅓, ¼. Por exemplo, se a vibração da meia onda tem frequência de 261 hertz, perto do dó central, então essas frequências são:

261 Hz

$$\frac{261}{2} = 130{,}5 \text{ Hz}$$

$$\frac{261}{3} = 87 \text{ Hz}$$

$$\frac{261}{4} = 65{,}25 \text{ Hz}$$

A meia onda básica é chamada de fundamental, e as outras são sucessivas harmônicas.

Cerca de 2 500 anos atrás os pitagóricos acreditavam que tudo no mundo era governado por formas matemáticas e padrões numéricos. Eles descobriram uma relação notável entre números e harmonia musical. Segundo uma lenda, Pitágoras estava passando pela oficina de um ferreiro e notou que martelos de diferentes tamanhos produziam sons de diferentes tons, e que martelos relacionados com números simples – um com o dobro do tamanho do outro, por exemplo – produziam sons que se harmonizavam. No entanto, se você tentar isso com martelos de verdade, descobrirá que martelos são uma forma complicada demais para vibrar em harmonia. Mas é verdade que, de modo geral, objetos pequenos produzem sons mais agudos que objetos grandes.

Um experimento pitagórico mais plausível usava uma corda esticada, conforme relata Ptolomeu no seu *Harmônica* por volta de 150 d.C. Os pitagóricos descobriram que quando duas cordas de igual tensão têm comprimentos numa razão simples, tais como $2/1$ ou $3/2$, produzem notas excepcionalmente harmônicas. Razões mais complexas são dissonantes e desagradáveis ao ouvido.

Intervalos musicais

Os músicos descrevem pares de notas em termos do intervalo entre elas, uma medida de quantos passos as separam em alguma escala musical. O intervalo fundamental é a oitava: avançar sete teclas brancas no piano. Notas separadas por uma oitava soam de forma especialmente similar, exceto que uma nota é mais aguda que a outra, e são extremamente harmônicas. Tanto é assim que harmonias baseadas na oitava podem parecer um pouco amenas. Num violino ou violão, a maneira de tocar a nota uma oitava acima de uma corda solta é pressionar o meio dessa corda contra o braço do instrumento. Uma corda com a metade do comprimento toca uma nota uma oitava acima. Portanto, a oitava é associada a uma simples razão numérica de $2/1$.

Outros intervalos harmônicos estão associados a razões numéricas simples. Os mais importantes para a música ocidental são a quarta, com razão de ⁴⁄₃, e a quinta, com razão de ³⁄₂. (Os nomes fazem sentido se você considera uma escala musical de notas inteiras dó, ré, mi, fá, sol, lá, si, dó. Tendo dó como base, a nota correspondente à quarta é o fá, a quinta é o sol e a oitava, o dó. Se numerarmos as notas consecutivas tomando a base como 1, essas serão respectivamente a quarta, a quinta e a oitava notas na escala.)

A geometria é especialmente clara num instrumento como o violão, que tem segmentos metálicos chamados trastes inseridos nas posições relevantes. O traste para a quarta está a um quarto do comprimento da corda, o da quinta está a um terço do comprimento da corda e o da oitava está na metade do comprimento da corda. Você pode checar isso com uma fita métrica.

Escalas

Essas razões fornecem uma base teórica para a escala musical e levaram à escala atualmente usada na maior parte da música ocidental. Há muitas escalas musicais diferentes, e nós descrevemos apenas a mais simples. Começamos com uma nota de base e subimos em quintas para obter cordas de comprimentos

$$1 \quad \frac{3}{2} \quad \left(\frac{3}{2}\right)^2 \quad \left(\frac{3}{2}\right)^3 \quad \left(\frac{3}{2}\right)^4 \quad \left(\frac{3}{2}\right)^5$$

Elevadas aos expoentes, essas frações se tornam

$$1 \quad \frac{3}{2} \quad \frac{9}{4} \quad \frac{27}{8} \quad \frac{81}{16} \quad \frac{243}{32}$$

Todas essas notas, exceto as duas primeiras, são agudas demais para permanecerem dentro da oitava, mas podemos baixá-las em uma ou mais oitavas, dividindo repetidamente as frações por 2 até que o resultado esteja entre 1 e 2. Isso produz as frações

$$1 \quad \frac{3}{2} \quad \frac{9}{8} \quad \frac{27}{16} \quad \frac{81}{64} \quad \frac{243}{128}$$

Finalmente, arranjamos as notas em ordem numérica crescente e obtemos

$$1 \quad \frac{9}{8} \quad \frac{81}{64} \quad \frac{3}{2} \quad \frac{27}{16} \quad \frac{243}{128}$$

O que corresponde, de forma bastante próxima, às notas dó, ré, mi, sol, lá, si no piano.

Note que está faltando o fá. Na verdade, para o ouvido, o intervalo entre $81/64$ e $3/2$ soa mais espaçado que os outros. Para preencher o vazio, inserimos $4/3$, a razão numérica para a quarta, que é bem próxima do fá no piano. E é vantajoso também completar a escala com um segundo dó, uma oitava acima, com razão 2. Agora obtemos uma escala musical baseada inteiramente em quartas, quintas e oitavas, com as notas obedecendo às razões

$$1 \quad \frac{9}{8} \quad \frac{81}{64} \quad \frac{4}{3} \quad \frac{3}{2} \quad \frac{27}{16} \quad \frac{243}{128} \quad 2$$

DÓ RÉ MI FÁ SOL LÁ SI DÓ

O comprimento da corda é inversamente proporcional ao tom, então teríamos de inverter as frações para obter os comprimentos correspondentes.

Até aqui explicamos todas as teclas brancas do piano, mas há também as teclas pretas. Elas aparecem porque números sucessivos na escala têm razões diferentes entre si: $9/8$ (chamado um tom) e $256/243$ (semitom). Por exemplo, a razão entre $81/64$ e $9/8$ é $9/8$, mas entre $4/3$ e $81/64$ é $256/243$. Os nomes "tom" e "semitom" indicam uma comparação aproximada dos intervalos. Numericamente são 1,125 e 1,05. O primeiro é maior, então um tom corresponde a uma mudança maior na sonoridade do que um semitom. Dois semitons dão uma razão de $1,05^2$, que é aproximadamente 1,11, não longe de 1,125. Então, dois semitons são próximos de um tom.

Prosseguindo nesta linha podemos dividir cada tom em dois intervalos, cada um perto de um semitom, para obter uma escala de doze notas.

Isso pode ser feito de várias maneiras, produzindo resultados ligeiramente diferentes. Dependendo de como é feito, pode haver problemas sutis, porém audíveis, quando se muda a clave de uma peça musical: os intervalos variam ligeiramente se, digamos, subirmos cada nota um semitom. Em alguns instrumentos musicais, por exemplo o clarinete, isso pode causar sérios problemas técnicos, porque as notas são criadas pelo ar que passa pelos orifícios do instrumento, e que estão em posições fixas. Em outros, como o violino, é possível produzir uma gama contínua de notas, então o músico pode ajustar a nota de forma conveniente.

Em outros, como o violão e o piano, é usado um sistema matemático diferente, que evita o problema da mudança de clave, mas requer a aceitação de meios-termos sutis. A ideia é fazer com que o intervalo entre notas sucessivas na escala tenha exatamente o mesmo valor. O intervalo entre duas notas depende da razão entre suas frequências, então, para produzir um intervalo dado, pegamos a frequência de uma nota e a *multiplicamos* por um valor fixo para obter a frequência da outra.

Qual deve ser esse valor, para um semitom?

Doze semitons formam uma oitava, de razão 2. Para obter uma oitava devemos pegar a frequência inicial e multiplicá-la por algum valor fixo, correspondente a um semitom, doze vezes seguidas. O resultado deve ser o dobro da frequência original. Logo, a razão para um semitom deve ser a raiz 12ª de 2. Isso se escreve $\sqrt[12]{2}$ e é aproximadamente 1,059463.

A grande vantagem dessa ideia é que agora muitas relações musicais funcionam *exatamente*. Dois semitons formam exatamente um tom, e doze semitons formam uma oitava. Melhor ainda, você pode mudar a clave – a nota onde a escala começa – alterando todas as notas para cima ou para baixo num valor fixo.

Este número, a raiz 12ª de 2, leva à escala *temperada*. Ela constitui uma solução de compromisso, por exemplo, na escala temperada a razão de $4/3$ para a quarta é $1,059^5 = 1,335$, em vez de $4/3 = 1,333$. Um músico bem-treinado consegue detectar a diferença, mas é fácil acostumar-se a ela e a maioria de nós nunca percebe.

É um número irracional. Suponha que $\sqrt[12]{2} = p/q$ onde p e q sejam inteiros. Então $p^{12} = 2q^{12}$. Decomponha ambos os lados em fatores primos. O lado esquerdo tem um número par (talvez 0) de 2s. O lado direito tem um número ímpar. Isso contradiz a fatoração única em primos.

Cordas vibratórias e tambores

Para explicar por que razões simples andam de mãos dadas com harmonia musical, precisamos dar uma olhada na física de uma corda vibratória.

Em 1727, Johann Bernoulli fez o primeiro grande avanço na descrição do movimento de um modelo matemático simples de uma corda de violino. Ele descobriu que, no caso mais simples, a forma da corda vibrando, em qualquer instante no tempo, é uma curva senoidal. A amplitude da vibração também segue uma curva senoidal, no tempo em vez do espaço.

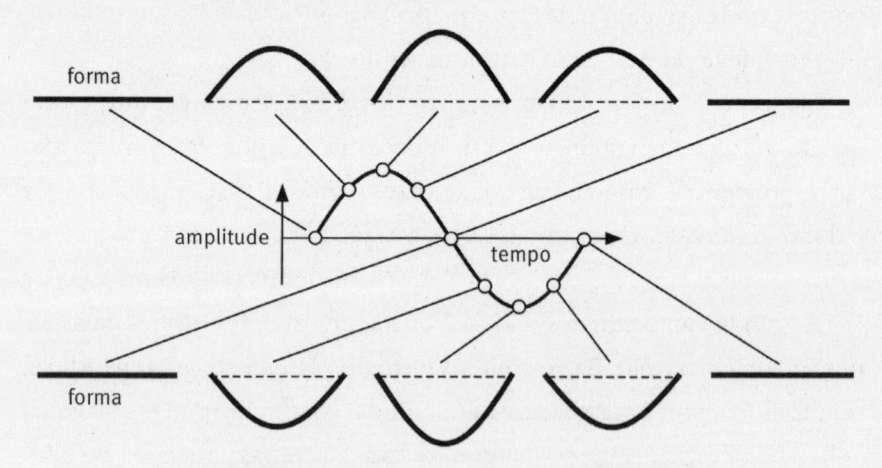

FIG 125 Instantâneos sucessivos de uma corda vibrando.
A forma é uma curva senoidal em cada instante.
A amplitude também varia senoidalmente com o tempo.

No entanto, havia outras soluções. Todas eram curvas senoidais, mas descreviam diferentes "modos" de vibração, com 1, 2, 3 ou mais ondas ao longo do comprimento da corda. Mais uma vez, a curva senoidal era um instantâneo da forma em qualquer instante, e sua amplitude era multiplicada por um fator dependente do tempo, que também variava senoidalmente.

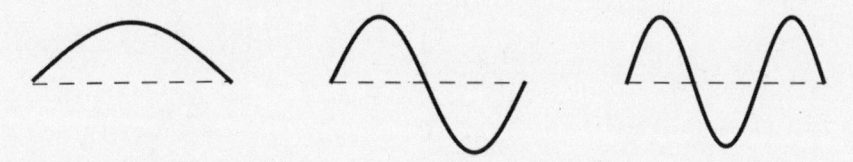

FIG 126 Instantâneos de modos 1, 2, 3 de uma corda vibratória. Em cada caso a corda vibra para cima e para baixo, e sua amplitude varia senoidalmente com o tempo. Quanto mais ondas houver, mais rápida a vibração.

As extremidades da corda estão sempre em repouso. Em todos os modos, exceto o primeiro, há pontos entre as extremidades onde a corda também não está vibrando: são os pontos onde a curva cruza o eixo horizontal. Esses "nós" explicam por que ocorrem razões numéricas simples nos experimentos pitagóricos. Por exemplo, como podem ocorrer os modos 2 e 3 na mesma corda, o espaço entre nós sucessivos na curva modo 2 é 3/2 vezes o espaço correspondente na curva modo 3. Isso explica por que razões 3/2 surgem naturalmente a partir da dinâmica da corda vibratória.

O passo final é entender por que essas razões são harmoniosas enquanto outras não são.

Em 1746, Jean Le Rond d'Alembert descobriu que as vibrações de uma corda são governadas por uma equação matemática, chamada equação de onda. Ela descreve como as forças que agem sobre a corda – a própria tensão e forças como puxar a corda ou usar um arco para movê-la lateralmente – afetam o movimento. D'Alembert percebeu que podia combinar as soluções de curvas senoidais de Bernoulli. Para simplificar a história, considere apenas um instantâneo num determinado momento, desprezando a dependência do tempo. Por exemplo, a figura mostra a forma de $5\text{sen}\, x + 4\text{sen}\, 2x - 2\cos 6x$. É muito mais complexo que uma curva senoidal simples. Instrumentos musicais de verdade produzem tipicamente ondas complexas envolvendo muitos termos diferentes de seno e cosseno.

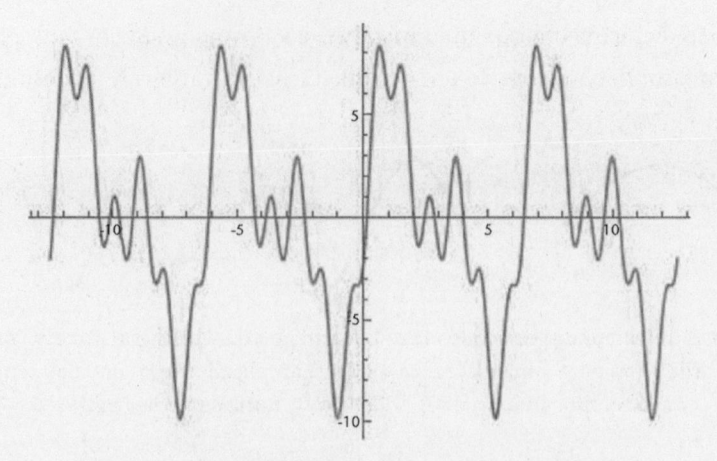

FIG 127 Combinação típica de senos e cossenos com
várias amplitudes e frequências.

Para manter as coisas simples, vamos dar uma olhada em sen $2x$, que tem o dobro da frequência de sen x. Como é esse som? É a nota *uma oitava acima*. Esta é a nota que soa mais harmoniosa quando tocada junto com a fundamental. Agora, a forma da corda para o segundo modo (sen $2x$) cruza o eixo no ponto médio. Nesse nó, ela permanece fixa. Se você pusesse o dedo nesse ponto, as duas metades da corda ainda seriam capazes de vibrar no padrão sen $2x$, mas não no padrão sen x. Isso explica a descoberta pitagórica de que uma corda com metade do comprimento produzia uma nota uma oitava acima. Uma explicação semelhante trata de outras razões simples descobertas pelos pitagóricos: estão todas associadas a curvas senoidais cujas frequências têm essa razão, e tais curvas se encaixam perfeitamente numa corda de comprimento fixo cujas extremidades não podem se mover.

Por que essas razões soam harmoniosas? Em parte, o motivo é que ondas senoidais com frequências que não estejam em razões simples produzem um efeito chamado "interferência" quando são superpostas. Por exemplo, uma razão como $8/7$ corresponde a sen$7x$ + sen$8x$, que tem essa forma de onda.

O som resultante é como um zumbido agudo que fica aumentando e diminuindo de volume. O ouvido responde aos sons que entram aproximadamente da mesma maneira que uma corda de violino. Então, quando as duas notas interferem mutuamente, o resultado não soa harmonioso.

No entanto, há um fator adicional. Os ouvidos de bebês ficam sintonizados com os sons que ouvem com mais frequência à medida que seus cérebros se desenvolvem. Na verdade, há mais conexões nervosas do cérebro com o ouvido do que há em qualquer outra direção, e o cérebro pode usá-las para ajustar a resposta do ouvido aos sons que entram. Então, o que nós consideramos harmonioso tem uma dimensão cultural. Mas as razões simples são naturalmente harmoniosas, e a maioria das culturas as utiliza.

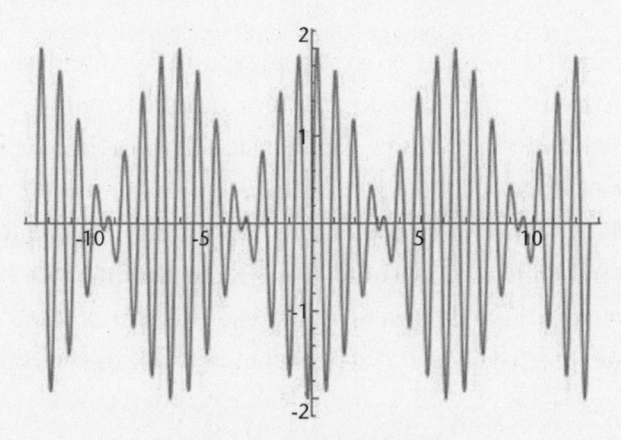

FIG 128 Interferência.

Uma corda é unidimensional, mas ideias muito semelhantes aplicam-se em dimensões superiores. Para calcular as vibrações de um tambor, por exemplo, consideramos uma membrana vibratória – uma superfície bidimensional – no formato do couro de um tambor. A maioria dos tambores musicais é circular, mas também podemos calcular os sons feitos por um tambor quadrado, um tambor retangular ou um tambor no formato do desenho de um gato.

Para qualquer forma escolhida de domínio, há funções análogas aos senos e cossenos de Bernoulli: os padrões de vibração mais simples. Esses padrões são chamados modos, ou modos normais se você quiser deixar

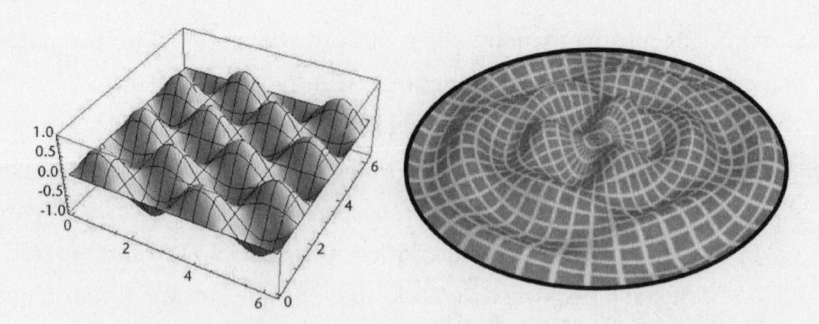

FIG 129 *Esquerda:* Instantâneo de um modo de um tambor retangular vibrando, com ondas números 2 e 3. *Direita:* Instantâneo de um modo de um tambor circular vibrando.

absolutamente claro. Todas as outras ondas podem ser obtidas superpondo modos normais, sempre usando uma série infinita se necessário.

A forma também pode ser tridimensional: um sólido. Um exemplo importante é uma esfera sólida vibratória, que é um modelo simples de como a Terra se move quando ocorre um terremoto. Uma forma mais acurada é um elipsoide ligeiramente achatado nos polos. Os sismólogos usam a equação de onda, e versões mais sofisticadas dela que modelam mais fielmente a física da Terra, para compreender os sinais produzidos por terremotos.

Se você está projetando um carro e quer eliminar vibrações indesejadas, é só olhar a equação de onda para um objeto na forma de carro, ou qualquer que seja a parte do carro que os engenheiros estejam tentando entender. Um processo semelhante é projetar edifícios à prova de terremotos.

$$\zeta(3) \sim 1{,}202056$$

Constante de Apéry

A CONSTANTE DE APÉRY é um exemplo notável de um padrão matemático que funciona para todos os números pares, mas parece não ser verdadeiro para números ímpares. Até onde sabemos. A prova de que este número é irracional veio como um raio do céu azul.

ζ de três

Lembra-se da função zeta [ver $\frac{1}{2}$]? Ela é definida, sujeita a algumas tecnicalidades sobre continuidade analítica, pela série

$$\zeta(z) = \frac{1}{1^z} + \frac{1}{2^z} + \frac{1}{3^z} + \ldots$$

onde z é um número complexo [ver i]. Os matemáticos do século XVIII depararam pela primeira vez com esta série infinita no caso especial de $z = 2$, quando Euler resolveu o problema de Basel. Nesta linguagem, ela pede por uma fórmula para $\zeta(2)$, que é a soma dos inversos dos quadrados perfeitos. Vimos em [π] que em 1735 Euler encontrou a resposta:

$$\zeta(2) = \frac{1}{1^2} + \frac{1}{2^2} + \frac{1}{3^2} + \frac{1}{4^2} + \frac{1}{5^2} + \ldots = \frac{\pi^2}{6}$$

O mesmo método funciona para quartas potências, sextas potências ou qualquer potência inteira positiva par:

$$\zeta(4) = \frac{1}{1^4} + \frac{1}{2^4} + \frac{1}{3^4} + \frac{1}{4^4} + \frac{1}{5^4} + \ldots = \frac{\pi^4}{90}$$

$$\zeta(6) = \frac{1}{1^6} + \frac{1}{2^6} + \frac{1}{3^6} + \frac{1}{4^6} + \frac{1}{5^6} + \ldots = \frac{\pi^6}{945}$$

e o padrão continua com

$$\zeta(8) = \frac{\pi^8}{9\,450} \qquad \zeta(10) = \frac{\pi^{10}}{93\,555}$$

$$\zeta(12) = \frac{691\pi^{12}}{945\,638\,512\,875} \qquad \zeta(14) = \frac{2\pi^{14}}{18\,243\,225}$$

Com base nesses exemplos, poderíamos muito bem esperar que a soma dos inversos dos cubos fosse um múltiplo racional de π^3, a soma dos inversos das quintas potências um múltiplo racional de π^5, e assim por diante. Todavia, cálculos numéricos sugerem fortemente que esta premissa está errada. De fato, não é conhecida nenhuma fórmula para estas séries, relacionada ou não com π. Elas são muito misteriosas.

Como π é irracional, na verdade transcendental [ver π], as séries acima têm todas elas somas irracionais. Então $\zeta(n)$ é irracional para $n = 2, 4, 6, 8, \ldots$ No entanto, não sabemos se isso continua sendo verdade para as potências ímpares. Parece muito provável, mas $\zeta(n)$ é muito mais difícil de entender para inteiros ímpares n porque os métodos de Euler se baseiam em n ser par. Muitos matemáticos se debateram com essa questão e, de modo geral, não chegaram exatamente a lugar nenhum.

Quando $n = 3$, na soma dos inversos dos cubos obtemos um número agora conhecido como constante de Apéry:

$$\zeta(3) = \frac{1}{1^3} + \frac{1}{2^3} + \frac{1}{3^3} + \frac{1}{4^3} + \frac{1}{5^3} + \ldots$$

cujo valor numérico é

1,202056903159594285399738161511449990764986292 ...

Dividido por π^3, isso se torna

0,038768179602916798941119890318721149806234568 ...

o que não mostra nenhum sinal de recorrência, de modo que não *parece* racional. Com toda a certeza não é um número racional com numerador e denominador pequenos. Em 2013, Robert Setti calculou a constante de Apéry no computador com 200 bilhões de casas decimais. O número parece ainda menos um múltiplo racional de π^3, e não parece ter relação com outras constantes matemáticas padronizadas.

Foi portanto uma surpresa enorme quando, em 1978, Raoul Apéry anunciou uma prova de que $\zeta(3)$ é irracional, e uma surpresa maior ainda quando a prova se revelou correta. Isso não tem por objetivo lançar calúnias sobre Apéry. Mas a prova envolvia algumas alegações extraordinárias: por exemplo, que uma sequência de números que eram obviamente racionais, mas que pareciam ter pouquíssima probabilidade de serem inteiros, na verdade *eram* inteiros. (Todo inteiro é racional, mas a recíproca não é verdadeira.) Isso começou a ficar plausível quando os cálculos de computador continuavam se mantendo inteiros, mas levou algum tempo para achar uma prova de que continuaria para sempre. A prova de Apéry é muito complicada, embora não envolva nenhuma técnica que não fosse conhecida de Euler. Provas mais simples foram achadas desde então.

Os métodos são especiais para $\zeta(3)$ e não parecem se estender para outros inteiros ímpares. No entanto, em 2000, Wadim Zudilin e Tanguy Rivoal provaram que infinitos $\zeta(2n+1)$ devem ser irracionais. Em 2001, provaram que pelo menos um entre $\zeta(5)$, $\zeta(7)$, $\zeta(9)$ e $\zeta(11)$ é irracional – mas, tentadoramente, o teorema não nos diz que um desses quatro números em particular é irracional. Às vezes a matemática é assim.

$$\gamma \sim 0{,}577215$$

Constante de Euler

ESTE NÚMERO APARECE em muitas áreas de análise e teoria dos números. É decididamente um número real, e a aposta segura é que é irracional, e por isso o coloquei aqui. Ele surge a partir da aproximação mais simples da soma dos inversos de todos os números inteiros até algum valor específico. Apesar da sua ubiquidade e simplicidade, sabemos muito pouco a seu respeito. Em particular, ninguém pode *provar* que ele é irracional. Mas sabemos, sim, que se for racional deve ser extremamente complicado: qualquer fração que o represente envolveria números absolutamente gigantescos, com mais de 240 mil dígitos.

Números harmônicos

Números harmônicos são somas finitas de inversos:

$$H_n = 1 + \frac{1}{2} + \frac{1}{3} + \frac{1}{4} + \ldots + \frac{1}{n}$$

Não é conhecida nenhuma fórmula algébrica para H_n e parece provável que não exista nenhuma. No entanto, usando cálculo é relativamente fácil mostrar que H_n é aproximadamente igual ao logaritmo natural $\ln n$ [ver *e*]. Na verdade, há uma aproximação melhor:

$$H_n \sim \ln n + \gamma$$

onde γ é uma constante. À medida que n cresce, a diferença entre os dois lados vai ficando tão pequena quanto se queira.

A expansão decimal de γ começa com:

γ = 0,5772156649015328606065120900824024310421...

E, em 2013, Alexander Yee o computou até 19 377 958 182 casas decimais. O número é conhecido como *constante de Euler* porque surgiu inicialmente num artigo que Euler escreveu em 1734. Ele o representou por *C* e por *O* e mais tarde o calculou até dezesseis casas decimais. Em 1790, Lorenzo Mascheroni também publicou resultados sobre o número, mas o representou por *A* e *a*. Tentou calculá-lo com 32 casas decimais, mas errou na vigésima e na 22ª. Às vezes é conhecido como constante de Euler-Mascheroni, mas, de modo geral, Euler merece a maior parte do crédito. Na década de 1830, os matemáticos tinham mudado a notação para γ, que é agora o padrão.

A constante de Euler aparece em numerosas fórmulas matemáticas, especialmente em conexão com séries infinitas e integrais definidas em cálculo. Sua exponencial $e^γ$ é comum em teoria dos números. Conjectura-se que a constante de Euler seja transcendental, mas não se sabe sequer se é irracional. Computações da sua fração continuada provam que se for racional, igual a p/q para p e q inteiros, então q vale pelo menos $10^{242\,080}$.

Uma fórmula ainda mais acurada para os números harmônicos é

$$H_n = \ln n + γ + \frac{1}{2n} - \frac{1}{12n^2} + \frac{1}{120n^4}$$

com erro máximo de $1/252n^6$.

Números pequenos especiais

Agora voltemos aos números inteiros, que têm o seu próprio charme. Cada um é um indivíduo diferente, com características especiais que o tornam interessante.

Na verdade, *todos* os números são interessantes. Prova: se não for assim, deve existir um menor número desinteressante. Mas isso o torna interessante: contradição.

11

Teoria das cordas

GERALMENTE PENSAMOS NO ESPAÇO como tendo três dimensões. O tempo provê uma quarta dimensão para espaço-tempo, o domínio da relatividade. Contudo, uma pesquisa corrente nas fronteiras da física, conhecida como teoria das cordas – especificamente, teoria-M –, propõe que espaço-tempo na realidade têm *onze* dimensões. Sete delas não aparecem para os sentidos humanos. Na verdade, não foram ainda detectados definitivamente por nenhum experimento.

Pode parecer chocante, e talvez não seja verdade. Mas a física tem nos mostrado repetidamente que a imagem do mundo que nos é apresentada pelos nossos sentidos pode diferir significativamente da realidade. Por exemplo, a matéria aparentemente contínua é feita de minúsculas partículas separadas, os átomos. Agora alguns físicos defendem que o espaço real é muito diferente do espaço no qual pensamos viver. A razão para escolher onze dimensões não é nenhuma observação no mundo real: é o número que faz a estrutura matemática crucial funcionar de maneira consistente. A teoria das cordas é muito técnica, mas as ideias principais podem ser esboçadas em termos relativamente simples.

Unificação da relatividade e da teoria quântica

Os dois grandes triunfos da física teórica são a relatividade e a mecânica quântica. A primeira, introduzida por Einstein, explica a força da gravidade em termos da curvatura do espaço-tempo. Segundo a relatividade geral – que Einstein desenvolveu depois da relatividade especial, sua teoria do espaço, tempo e matéria – uma partícula em movimento de um lugar para outro segue uma geodésica: o trajeto mais curto unindo esses dois lugares. Mas, perto de um corpo de grande massa, tal como uma estrela, o espaço-tempo é distorcido, o que faz o trajeto parecer curvo. Por exemplo, os planetas giram em torno do Sol em órbitas elípticas.

A teoria da gravidade original, descoberta por Newton, interpretava esta curvatura como resultado de uma força e dava fórmulas matemáticas para sua intensidade. Medições muito acuradas, porém, mostravam que a teoria de Newton é ligeiramente inexata. Einstein substituiu a força da gravidade pela curvatura do espaço-tempo, e esta nova teoria corrige os erros. Desde então ela foi confirmada por uma variedade de observações, especialmente de objetos astronômicos distantes.

FIG 130 Como a curvatura do espaço-tempo pode atuar como uma força. Uma partícula passando por um corpo massivo, tal como uma estrela, é desviada pela curvatura – o mesmo efeito de uma força de atração.

O segundo grande triunfo, a mecânica quântica, foi introduzido por diversos grandes físicos – entre eles Max Planck, Werner Heisenberg, Louis de Broglie, Erwin Schrödinger e Paul Dirac. Ela explica como a matéria se comporta nas menores escalas: o tamanho dos átomos ou menor ainda. Nessas escalas, a matéria se comporta tanto como minúsculas partículas quanto como ondas. A mecânica quântica prediz muitos efeitos estranhos, muito diferentes de como o mundo se comporta na escala humana, mas milhares de experimentos confirmam essas predições. A eletrônica moderna não funcionaria se a mecânica quântica fosse muito diferente da realidade.

Físicos teóricos consideram insatisfatório ter duas teorias distintas, aplicadas em contextos diferentes, especialmente porque elas discordam entre si quando esses contextos se sobrepõem, como ocorre na cosmologia – a teoria do Universo como um todo. O próprio Einstein começou a buscar uma teoria unificada de campo que combinasse ambas as teorias de maneira logicamente consistente. Essa busca tem tido sucesso parcial, mas até agora apenas dentro do domínio quântico.

Esses sucessos unificam três das quatro forças físicas básicas. Os físicos distinguem quatro tipos de força na natureza: a gravitacional; a eletromagnética, que governa a eletricidade e o magnetismo; a nuclear fraca, relacionada com o decaimento de partículas radiativas; e a nuclear forte, que mantém unidas partículas como prótons e nêutrons. Estritamente falando, todas essas forças são "interações" entre partículas de matéria. A relatividade descreve a força gravitacional, e a mecânica quântica se aplica às outras três forças fundamentais.

Em décadas recentes, os físicos encontraram uma teoria única, geral, que unifica as três forças da mecânica quântica. Conhecida como modelo padrão, ela descreve a estrutura da matéria em escalas subatômicas. Segundo o modelo padrão, toda matéria é composta de apenas dezessete partículas fundamentais.

Devido a vários problemas observacionais – por exemplo, as galáxias giram de uma maneira que não se encaixa nas predições da relatividade geral se toda a matéria contida nelas é apenas a que podemos ver –, os cosmólogos atualmente pensam que a maior parte do Universo é constituída de "matéria escura", o que provavelmente requer novas partículas além dessas dezessete. Se estiverem certos, o modelo padrão precisará ser modificado. Como alternativa, talvez necessitemos de uma nova teoria da gravidade ou de uma teoria modificada de como os corpos se movem quando uma força é aplicada.

No entanto, físicos teóricos ainda não conseguiram unificar a relatividade e a mecânica quântica construindo uma teoria única que descreva *todas as quatro forças* de maneira consistente e, ao mesmo tempo, concordando com ambas em seus domínios (o muito grande e o muito pequeno, respectivamente). A busca por essa teoria unificada de campo, ou Teoria de Tudo, tem levado a algumas belas ideias matemáticas, culminando na *teoria das cordas*. Até o momento, não há nenhuma sustentação experimental para essa teoria, e várias outras propostas também estão sujeitas a uma ativa pesquisa. Um exemplo típico é a gravidade de laço quântico, na qual o espaço é representado como uma rede de laços minúsculos, um pouco como uma cota de malha. Tecnicamente é uma espuma de spin.

A teoria das cordas começou propondo que as partículas fundamentais não deveriam ser pensadas como pontos. Na verdade, havia uma sensação de que a natureza não *faz* de fato pontos, então o uso de um modelo puntiforme poderia muito bem ser o motivo de a teoria quântica para partículas ser inconsistente com a relatividade, que trabalha com curvas e superfícies suaves. Em vez disso, as partículas não deveriam ser mais do que minúsculos laços fechados, chamados *cordas*. Laços podem se dobrar, então a noção de curvatura de Einstein entra em jogo naturalmente.

Além disso, os laços podem vibrar, e suas vibrações explicam nitidamente a existência de várias propriedades quânticas tais como carga elétrica e spin. Uma das características intrigantes da mecânica quântica é que tais características geralmente ocorrem como múltiplos inteiros de alguma constante básica. Por exemplo, o próton tem carga de +1 unidade, o elétron tem carga de −1 unidade, e o nêutron tem carga de 0 unidade. Os quarks – partículas mais fundamentais que se combinam para formar prótons e nêutrons – têm cargas de ⅔ e −⅓ de uma unidade. Então, tudo ocorre como múltiplos −3, −1, 0, 2, 3 de uma unidade básica, a carga de algum tipo de quark. Por que múltiplos inteiros? A matemática das cordas vibratórias comporta-se de maneira similar. Cada vibração é uma onda, com um comprimento de onda particular [ver $\sqrt[12]{2}$]. Ondas em laço fechado precisam encaixar-se corretamente quando a laçada se fecha, então um número inteiro de ondas precisa caber na volta do laço. Se as ondas re-

FÉRMIONS — BÓSONS

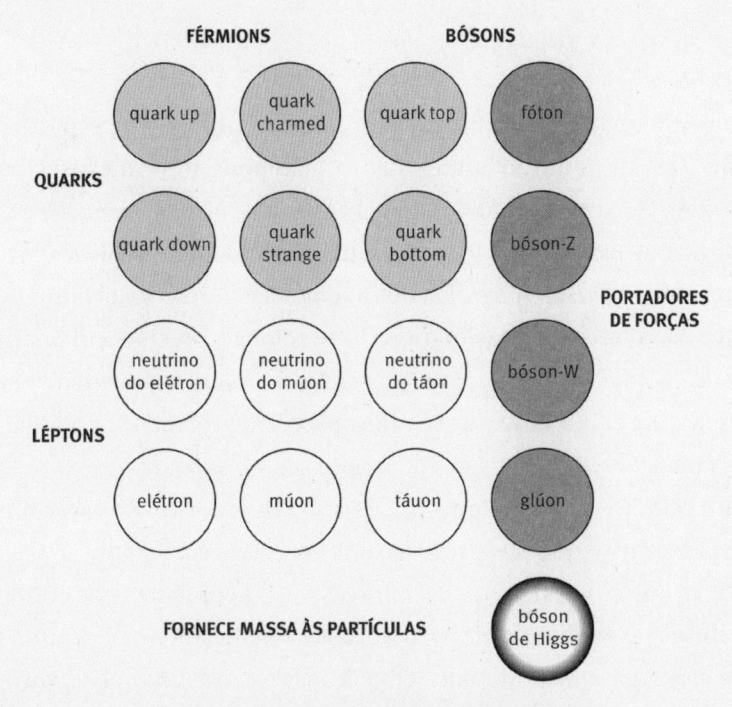

QUARKS
- quark up, quark charmed, quark top — fóton
- quark down, quark strange, quark bottom — bóson-Z

LÉPTONS
- neutrino do elétron, neutrino do múon, neutrino do táon — bóson-W
- elétron, múon, táuon — glúon

PORTADORES DE FORÇAS

FORNECE MASSA ÀS PARTÍCULAS — bóson de Higgs

FIG 131 As dezessete partículas fundamentais.

presentam estados quânticos, isso explica por que tudo vem em múltiplos inteiros.

A história acabou se revelando não tão direta e imediata quanto isso, é claro. Mas levar adiante a ideia de partículas como laços conduziu físicos e matemáticos a algumas ideias extraordinárias e poderosas.

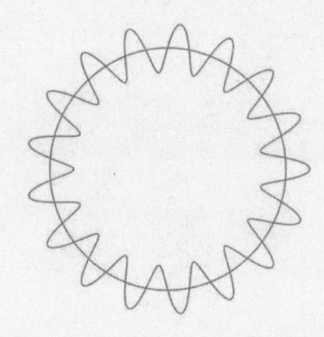

FIG 132 Um número inteiro de ondas encaixando-se em torno de um círculo.

Dimensões adicionais

Uma corda quântica vibratória precisa de algum tipo de espaço *no qual* vibrar. Para dar sentido à matemática, não pode ser um espaço comum como tal. Tem que ser uma variável adicional, uma *dimensão extra* do espaço, porque esse tipo de vibração é uma propriedade quântica, não uma propriedade espacial. À medida que a teoria das cordas foi evoluindo, ficou claro para os teóricos que, para tudo funcionar, precisavam de diversas dimensões adicionais. Um novo princípio chamado supersimetria sugeria que toda partícula deveria ter uma "parceira" correlata, uma partícula muito mais pesada. As cordas deveriam ser substituídas por supercordas, permitindo este tipo de simetria. E as supercordas funcionavam apenas se se presumisse que o espaço tem *seis dimensões adicionais*.

Isto significava também que em vez de uma corda ser uma curva como um círculo, devia ter uma forma mais complicada em seis dimensões. Entre as formas que poderiam ser aplicadas estão as chamadas variedades de Calabi-Yau.

Esta sugestão não é tão estranha quanto possa parecer, porque "dimensão" em matemática simplesmente significa "variável independente". O ele-

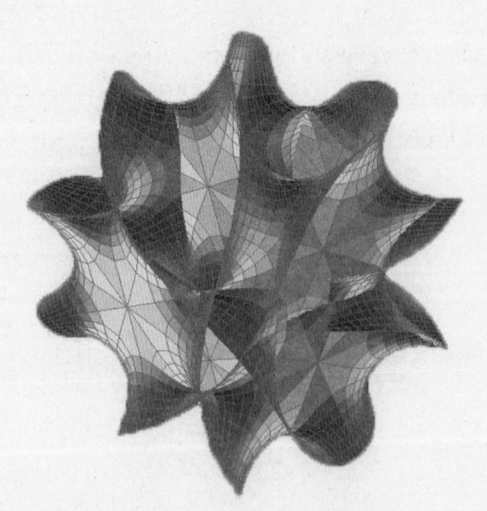

FIG 133 Projeção no espaço comum de uma variedade hexadimensional de Calabi-Yau.

tromagnetismo clássico descreve a eletricidade em termos de um campo elétrico e um campo magnético, que permeiam o espaço comum. Cada campo requer três novas variáveis: as três componentes da direção na qual o campo elétrico aponta, e idem para o magnetismo. Embora essas componentes se alinhem com direções no espaço, as forças de campo ao longo dessas direções são independentes das direções em si. Assim, o eletromagnetismo clássico requer seis dimensões extras: três de eletricidade e três de magnetismo. Num certo sentido, a teoria eletromagnética clássica requer dez dimensões: quatro do espaço-tempo mais seis do eletromagnetismo.

A teoria das cordas é similar, mas não usa *essas* seis novas dimensões. Num certo sentido, as novas dimensões da teoria das cordas – as novas variáveis – comportam-se mais como dimensões espaciais comuns do que a eletricidade ou o magnetismo. Um dos grandes avanços de Einstein foi combinar o espaço tridimensional e o tempo unidimensional num espaço-tempo quadridimensional. De fato, era necessário, porque, segundo a relatividade, as variáveis de espaço e tempo se misturam quando objetos se movem muito depressa. A teoria das cordas é parecida, mas agora ela usa um espaço-tempo de dez dimensões com nove dimensões de espaço mais uma dimensão de tempo.

Esta ideia foi empurrada goela abaixo dos teóricos pela necessidade de consistência lógica da matemática. Se assumimos que o tempo tem uma dimensão, como é o usual, e o espaço-tempo tem d dimensões, os cálculos, nas equações, levam a termos chamados anomalias, que geralmente são infinitos. Isso representa muita encrenca, porque não há infinitos no mundo real. Contudo, acontece que os referidos termos são múltiplos de $d - 10$. Isso será zero se, e somente se, $d = 10$, e as anomalias então desaparecem. Logo, livrar-se das anomalias requer que a dimensão do espaço-tempo seja 10.

O fator $d - 10$ é inerente à formulação da teoria. Escolher $d = 10$ contorna todo o problema, mas introduz o que à primeira vista é um problema ainda pior. Subtraindo uma dimensão para o tempo, descobrimos que o espaço tem nove dimensões, não três. Mas se isso fosse verdade, seguramente nós teríamos percebido. *Onde estão as seis dimensões adicionais?*

Uma resposta atraente é que elas estão presentes, mas enroladas de tal forma que não as notamos; na verdade, *não podemos* notá-las. Imagine uma longa mangueira de jardim. Vista de longe, não se percebe sua espessura: ela parece uma curva, que é unidimensional. As outras duas dimensões, a sessão transversal circular da mangueira, estão enroladas num espaço tão pequeno que não podem ser observadas. Uma corda é assim, porém muito mais enrolada. O comprimento de uma mangueira é aproximadamente mil vezes a sua espessura. O "comprimento" de uma corda (o movimento espacial visível) é mais de 10^{40} vezes sua "espessura" (as dimensões novas nas quais ela vibra).

Outra resposta possível é que as novas dimensões são na realidade muito grandes, mas a maioria dos estados da partícula estão confinados num local fixo nessas dimensões – como um barco flutuando na superfície do mar. O oceano em si tem três dimensões: latitude, longitude e profundidade. Mas o barco precisa ficar na superfície e explora apenas duas delas: latitude e longitude. Algumas características, tais como a força da gravidade, exploram, sim, as dimensões extras do espaço-tempo – como um mergulhador saltando do barco. Mas a maioria não.

Por volta de 1990, teóricos tinham concebido diferentes tipos de teoria das cordas, diferindo principalmente nas simetrias de suas dimensões adicionais. Eram chamados tipos I, IIA, IIB, HO e HE. Edward Witten descobriu uma elegante unificação matemática de todos cinco, que chamou de teoria-M. Esta teoria requer que o espaço-tempo tenha onze dimensões: dez de espaço e uma de tempo. Vários artifícios para passar de um dos cinco tipos da teoria das cordas para outro podem ser vistos como propriedades físicas de todo o espaço 11-dimensional. Escolhendo "locais" particulares neste espaço-tempo 11-dimensional, podemos deduzir os cinco tipos de teoria das cordas.

Mesmo que a teoria das cordas acabe revelando não ser a maneira como o Universo funciona, ela fez contribuições importantíssimas para a matemática, infelizmente técnicas demais para discutirmos aqui. Assim, os matemáticos continuarão a estudá-la e a considerá-la valiosa, mesmo que os físicos decidam que ela não se aplica ao mundo real.

12

Pentaminós

Um *pentaminó* é uma figura feita encaixando cinco quadrados idênticos lado a lado. Há doze possibilidades, sem contar as espelhadas como diferentes. Convencionalmente são batizados usando-se as letras do alfabeto com formatos similares. Doze também é o número beijante no espaço tridimensional.

FIG 134 Os doze pentaminós.

Poliminós

Mais genericamente, um *n*-minó é uma figura composta de *n* quadrados idênticos. Coletivamente, estas figuras são chamadas poliminós. Há 35 hexaminós ($n = 6$) e 108 heptaminós ($n = 7$).

O conceito geral e o nome foram inventados em 1953 por Solomon Golomb e popularizados por Martin Gardner na *Scientific American*. O

FIG 135 Os 35 hexaminós.

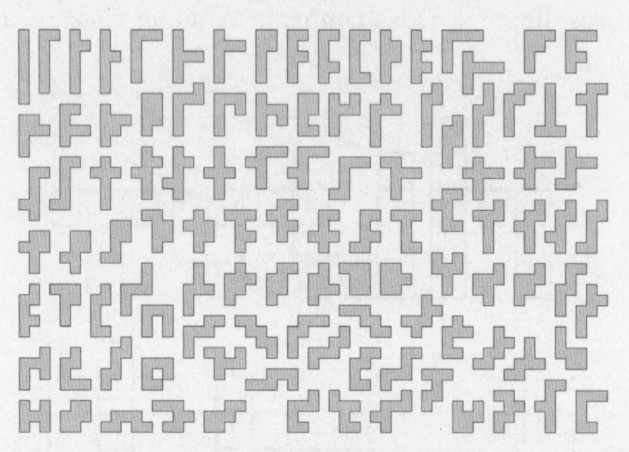

FIG 136 Os 108 heptaminós.

nome, obviamente, é uma derivação da palavra "dominó", que consiste em dois quadrados reunidos, e na qual a sílaba "do" inicial recebe uma bela interpretação como originária do latim *di* ou do grego *do*, significando "dois". (Na realidade, a palavra "dominó" vem do latim *dominus*, "senhor".)

Precursores são abundantes na literatura. O inventor de quebra-cabeças Henry Dudeney incluiu uma brincadeira de pentaminó no seu *Canterbury Puzzles* de 1907. Entre 1937 e 1957 a revista *Fairy Chess Review* incluiu muitos arranjos até hexaminós, chamando-os de "problemas de dissecção".

Quebra-cabeças de poliminós

Os poliminós em geral, e os pentaminós em particular, formam a base para uma quantidade enorme de jogos e quebra-cabeças. Por exemplo, podem ser juntados para formar figuras interessantes.

Os doze pentaminós têm uma área total de 60, em unidades para as quais cada componente quadrado tem área 1. Qualquer maneira de escrever 60 como o produto de dois números inteiros define um retângulo, e é um quebra-cabeça divertido e bastante desafiador encaixar os pentaminós de modo a formar tal retângulo. Eles podem ser virados para dar a imagem espelhada se necessário. Os retângulos possíveis são 6 × 10, 5 × 12, 4 × 15 e 3 × 20. É fácil ver que 2 × 30 e 1 × 60 são impossíveis.

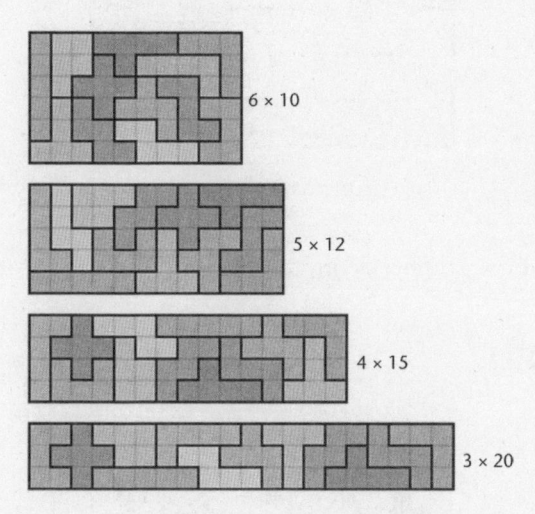

FIG 137 Possíveis tamanhos de retângulos de pentaminós.

O número de maneiras distintas de formar esses retângulos (sem contar como diferentes a rotação e o espelhamento do retângulo inteiro, mas permitindo que retângulos menores sejam girados e espelhados, deixando o restante fixo) é conhecido:

6 × 10 : 2 339 maneiras

5 × 12 : 1 010 maneiras

4 × 15 : 368 maneiras

3 × 20 : 2 maneiras

Outro quebra-cabeça típico começa a partir da equação $8 \times 8 - 2 \times 2 = 60$ e pergunta se um quadrado de 8 × 8 com um vazio central de 2 × 2 pode ser ladrilhado com os doze pentaminós. A resposta é "sim":

FIG 138 Formando um quadrado furado com pentaminós.

Uma maneira atraente de juntar hexaminós é um paralelogramo:

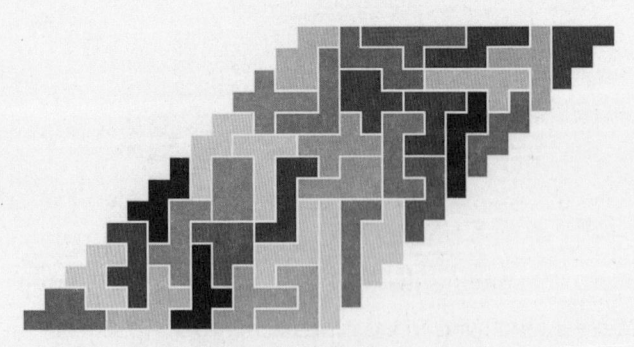

FIG 139 Formando um paralelogramo com hexaminós.

Números de poliminós

Matemáticos e cientistas da computação calcularam quantos n-minós existem para cada n. Se não forem considerados rotações e espelhamentos alternativas diferentes, os números são:

n	número de n-minós
1	1
2	1
3	2
4	5
5	12
6	35
7	108
8	369
9	1 285
10	4 655
11	17 073
12	63 600

TABELA 11

Número beijante para esferas

O número beijante para círculos – o maior número de círculos que podem tocar um círculo dado, todos do mesmo tamanho – é 6 [ver 6]. Há também um número beijante para esferas – o maior número de esferas que podem tocar uma esfera dada, todas do mesmo tamanho. Esse número é 12.

É bastante fácil demonstrar que doze esferas podem tocar uma esfera dada. Na verdade, é possível fazer isso de modo que os pontos de contato sejam os doze vértices de um icosaedro regular [ver 5]. Há espaço suficiente entre esses pontos para encaixar esferas sem que elas se toquem mutuamente.

No plano, os seis círculos em contato com o círculo central não deixam espaço vazio, e o arranjo é rígido. Mas em três dimensões há bastante espaço vazio e as esferas podem se mover. Por algum tempo não se sabia se poderia haver espaço para uma 13ª esfera se as outras doze fossem engastadas em posições rígidas.

Dois famosos matemáticos, Newton e David Gregory, tiveram uma longa discussão sobre essa questão. Newton sustentava que o número correto era 12, enquanto Gregory estava convencido de que deveria ser 13. No século XIX foram feitas tentativas para provar que Newton estava certo, mas as provas tinham furos. Uma prova completa de que a resposta é 12 apareceu pela primeira vez em 1953.

FIG 140 *Esquerda:* Como doze esferas podem tocar uma esfera dada. *Direita:* "Sombras" de doze esferas tocando uma esfera dada dentro de um arranjo icosaédrico.

Quatro ou mais dimensões

Uma história semelhante vale para o espaço quadridimensional, onde é relativamente fácil encontrar um arranjo de 24 3-esferas beijantes, mas há espaço de sobra para que talvez se encaixe uma 25ª. Este vazio acabou sendo analisado por Oleg Musin em 2003: como era de esperar, a resposta é 24.

Na maioria das outras dimensões, os matemáticos sabem que algum número particular de esferas beijantes é possível, porque são capazes de encontrar esse arranjo, e que algum número genericamente muito maior é impossível, por várias razões indiretas. Esses números são chamados *limite inferior* e *limite superior* para o número beijante. Ele deve estar em algum ponto entre esses dois limites, possivelmente sendo igual a um deles.

Em apenas dois casos além de quatro dimensões, os limites inferior e superior conhecidos coincidem, de modo que o valor comum é o número beijante. Notavelmente, essas dimensões são 8 e 24, onde os números beijantes são respectivamente 240 e 196 650. Nessas dimensões existem dois reticulados altamente simétricos, análogos das grades de quadrados numa dimensão superior ou, mais genericamente, grades de paralelogramos. Esses reticulados especiais são conhecidos como E_8 (ou reticulado de Gosset) e reticulado de Leech, e esferas podem ser colocadas em pontos convenientes do reticulado. Por uma coincidência quase milagrosa, os prováveis limites superiores para o número beijante nessas dimensões são os mesmos que os limites inferiores fornecidos por esses reticulados especiais.

O estado atual do jogo está resumido na tabela abaixo, onde os números em negrito mostram as dimensões para as quais a resposta exata é conhecida.

dimensão	limite inferior	limite superior
1	**2**	**2**
2	**6**	**6**
3	**12**	**12**
4	**24**	**24**
5	40	45
6	72	78
7	126	135
8	**240**	**240**
9	306	366
10	500	567
11	582	915
12	840	1 416

dimensão	limite inferior	limite superior
13	1 130	2 233
14	1 582	3 492
15	2 564	5 431
16	4 320	8 313
17	5 346	12 215
18	7 398	17 877
19	10 688	25 901
20	17 400	37 974
21	27 720	56 852
22	49 896	86 537
23	93 150	128 096
24	**196 560**	**196 560**

TABELA 12

17

Polígonos e padrões

NA JUVENTUDE, Gauss descobriu, para espanto de todos, inclusive o seu próprio, que um polígono regular de dezessete lados pode ser construído usando régua e compasso – algo de que Euclides jamais desconfiou. Assim como mais ninguém, por mais de 2 mil anos.

Há dezessete tipos diferentes de simetria num padrão de papel de parede. Trata-se, na realidade, de uma versão bidimensional da cristalografia: a estrutura atômica dos cristais.

No modelo padrão da física de partículas, há dezessete tipos de partículas fundamentais [ver 11].

Polígonos regulares

Um polígono (do grego para "muitos lados") é uma figura cujas arestas são segmentos de retas. Ele é regular se toda aresta tiver o mesmo comprimento e todos os pares de arestas formarem o mesmo ângulo.

Polígonos regulares desempenhavam papel central na geometria de Euclides e desde então se tornaram fundamentais para muitas áreas da matemática. Um dos principais objetivos dos *Elementos*, de Euclides, era provar que existem exatamente cinco poliedros regulares, sólidos cujas faces são polígonos idênticos dispostos da mesma maneira em cada vértice [ver 5]. Para este propósito ele teve de considerar faces que são polígonos regulares com três, quatro e cinco lados. Números maiores de lados não ocorrem nas faces de poliedros regulares.

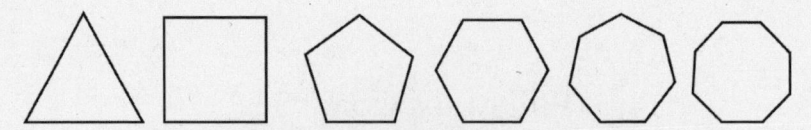

FIG 141 Polígonos regulares com 3, 4, 5, 6, 7 e 8 lados.
Nomes: triângulo equilátero, quadrado e pentágono,
hexágono, heptágono e octógono regulares.

Ao longo do caminho, Euclides precisou construir essas figuras, usando os instrumentos tradicionais de régua e compasso, pois suas técnicas geométricas baseavam-se nessa premissa. As construções mais simples produzem o triângulo equilátero e o hexágono regular. Basta um compasso para localizar os vértices. Desenhar os lados exige a régua, mas esse é seu único papel.

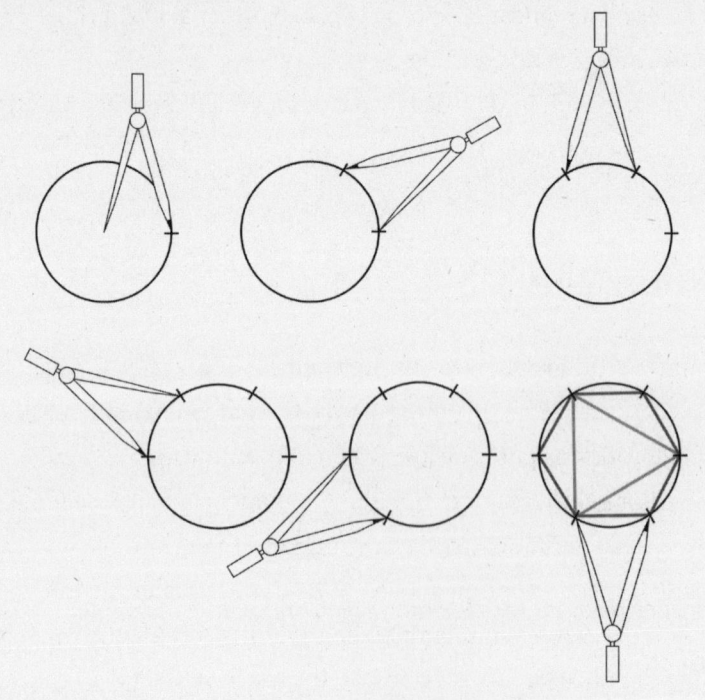

FIG 142 Desenhe um círculo e marque um ponto nele. A partir desse ponto, vá marcando outros pontos sucessivos mantendo a mesma abertura do compasso (o último ponto coincidirá com o inicial). Isso produz os seis vértices de um hexágono regular. Tomando cada segundo vértice teremos um triângulo equilátero.

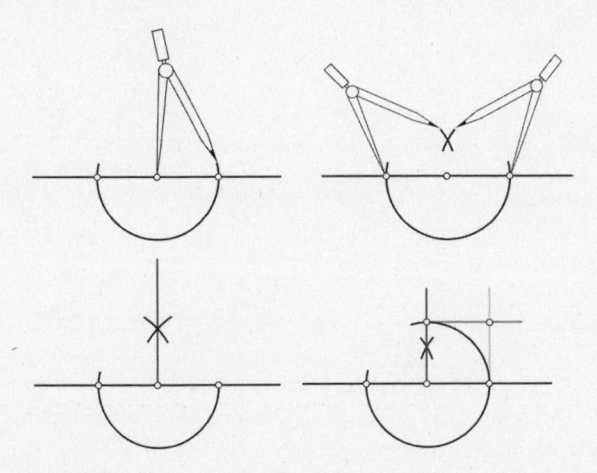

FIG 143 Marque um ponto sobre uma reta, ponha a ponta-seca do compasso sobre esse ponto e desenhe um círculo cortando duas vezes a reta. A distância do centro até um desses pontos é o primeiro lado do quadrado. Aumente um pouco a abertura do compasso e, com centro em cada um dos pontos onde o círculo cruza a reta, desenhe dois arcos que se cruzam. Trace a reta que une esse cruzamento com o primeiro ponto marcado, e você terá uma reta perpendicular – formando um ângulo reto – à reta original. O ponto onde essa reta cruza o círculo original é o segundo lado do quadrado. Repita o procedimento para obter os outros dois lados do quadrado.

Construir um quadrado é um pouco mais difícil, mas torna-se imediato se você souber construir um ângulo reto.

O pentágono regular é muito mais complicado. Eis como Euclides o faz. Três vértices distintos de um pentágono regular sempre formam um triângulo com ângulos de 36°, 72° e 72°. Consequentemente, pode-se reverter o processo e obter um pentágono regular desenhando um círculo que passe pelos vértices desse triângulo e dividindo ao meio os dois ângulos de 72° – algo que Euclides havia mostrado como fazer muito antes, em seu livro [ver $\frac{1}{2}$].

Agora tudo de que ele precisava era um modo de construir um triângulo com esse formato especial, o que acaba sendo a parte mais difícil. Na verdade, isso exigia outra construção complicada, que por sua vez dependia de outra anterior. Então, não é surpresa descobrir que Euclides não chega ao pentágono regular antes do Livro IV da sua obra de treze volumes.

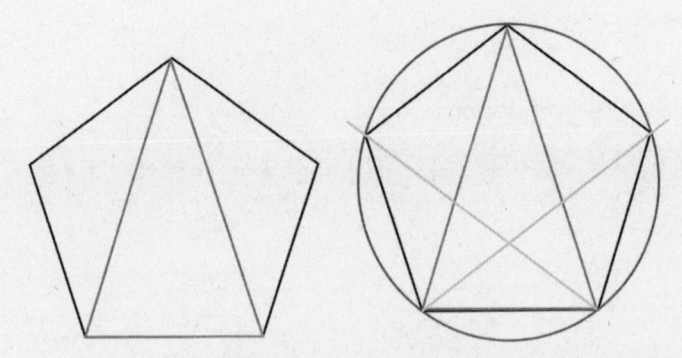

FIG 144 *Esquerda:* Esses três vértices de um pentágono regular formam um triângulo com ângulos 36°, 72° e 72°. *Direita:* Dado tal triângulo, desenhe um círculo passando pelos seus vértices (cinza-escuro) e divida ao meio o ângulo de 72° (cinza-claro) para obter os outros dois lados do pentágono.

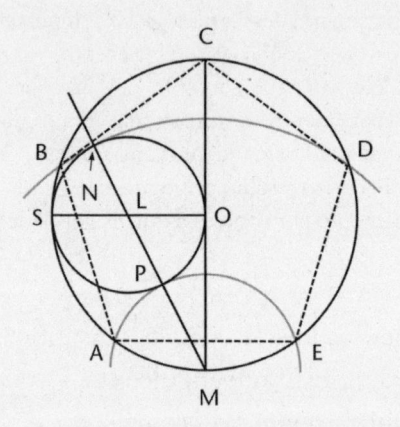

FIG 145 Construção mais simples de um pentágono regular.

A figura acima mostra uma construção mais simples, mais moderna. Comece com um círculo de centro O, diâmetro CM. Desenhe OS perpendicular – em ângulo reto – a CM, divida-o ao meio em L. Desenhe o círculo com centro em L passando por O e tocando o círculo original em S. Trace ML, que irá cortar este segundo círculo em N e P. Trace os arcos (cinza) com centro em M passando por N e P. Estes dois arcos cruzarão o círculo grande original em B, D, A e E. O polígono ABCDE (tracejado) é um pentágono regular.

Mais de seis lados

Euclides também sabia como duplicar o número de lados de qualquer polígono regular, bisseccionando os ângulos centrais. Por exemplo, eis como transformar um hexágono regular num polígono regular de doze lados.

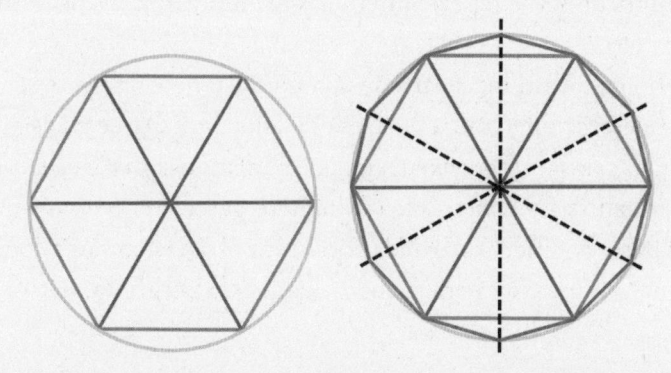

FIG 146 *Esquerda:* Comece com um hexágono dentro de um círculo. Desenhe suas diagonais. *Direita:* Divida os ângulos centrais ao meio (linhas tracejadas). Estas cruzam o círculo nos outros seis vértices de um dodecágono regular.

Combinando as construções de um triângulo equilátero e de um pentágono regular, ele obteve um polígono regular de quinze lados. Isso dá certo porque $3 \times 5 = 15$, e 3 e 5 não têm fator comum.

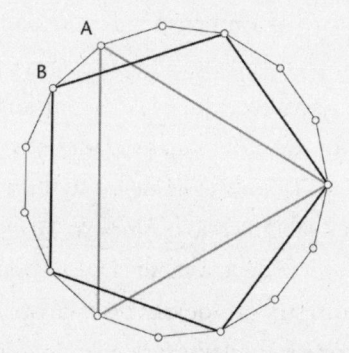

FIG 147 Como fazer um polígono regular de quinze lados (15-ágono ou pentadecágono). O ponto A de um triângulo equilátero e o ponto B de um pentágono regular são vértices sucessivos de um 15-ágono regular. Use o compasso para ir marcando sucessivamente a distância AB e assim obter os outros vértices.

Combinando todos esses recursos, Euclides sabia construir polígonos regulares com os seguintes números de lados:

3   4   5   6   8   10   12   15   16   20   24   30   32   40   48

e assim por diante – os números 3, 4, 5 e 15, acompanhados do que se obtém duplicando-os repetidamente. Mas faltavam muitos números, a começar pelo 7.

Os gregos foram incapazes de achar construções com régua e compasso para esses polígonos regulares que faltavam. O que não significava que eles não existiam; apenas sugeria que o método com régua e compasso era inadequado para construí-los. Ninguém parece ter pensado que qualquer um desses números ausentes podia ser possível com uma construção com régua e compasso; nem sequer faziam essa pergunta.

O polígono regular de dezessete lados

Gauss, um dos maiores matemáticos de todos os tempos, quase se tornou linguista. Mas em 1796, quando tinha dezenove anos, percebeu que o número 17 tem duas propriedades especiais, que combinadas implicam a existência de uma construção com régua e compasso de um polígono regular de dezessete lados (um heptadecágono).

Ele descobriu este fato assombroso não pensando em geometria, mas em álgebra. Nos números complexos há precisamente dezessete soluções para a equação $x^{17} = 1$, e acontece que elas formam um polígono regular de dezessete lados no plano: ver "raízes da unidade" em [i]. Nessa época, isso já era bem sabido, mas Gauss identificou algo que todo mundo tinha deixado passar. Como ele, todos sabiam que o número 17 é primo, e que também é 1 a mais que uma potência de 2, a saber, 16 + 1, onde $16 = 2^4$. No entanto, Gauss provou que a combinação dessas duas propriedades implica que a equação $x^{17} = 1$ pode ser resolvida usando-se operações usuais de álgebra – adição, subtração, multiplicação e divisão – junto com a formação de raízes quadradas. E todas essas operações podem ser executadas geometricamente usando régua e compasso. Em suma, deve haver uma construção com régua

Polígonos e padrões

e compasso para um polígono regular de dezessete lados. E esta era uma grande novidade, porque ninguém havia sonhado com tal coisa por mais de 2 mil anos. Foi um raio vindo do espaço, absolutamente sem precedentes. Foi o que fez Gauss se decidir a favor da matemática como carreira.

Ele não anotou por escrito uma construção explícita, mas, cinco anos depois, em sua obra-prima, *Desquisitiones Arithmeticae*, registrou a fórmula

$$\frac{1}{16}\left[-1 + \sqrt{17} + \sqrt{34 - 2\sqrt{17}} + \sqrt{68 + 12\sqrt{17} - 16\sqrt{34 + 2\sqrt{17}} - 2(1 - \sqrt{17})(\sqrt{34 - 2\sqrt{17}})}\right]$$

e provou que o 17-ágono pode ser construído contanto que se possa construir um segmento desse comprimento, dado um segmento de comprimento unitário. Como só aparecem raízes quadradas, é possível traduzir a fórmula numa construção geométrica bastante complicada. Porém, há métodos mais eficientes, que várias pessoas descobriram refletindo sobre a prova de Gauss.

Gauss estava ciente de que o mesmo argumento se aplica se 17 for substituído por qualquer outro número com as mesmas duas propriedades: um primo que seja 1 mais uma potência de 2. Esses números são chamados primos de Fermat. Usando álgebra pode-se provar que se $2^k + 1$ é primo então o próprio k deve ser 0 ou uma potência de 2, então $k = 0$ ou 2^n. Um número desta forma é chamado número de Fermat. Os primeiros números de Fermat são mostrados na Tabela 13:

n	$k = 2^n$	$2^k + 1$	primo?
	0	2	sim
0	1	3	sim
1	2	5	sim
2	4	17	sim
3	8	257	sim
4	16	65 537	sim
5	32	4 294 967 297	não
		[igual a 641 × 6 700 417]	

TABELA 13

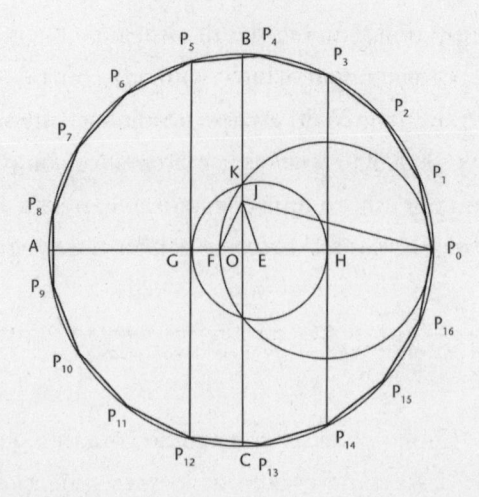

FIG 148 Método de Richmond para construir um 17-ágono regular. Pegue dois diâmetros perpendiculares AOP_0 e BOC de um círculo. Faça $OJ = \frac{1}{4}OB$ e o ângulo $OJE = \frac{1}{4}OJP_0$. Ache F tal que o ângulo EJF seja $45°$. Trace um círculo com FP_0 de diâmetro, encontrando OB em K. Trace o círculo de centro E passando por K, que corta AP_0 em G e H. Trace HP_3 e GP_5 perpendiculares a AP_0.

Os seis primeiros números de Fermat são primos. Os três primeiros, 2, 3 e 5, correspondem a construções conhecidas pelos gregos. O seguinte, 17, é descoberta de Gauss. Aí vêm dois números ainda mais impressionantes, 257 e 65 537. A sacada de Gauss prova que polígonos regulares com essas quantidades de lados *também* são possíveis de serem construídos com régua e compasso. F.J. Richelot publicou uma construção para o 257-ágono regular em 1832. J. Hermes, da Universidade de Lingen, dedicou dez anos de sua vida ao 65 537-ágono. Seu trabalho inédito pode ser encontrado na Universidade de Göttingen, mas acredita-se que contenha erros. Não está claro se o esforço de conferir valha a pena, porque sabemos que a construção *existe*. Achar uma é rotina, exceto pelo puro tamanho dos cálculos. Poderia ser um bom teste para sistema de verificação de provas por computador, suponho eu.

Por algum tempo pensou-se que todos os números de Fermat eram primos, mas, em 1732, Euler notou que o sétimo número de Fermat, 4 294 967 297 é composto, sendo igual a 641 × 6 700 417. (Tenha em mente que naquele tempo os cálculos precisavam ser feitos à mão. Hoje um computador revela isso numa fração de segundo.) Até o presente, nenhum outro número de Fermat foi provado como sendo primo. Eles são compostos para $5 \le n \le 11$, e nesses casos uma fatoração em primos completa é conhecida.

Os números de Fermat são compostos para $12 \le n \le 32$, mas não são conhecidos todos os fatores, e quando $n = 20$ e 24 não se conhece absolutamente nenhum fator primo. Existe um teste indireto para saber se o número de Fermat é primo, e nesses dois casos o teste falha. O menor número de Fermat cujo status é desconhecido ocorre para $n = 33$, e tem 2 585 827 973 dígitos. Agora eleve 2 a essa potência e some 1... Uma coisa gigantesca! Contudo, nem toda esperança está perdida só por causa do tamanho: o maior número de Fermat composto conhecido é $F_{2\,747\,497}$, que é divisível por

$$57 \times 2^{2\,747\,499} + 1$$

(Marshall Bishop, 2013).

Parece plausível que os primos de Fermat conhecidos sejam os únicos, mas isso nunca foi provado. Se for falso, então haverá um polígono regular construível com um número de lados absolutamente gigantesco.

Padrões de papel de parede

Um *padrão de papel de parede* repete a mesma imagem em duas direções distintas: parede abaixo e de um lado a outro (possivelmente de forma inclinada). A repetição parede abaixo surge porque o papel é impresso num rolo contínuo, usando um cilindro giratório para criar o padrão. A repetição de um lado a outro possibilita continuar o padrão lateralmente, para que se cubra a parede inteira.

O número de *desenhos* possíveis para um papel de parede é enorme. Porém muitos padrões diferentes são dispostos de maneira idêntica, apenas usando imagens diferentes. Assim sendo, os matemáticos distinguem os padrões essencialmente diferentes por meio de suas simetrias. Quais são as diversas maneiras de deslizar o padrão, ou girá-lo, ou virá-lo ao contrário (como uma imagem num espelho), de modo que o resultado seja igual ao do começo?

FIG 149 O padrão de papel de parede repete-se em duas direções.

Simetrias no plano

O *grupo de simetria* de um desenho no plano compreende todos os movimentos rígidos do plano que remetem o desenho a si mesmo. Há quatro tipos importantes de movimento rígido:

- translação (deslizar sem girar)
- rotação (girar em torno de um ponto fixo, o centro da rotação)
- reflexão (espelhar em relação a uma reta, o eixo do espelhamento)
- reflexão deslizada (espelhar e deslizar ao longo do eixo de espelhamento)

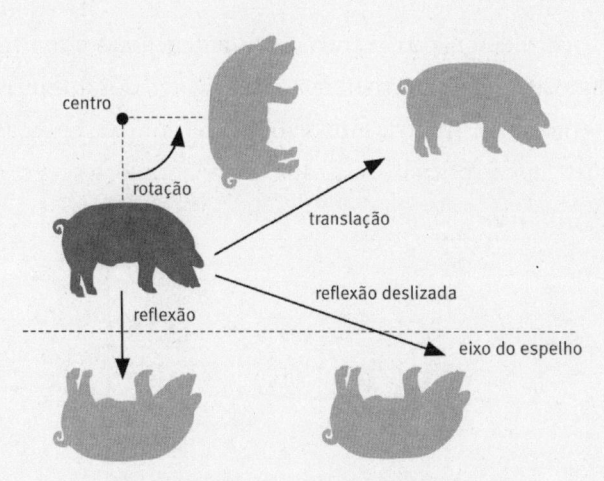

FIG 150   Quatro tipos de movimento rígido.

Se o desenho tem extensão finita, só são possíveis rotação e reflexão. Apenas rotações levam a uma simetria de grupo cíclico, enquanto rotações mais reflexões dão uma simetria de grupo diédrico.

FIG 151 *Esquerda:* Simetria de grupo cíclico (aqui rotações por múltiplos de ângulo reto). *Direita:* Simetria de grupo diédrico (linhas pontilhadas mostram eixos de espelhamento).

Padrões de papel de parede, que continuam para sempre, podem ter simetrias de translação e reflexão deslizada. Por exemplo, podemos pintar o desenho do porco do grupo diédrico num azulejo quadrado e usá-lo para ladrilhar o plano. (O diagrama mostra apenas quatro dos infinitos arranjos de azulejos.) Agora há simetrias de translação (por exemplo, as setas inteiriças) e simetrias de reflexão deslizada (por exemplo, a seta pontilhada).

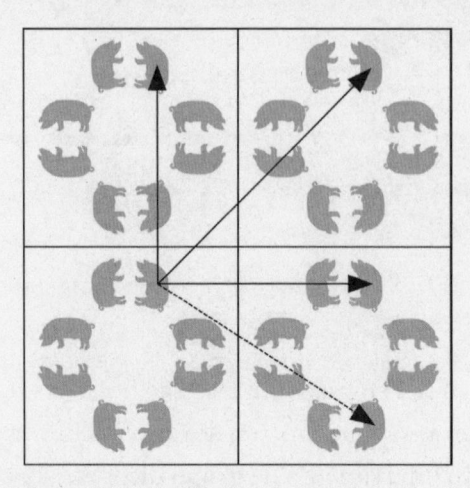

FIG 152 Arranjo de azulejos quadrados mostrando simetrias de translação (setas inteiriças) e de reflexão deslizada (seta pontilhada).

Os dezessete tipos de simetria de papel de parede

Para o meu papel de parede com padrão de flores, as únicas simetrias são deslizadas ao longo das duas direções nas quais o padrão se repete, ou diversas deslizadas dessas executadas uma de cada vez. É o tipo mais simples de simetria de papel de parede, e todo desenho de papel de parede no sentido matemático tem, por definição, essas simetrias reticuladas. Não estou alegando que não exista papel de parede que não seja basicamente apenas um mural, sem simetrias além da trivial "deixe isso aqui inalterado". Só estou excluindo esses padrões dessa discussão específica.

Muitos tipos de papel de parede têm simetrias adicionais, tais como rotações e reflexões. Em 1924, George Pólya e P. Niggli provaram que há exatamente dezessete tipos de simetria diferentes num padrão de papel de parede.

Em três dimensões o problema correspondente é listar todos os possíveis tipos de simetria de reticulados atômicos de cristais. Aqui existem 230 tipos. Curiosamente, essa resposta foi descoberta antes que alguém conseguisse resolver a versão bidimensional muito mais fácil do papel de parede.

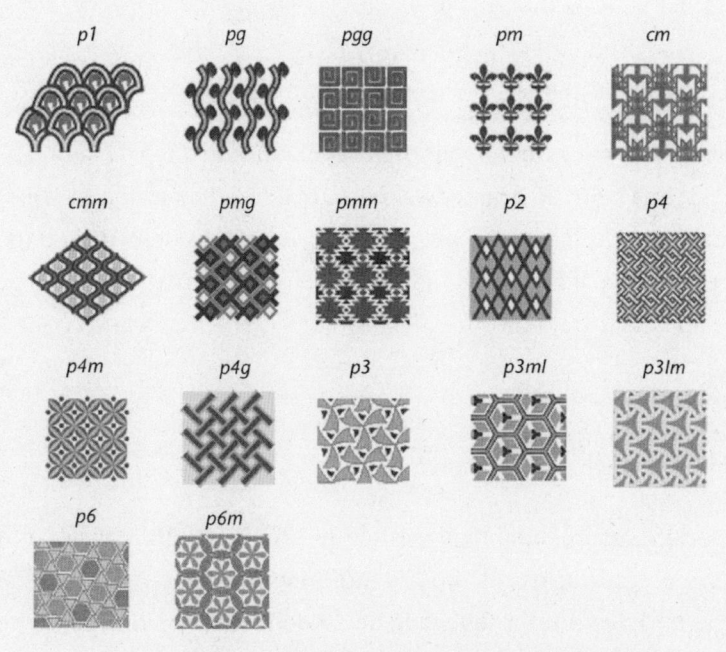

FIG 153 Os dezessete tipos de padrão de papel de parede e sua notação cristalográfica internacional.

23

O paradoxo do aniversário

Durante um jogo de futebol, normalmente há 23 pessoas em campo: os dois times, com onze jogadores cada, e um árbitro. (Há também os assistentes na beira do gramado e mais um à mesa central, mas vou ignorá-los, junto com os carregadores de maca, invasores de campo e técnicos enfurecidos.) Qual é a probabilidade de que duas ou mais dessas 23 pessoas façam aniversário no mesmo dia?

Mais provável que sim do que não

A resposta é surpreendente, a não ser que você já a tenha visto antes.

Para simplificar os cálculos, vamos assumir que são possíveis apenas 365 aniversários diferentes (nada de 29 de fevereiro com gente nascida em ano bissexto), e que cada uma dessas datas tem exatamente a mesma probabilidade: $1/365$. Os números reais mostram diferenças pequenas, mas significativas, com algumas datas ou épocas do ano sendo mais prováveis que outras; essas diferenças variam de país para país. A probabilidade que está sendo buscada não muda grande coisa se levarmos esses fatores em consideração, e o resultado, particularmente, é igualmente surpreendente.

Também assumimos que as probabilidades para cada jogador são independentes entre si – o que não seria verdade se, digamos, os jogadores foram deliberadamente escolhidos para terem aniversários diferentes. Ou, por exemplo, a maneira como essas coisas são feitas no gelado mundo alienígena de Gnux Primo. Aqui, cada nova geração de monstros alienígenas emerge simultaneamente de seu tubo de hibernação subterrâneo e gerações distintas não jogam no mesmo time – mais ou menos como um cruzamento terrestre entre cigarras periódicas e humanos. Tão logo dois gnuxoides entram em campo, a probabilidade de compartilharem a mesma data de aniversário imediatamente se torna 1.

É mais fácil achar uma probabilidade relativa: a chance de que todos os 23 aniversários caiam em datas diferentes. As regras para cálculo de probabilidades então nos dizem para subtrair esse número de 1 para obter a resposta. Ou seja, a probabilidade de um evento não acontecer é um menos a probabilidade de o evento acontecer. Para descrever o cálculo, vale a pena assumir que as pessoas entrem em campo uma de cada vez.

- Quando a primeira pessoa entra, não há mais ninguém presente. Então a probabilidade de que seu aniversário seja diferente do aniversário de qualquer outro presente é 1 (certeza).

- Quando a segunda pessoa entra, seu aniversário precisa ser diferente do aniversário da primeira pessoa, então há 364 opções em 365. A probabilidade de isto acontecer é

$$\frac{364}{365}$$

- Quando a terceira pessoa entra, seu aniversário precisa ser diferente dos aniversários das duas primeiras, então há 363 opções em 365. As regras para cálculo de probabilidades nos dizem que, quando queremos a probabilidade de dois eventos independentes acontecerem simultaneamente, *multiplicamos* suas probabilidades individuais entre si. Então a probabilidade de não haver aniversário duplicado até aqui é

$$\frac{364}{365} \times \frac{363}{365}$$

- Quando a quarta pessoa entra, seu aniversário precisa ser diferente do aniversário das três primeiras, então há 362 opções em 365. A probabilidade de haver duplicidade até aqui é

$$\frac{364}{365} \times \frac{363}{365} \times \frac{362}{365}$$

- Agora o padrão já deve estar claro. Após *k* pessoas entrarem em campo, a probabilidade de que todos os *k* aniversários sejam distintos é

$$p(k) = \frac{364}{365} \times \frac{363}{365} \times \frac{362}{365} \times \ldots \times \frac{365-k+1}{365}$$

Quando $k = 23$, isso acaba sendo 0,492703, um pouco menos que ½. Então, a probabilidade de que pelo menos duas pessoas façam aniversário no mesmo dia é $1 - 0{,}492703$, que é

0,507297

O que é ligeiramente maior que ½.

Em outras palavras: com 23 pessoas no campo, é *mais provável que sim do que não* que pelo menos duas delas façam aniversário no mesmo dia.

Na verdade, 23 é o menor número para o qual esta afirmação é verdadeira. Com 22 pessoas, $P(22) = 0{,}52305$, ligeiramente maior que ½. Agora a probabilidade de que pelo menos duas pessoas façam aniversário no mesmo dia é $1 - 0{,}524305$, que é

0,475695

O que é ligeiramente menor que ½.

O gráfico abaixo mostra como $P(k)$ depende de *k*, para $k = 1$ a 50. A linha pontilhada horizontal mostra o valor de equilíbrio de ½.

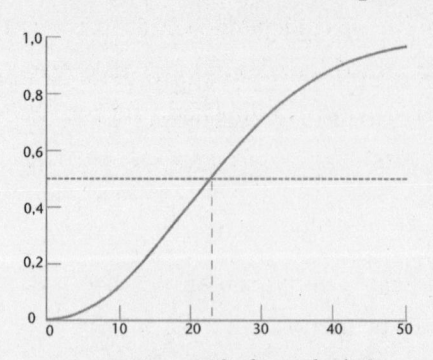

FIG 154 Como $P(k)$ depende de *k*.

O paradoxo do aniversário

A surpresa é o pequeno tamanho do número 23. Com 365 datas para escolher, é fácil imaginar que seriam necessárias mais pessoas antes de uma coincidência se tornar mais provável. Esta intuição está errada, porque, à medida que vamos introduzindo pessoas novas, uma sequência decrescente de chances vai se multiplicando entre si. Então o resultado decresce mais depressa do que esperamos.

Mesmo aniversário que você

Pode haver outra razão para que fiquemos surpresos pelo pequeno tamanho do número. Talvez façamos confusão entre este problema e outro diferente: quantas pessoas deve haver para que a probabilidade de uma delas fazer aniversário no mesmo dia *que você* seja maior que ½?

Esta questão é levemente mais simples de analisar. Mais uma vez nós a invertemos e calculamos a probabilidade de que *ninguém* faça aniversário no mesmo dia que você. À medida que se considera cada pessoa nova, a probabilidade de que o aniversário dela seja diferente do seu é sempre a mesma, a saber

$$\frac{364}{365}$$

Então, com k pessoas, a probabilidade de que todos os aniversários sejam diferentes do seu é

$$\frac{364}{365} \times \ldots \times \frac{364}{365} = \left(\frac{364}{365}\right)^k$$

Aqui os números multiplicados não diminuem. Seu produto diminui à medida que forem sendo usados mais números, porque $^{364}/_{365}$ é menor que 1, mas a taxa de diminuição é mais lenta. Na verdade, agora precisamos de $k = 253$ antes que este número caia para abaixo de ½:

$$\left(\frac{364}{365}\right)^{253} = 0{,}499523$$

Agora a surpresa, se é que há alguma, é que o número seja tão *grande*.

Aniversários em Júpiter

Nós obtemos 23 porque há 365 dias no ano. O número 365 não tem nenhuma significação matemática especial aqui: ele surge por motivos astronômicos. Do ponto de vista matemático, deveríamos analisar um problema mais geral, no qual o número de dias do ano pode ser qualquer coisa que desejarmos.

Vamos começar com o problema do aniversário para os bluns – alienígenas fictícios que flutuam na atmosfera de hidrogênio-hélio de Júpiter porque suas células estão cheias de hidrogênio. Júpiter está mais distante do Sol que a Terra, então seu "ano" – o tempo que o planeta leva para dar uma volta em torno do Sol – é mais longo que o nosso (4 332,59 dias terrestres). E também gira mais depressa, de modo que o seu "dia" – o tempo que o planeta leva para dar uma volta em torno do seu eixo – é mais curto que o nosso (9h 55min 30seg). Então, o "ano" de Júpiter contém aproximadamente 10 477 "dias" jovianos.

Cálculos similares mostram que sempre que 121 bluns – três times de quarenta bluns cada, mais um árbitro – estão envolvidos num jogo de boia-bola, a probabilidade de que pelo menos dois deles compartilhem a data de aniversário é ligeiramente maior que ½. Na realidade,

$$1 - \left(\frac{10\ 476}{10\ 477} \times \frac{10\ 475}{10\ 477} \times \ldots \times \frac{10\ 356}{10\ 477}\right) = 0{,}501234$$

enquanto com 120 bluns a probabilidade é de 0,495455.

Matemáticos jovianos, insatisfeitos com ter de calcular repetidamente tais probabilidades para diferentes números de dias no ano, desenvolveram uma fórmula geral. Ela não é muito acurada, mas é uma aproximação bastante boa. E responde à pergunta geral: se há n datas possíveis para se escolher, quantas entidades precisam estar presentes para que a probabilidade de pelo menos duas fazerem aniversário no mesmo dia exceda ½?

Sem que os jovianos soubessem, uma frota invisível de invasores alienígenas do planeta Nibelbructe vinha circundando Júpiter por meio século joviano. Com o correr dos anos eles abduziram muitos quarentaedois de matemáticos jovianos na esperança de descobrir seu segredo. O caso é que o ano nibelbructiano contém exatamente $42^4 = 3\ 111\ 696$ dias nibelbructianos, e ninguém conseguiu calcular o substituto correto para 121.

O problema pode ser solucionado usando o segredo joviano. Eles provaram que com n datas para escolher, e k entidades presentes, a probabilidade de que pelo menos duas delas tenham o mesmo dia de aniversário excede pela primeira vez ½ quando k é próximo de

$$\sqrt{\ln 4} \times \sqrt{n}$$

onde a constante $\sqrt{\ln 4}$ é a raiz quadrada do logaritmo de 4 na base e [ou logaritmo natural de 4] e seu valor é aproximadamente 1,1774.

Experimentemos esta fórmula em três exemplos:

- *Terra:* $n = 365$ e $k \sim 22{,}4944$
- *Marte:* $n = 670$ e $k \sim 30{,}4765$
- *Júpiter:* $n = 10\ 477$ e $k \sim 120{,}516$

Arredondando k para o inteiro seguinte, os pontos de equilíbrio ocorrem para 23, 31 e 121 entidades. Estes são de fato os números exatos. No entanto, a fórmula não é muito acurada para n grande. Aplicada ao ano nibelbructiano, onde $n = 3\ 111\ 696$, a fórmula dá

$$k = 2\ 076{,}95$$

que, arredondado, dá 2 077. Um cálculo detalhado mostra que

$$P(k) = 0{,}4999$$

que é ligeiramente menor que ½. O número correto acaba sendo 2 078, para o qual

$$P(k) = 0{,}5002$$

A fórmula explica por que o número de entidades requeridas para que uma coincidência de aniversários seja mais provável do que não seja é tão pequeno. Ele é mais ou menos do mesmo tamanho geral que a *raiz qua-*

drada do número de dias do ano. E isso é muito menor do que o próprio número de dias. Por exemplo, para um ano com 1 milhão de dias, a raiz quadrada é de apenas mil.

Número esperado

Uma variante comum do problema é:

Com *n* aniversários possíveis, qual é o número *esperado* de entidades requeridas para que pelo menos duas delas façam aniversário no mesmo dia? Ou seja, que número de entidades precisamos em média?

Quando $n = 365$, a resposta acaba sendo 23,9. É tão perto de 23 que as duas perguntas às vezes se confundem. Mais uma vez, há uma boa fórmula de aproximação:

$$k \sim \sqrt{\frac{\pi}{2}} \times \sqrt{n}$$

e a constante $\sqrt{\pi/2} = 1{,}2533$. É um pouquinho maior que $\ln 4 = 1{,}1774$.

Frank Mathis descobriu uma fórmula mais acurada para o número de entidades requeridas para uma coincidência de aniversários ser mais provável do que não ser:

$$\frac{1}{2} + \sqrt{\frac{1}{4} + 2n \ln 2}$$

Srinivasa Ramanujan, um matemático indiano autodidata com genialidade para fórmulas, descobriu uma fórmula mais acurada para o número esperado de entidades:

$$\sqrt{\frac{\pi n}{2}} + \frac{2}{3} + \frac{1}{12}\sqrt{\frac{\pi}{2n}} - \frac{4}{135n}$$

26
Códigos secretos

ALGUÉM MENCIONA CÓDIGOS e imediatamente pensamos em James Bond ou *O espião que saiu do frio*. Mas quase todos nós usamos códigos secretos em nossas vidas cotidianas para atividades perfeitamente normais e legais, como por exemplo movimentar contas bancárias pela internet. Nossas transações com os bancos são encriptadas – colocadas em códigos – para que criminosos não possam ler as mensagens e acessarem nosso dinheiro. Pelo menos, não com facilidade.

Há 26 letras no alfabeto, e códigos práticos frequentemente usam o número 26. Em particular, a máquina Enigma, usada pelos alemães na Segunda Guerra Mundial, empregava rotores com 26 posições para corresponder às letras. Logo, esse número fornece um caminho razoável de entrada para a criptografia. No entanto, ele não tem propriedades matemáticas especiais nesse contexto, e princípios semelhantes funcionam com outros números.

A cifra de César

A história dos códigos remonta pelo menos ao Egito antigo, por volta de 1900 a.C. Júlio César usava um código simples na correspondência privada e para segredos militares. Suetônio, seu biógrafo, escreveu: "Se ele tinha algo confidencial a dizer, escrevia em cifra. Isto é, mudando a ordem das letras do alfabeto, de maneira que não se conseguisse formar uma palavra. Se alguém deseja decifrá-las e descobrir seu significado, deve substituir a quarta letra do alfabeto, ou seja, o D por A, e assim com as outras."

Nos tempos de César o alfabeto não incluía as letras J, U e W, mas nós trabalharemos com o alfabeto de hoje porque é mais familiar. Sua ideia era escrever o alfabeto na ordem habitual e então colocar embaixo uma versão deslocada – talvez algo assim:

A B C D E F G H I J K L M N O P Q R S T U V W X Y Z
F G H I J K L M N O P Q R S T U V W X Y Z A B C D E

Agora pode-se codificar a mensagem transformando cada letra do alfabeto normal na letra que está na mesma posição no alfabeto deslocado. Ou seja, A vira F, B vira G, e assim por diante. Por exemplo:

J U L I O C E S A R
O Z Q N T H J X F W

Para decodificar a mensagem, basta ler a correspondência entre os alfabetos na ordem inversa:

O Z Q N T H J X F W
J U L I O C E S A R

Para obter um dispositivo prático que desloque as letras no alfabeto todo, para dar a volta e recomeçar automaticamente, colocamos as letras num círculo ou num cilindro:

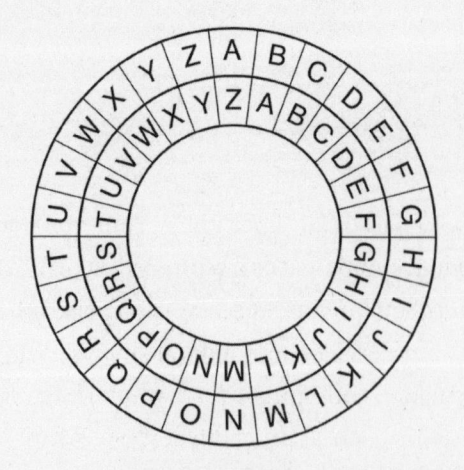

FIG 155 Dispositivos práticos para recomeço automático.

A cifra de César é simples demais para ser segura, pelas razões explicadas abaixo. Mas ela incorpora algumas ideias básicas comuns a todas as *cifras*, isto é, sistemas de códigos:

- *Texto original* – a mensagem original.
- *Texto cifrado* – a versão codificada, ou encriptada.
- *Algoritmo de encriptação* – o método usado para converter o texto original em texto cifrado.
- *Algoritmo de desencriptação* – o método usado para converter o texto cifrado no texto original.
- *Chave* – informação secreta necessária para encriptar e desencriptar o texto.

Na cifra de César, a chave é o número de passos em que o alfabeto é deslocado. O algoritmo de encriptação é "desloque o alfabeto usando a chave". O algoritmo de desencriptação é "desloque o alfabeto *no sentido inverso* da chave", isto é, menos o número de passos da chave.

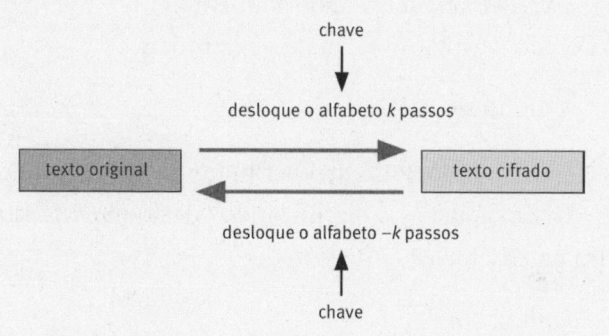

FIG 156 Características gerais de um sistema de cifra.

Neste sistema de cifra a chave de encriptação e a chave de desencriptação estão intimamente relacionadas: uma é menos a outra, ou seja, o mesmo deslocamento, mas no sentido inverso. Em tais casos, conhecer a chave de encriptação é efetivamente o mesmo que conhecer a chave de desencriptação. Tal sistema é chamado *cifra de chave simétrica*.

Aparentemente César empregava também cifras mais sofisticadas, que também serviam bem.

Formulação matemática

Podemos exprimir a cifra de César matematicamente usando aritmética modular [ver 7]. Neste caso, o módulo é 26 – o número de letras do alfabeto. A aritmética é executada como de hábito, mas há um ingrediente adicional: qualquer múltiplo inteiro de 26 pode ser substituído por zero. Exatamente o que precisamos para fazer o alfabeto deslocado "dar a volta" e começar de novo consistentemente.

Agora as letras A-Z estão representadas pelos números 0-25, com A = 0, B = 1, C = 2, e assim por diante, até Z = 25. A cifra de encriptação que desloca A (na posição 0) para F (na posição 5) é a regra matemática

$$n \to n + 5 \pmod{26}$$

Note que U (na posição 20) vai para 20 + 5 = 25 (mod 26), que representa Z, ao passo que V (na posição 21) vai para 21 + 5 = 26 = 0 (mod 26), que representa A. Isso mostra como a fórmula matemática assegura que o alfabeto "dê a volta e recomece" corretamente.

A cifra de desencriptação é uma regra similar:

$$n \to n - 5 \pmod{26}$$

Como $n + 5 - 5 = n$ (mod 26), a desencriptação desfaz a encriptação.

Em geral, com a chave k, significando "desloque k passos para a direita", a cifra de encriptação é a regra

$$n \to n + k \pmod{26}$$

e a cifra de desencriptação é a regra

$$n \to n - k \pmod{26}$$

A virtude de transformar a cifra em linguagem matemática é que agora podemos descrever cifras de maneira precisa e analisar suas propriedades sem nos preocupar com o alfabeto envolvido. Tudo agora funciona com *números*. Isso também nos permite considerar símbolos adicionais – letras minúsculas a, b, c, ... ; sinais de pontuação; números. Basta mudar 26 para algo maior e decidir de uma vez por todas como atribuir os números.

A quebra da cifra de César

A cifra de César é altamente insegura. Conforme descrito, há somente 26 possibilidades, então você poderia tentar todas elas até que uma mensagem decifrada parecesse fazer sentido. Isso não funciona para uma variação, chamada *código de substituição*, na qual o alfabeto é embaralhado, não somente deslocado. Agora há 26! códigos [ver 26!], o que é enorme. Mas há uma maneira simples de quebrar tais códigos. Em qualquer língua, algumas letras são mais comuns que outras.

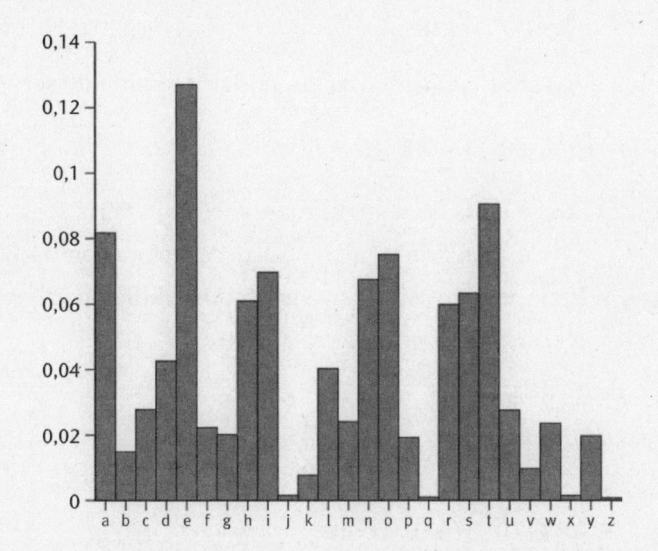

FIG 157 Gráfico da frequência de uma dada letra num texto típico em inglês.

Em inglês, a letra mais comum é E,* aparecendo em cerca de 13% das vezes. Em seguida vem o T com 9%, depois o A com 8%, e assim por diante. Se você interceptar um texto cifrado longo e desconfiar que ele foi gerado embaralhando o alfabeto, poderá calcular todas as frequências de letras. Mas se, digamos, a letra Q aparecer no texto cifrado com mais frequência que qualquer outra, você pode tentar substituir o Q por E. Se

---

* Optamos aqui em seguir o texto original, com os dados referentes à língua inglesa. (N.T.)

a segunda letra mais comum for M, veja o que acontece se substituir o M por T, e assim por diante. Você pode misturar um pouquinho a ordem; mesmo assim terá muito menos possibilidades para tentar.

Suponha, por exemplo, que o texto cifrado é, em parte,

X J M N Q X J M A B W

e você sabe que as três letras mais frequentes em todo o texto cifrado são Q, M e J, nessa ordem. Substitua Q por E, M por T e J por A, deixando o resto em branco:

_ A T _ E _ A T _ _ _

Não é difícil adivinhar que a mensagem poderia realmente ser

M A T H E M A T I C S

Dado um pouco mais do texto cifrado você logo veria se isso faz sentido, porque agora está adivinhando que X desencripta como M; N como H; A como I; B como C; e W desencripta como S. Se em algum outro trecho do texto cifrado aparecer

W B A Q R B Q H A B M A L R

então uma tentativa de desencriptação é

S C I E _ C E _ I C T I _ _

sugerindo que deve ser

S C I E N C E F I C T I O N

A ocorrência dupla do N acrescenta uma confirmação útil, e agora você sabe como são N, F e O encriptados. Este processo é rápido, até mesmo à mão, e quebra o código rapidamente.

Há milhares de métodos de código diferentes. O processo de quebrar um código – descobrir como desencriptar mensagens sem estar informado do algoritmo ou da chave – depende do código. Existem alguns métodos práticos que são quase impossíveis de quebrar, porque a chave fica mudando antes que os criptógrafos tenham informação suficiente. Na Segunda Guerra Mundial isso foi conseguido usando "blocos de uma vez só": basicamente, um caderno de chaves complicadas, cada uma das quais usada uma única vez para uma mensagem curta e depois destruída. O problema principal com tais métodos é que o espião precisa carregar consigo um bloco de notas – ou, nos dias de hoje, alguma engenhoca eletrônica que desempenhe o mesmo papel – e este pode ser encontrado em posse do espião.

A máquina Enigma

Um dos mais famosos sistemas de cifras é a máquina alemã Enigma, usada na Segunda Guerra Mundial. O código foi quebrado por matemáticos e engenheiros eletrônicos trabalhando em Bletchley Park, sendo o mais famoso deles o pioneiro em ciência da computação Alan Turing. Eles foram altamente auxiliados nessa tarefa por terem em sua posse uma máquina Enigma, que lhes foi fornecida em 1939 por uma equipe de criptógrafos poloneses que já tinha feito progresso significativo para quebrar o código da Enigma.

Outros códigos alemães também foram quebrados, inclusive a ainda mais difícil cifra de Lorenz, e nesse caso não havia máquina real à disposição. Em vez disso, uma equipe de criptoanalistas sob o comando de Ralph Tester deduziu a estrutura provável da máquina a partir das mensagens enviadas. Então William Tutte teve uma iluminação e conseguiu dar início à quebra do código, o que se mostrou útil sobre a maneira como a máquina funcionava. Depois disso, o progresso foi mais rápido. A tarefa prática de quebrar este código exigiu um dispositivo eletrônico, o Colossus, projetado e construído por uma equipe comandada por Thomas Flowers. O Colossus foi, efetivamente, um dos primeiros computadores eletrônicos, projetado para uma tarefa específica.

A máquina Enigma consistia de um *teclado* para entrar com o texto original e uma série de *rotores* com 26 posições correspondentes às letras

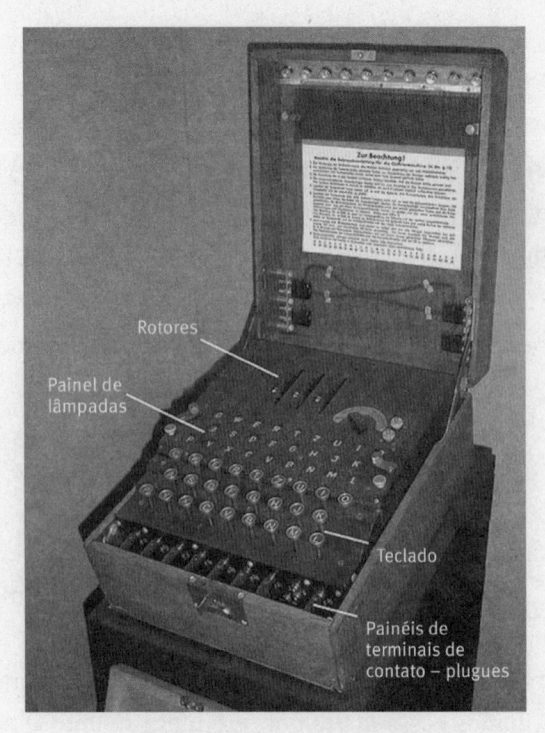

FIG 158 Uma máquina Enigma.

do alfabeto. As primeiras máquinas tinham três rotores; mais tarde este número foi aumentado para um conjunto de cinco – oito para a Marinha alemã –, dos quais apenas três eram selecionados num determinado dia. O propósito dos rotores era embaralhar as letras do texto original *de uma maneira que mudasse toda vez que fosse datilografada uma nova carta*. O método preciso é complicado.

Grosso modo, o processo é assim:

Cada rotor embaralha o alfabeto como uma cifra de César, com o deslocamento determinado pela sua posição. Quando o primeiro rotor é alimentado com uma carta, o resultado deslocado é passado para o segundo rotor e deslocado novamente; então o resultado é passado para o terceiro rotor e deslocado uma terceira vez. Neste ponto o sinal alcança um *refletor* – um conjunto de treze fios ligando letras em pares – que troca a letra resultante para a outra à qual esteja eventualmente ligada. Aí o resultado é passado de volta pelos três rotores, para produzir a letra de código final correspondente ao input fornecido.

O texto cifrado é então lido de um *painel de lâmpadas*: 26 lâmpadas, uma atrás de cada letra do alfabeto, que se acendem para mostrar a letra do texto cifrado que corresponde à letra no texto original que acabou de ser digitada.

A característica mais engenhosa do dispositivo é como a correspondência entre a carta com texto original e a carta com texto cifrado resultante *muda* a cada toque sucessivo do teclado. Quando cada letra nova é digitada no teclado, os rotores se travam na posição seguinte, de modo que embaralham o alfabeto de maneira diferente. O rotor da direita se move toda vez um passo adiante. O rotor central move-se um passo toda vez que o rotor da direita passa pelo Z e volta para o A. O rotor da esquerda faz o mesmo em relação ao rotor central.

FIG 159 Uma série de três rotores.

Os rotores, portanto, trabalham mais ou menos do mesmo jeito que um hodômetro de automóvel (antes de se tornarem eletrônicos). Aqui o dígito das "unidades" completa o ciclo de 0 a 9 e depois volta ao 0, um passo de cada vez. O dígito das "dezenas" faz a mesma coisa, porém só se move quando é alimentado com uma "passada" da posição de unidades, quando ela volta do 9 para o 0. Da mesma maneira, o dígito das "centenas" aumenta de 1 só quando é alimentado por uma "passada" da posição das dezenas. A série de três dígitos, portanto, vai de 000 a 999, somando 1 de cada vez, e então reverte para 000.

No entanto, os motores da Enigma tinham 26 "dígitos" – as letras A-Z – em vez de 10. Além disso, podiam ser fixados em qualquer posição inicial, num total de $26 \times 26 \times 26 = 17\,576$ posições. Em situação real, esta posição inicial era determinada no começo do dia e usada durante 24 horas antes de ser reformulada.

Descrevi o processo de avanço da máquina passo a passo em termos de rotores da esquerda, central e da direita, mas na verdade ela podia ser acionada de modo a usar qualquer uma das ordens possíveis dos rotores. Isso imediatamente multiplica as possibilidades de montagem inicial por 6, dando 105 456 possibilidades.

Para uso militar, era providenciado um nível de segurança adicional por um painel de terminais de contato, ou plugues, que trocava pares de letras dependendo da associação entre uma letra e outra conforme a conexão. Eram usados até dez desses cabos, fornecendo 150 738 274 937 250 possibilidades. Mais uma vez, as associações no painel de terminais de contato eram trocadas diariamente.

Este sistema tem uma vantagem prática importante para o usuário: é simétrico. A mesma máquina pode ser usada para desencriptar mensagens. A configuração inicial para um determinado dia deve ser transmitida a todos os usuários: os alemães usavam uma versão de bloquinhos de uso único para efetivar isso.

FIG 160 O painel de terminais de contato com dois cabos inseridos.

A quebra do código Enigma

No entanto, o procedimento também tinha fraquezas. A mais óbvia era que se o inimigo – neste caso, os Aliados – conseguisse deduzir a configuração, então todas as mensagens enviadas nesse dia podiam ser desencriptadas. Havia outras, também. Em particular, o código era vulnerável se a mesma configuração fosse empregada dois dias seguidos – como às vezes acontecia por engano.

Explorando tais fraquezas, a equipe em Bletchley Park quebrou o código Enigma pela primeira vez em janeiro de 1940. O trabalho se apoiou fortemente no conhecimento e nas ideias de um grupo de criptonalistas poloneses sob o comando do matemático Marian Rejewski, que vinha tentando quebrar os códigos Enigma desde 1932. Os poloneses identificaram uma falha, baseada na maneira como a configuração diária era transmitida aos usuários. Isso efetivamente reduzia o número de configurações a serem consideradas, de 10 mil trilhões para cerca de 100 mil. Catalogando estes padrões de configuração, os poloneses puderam rapidamente deduzir qual configuração estava sendo usada num determinado dia. Para auxiliá-los, eles inventaram uma máquina chamada ciclômetro. A preparação do catálogo levou cerca de um ano, mas uma vez completado eram necessários apenas quinze minutos para deduzir as configurações do dia e quebrar o código.

Os alemães aperfeiçoaram o sistema em 1937, e os poloneses tiveram que recomeçar tudo de novo. Desenvolveram diversos métodos gerais, sendo o mais potente um dispositivo chamado *bomba kryptologiczna* (bomba criptológica). Cada um deles executava uma análise de força bruta das 17 576 configurações iniciais possíveis dos três rotores, para cada uma das seis possibilidades em que podiam ser arranjados.

Em 1939, pouco depois de chegar a Bletchley Park, Turing introduziu uma versão britânica da bomba, conhecida como *bombe*. Mais uma vez, sua função era deduzir as configurações iniciais dos rotores, bem como a ordem dos mesmos. Em junho de 1941, havia cinco *bombes* em uso; no fim da guerra, em 1945, havia 210. Quando a Marinha alemã passou a utilizar máquinas de quatro rotores, *bombes* modificadas foram produzidas.

À medida que o sistema alemão era modificado para aumentar a segurança, os encarregados de quebrar os códigos achavam meios de anular as melhorias. Em 1945, os Aliados conseguiam desencriptar quase todas as mensagens alemãs, mas o alto-comando germânico seguia acreditando que todas as comunicações eram seguras. Seus criptógrafos, por outro lado, não tinham tais ilusões, mas duvidavam de que qualquer um fosse capaz de fazer o tremendo esforço necessário para quebrar o código. Os Aliados tinham conquistado uma enorme vantagem, mas precisavam ter cautela sobre como utilizá-la sem trair sua capacidade de desencriptar mensagens.

Códigos de chave assimétrica

Uma das maiores ideias em criptografia é a possibilidade de chaves *assimétricas*. Aqui as chaves de encriptação e desencriptação são diferentes; tanto é assim que na prática não é possível descobrir a chave de desencriptação conhecendo a de encriptação. Pode parecer improvável, já que um processo é o inverso do outro, mas existem métodos para configurá-las de modo que "trabalhar com o método de encriptação de trás para a frente" não é viável. Um exemplo é o código RSA [ver 7], baseado em propriedades dos números primos em aritmética modular. Nesse sistema, o algoritmo de encriptação, o algoritmo de desencriptação e a chave de encriptação podem ser *divulgados* ao público, e mesmo assim não é possível deduzir a chave de desencriptação. Contudo, os destinatários legítimos das mensagens podem fazê-lo porque também possuem uma *chave secreta*, dizendo-lhes como desencriptar as mensagens.

56

Conjectura da salsicha

FOI PROVADO QUE o arranjo de esferas cujo "invólucro convexo" tem o menor volume é sempre uma salsicha para 56 esferas ou menos, mas não para 57.

Empacotamento superespremido

Para entender este resultado, comecemos com algo mais simples: empacotar círculos. Suponha que você esteja empacotando uma porção de círculos idênticos no plano, espremendo-os o máximo e cercando o conjunto com a menor curva possível. Tecnicamente, esta curva é chamada "invólucro convexo" do conjunto de círculos. Com sete círculos, por exemplo, você poderia tentar uma longa "salsicha":

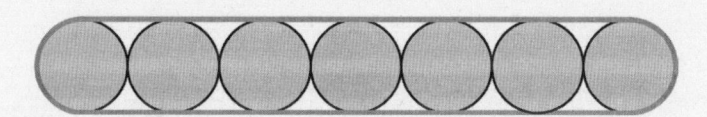

FIG 161 Formato de salsicha servindo de invólucro.

No entanto, suponha que você queira que a *área* total dentro da curva seja a menor possível. Se cada círculo tem raio 1, então a área para a salsicha é

$24 + \pi = 27{,}141$

Mas há um arranjo de círculos melhor, um hexágono com um círculo central, e agora a área é

$$12 + \pi + 6\sqrt{3} = 25{,}534$$

que é menor.

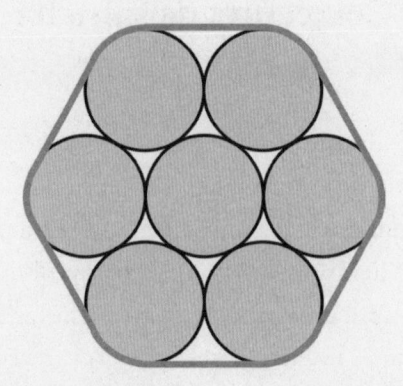

FIG 162 Formato hexagonal e o invólucro. Este arranjo fornece uma área menor que a da salsicha.

Na verdade, mesmo com três círculos, o formato de salsicha não é o melhor. A área interna da curva é

$$8 + \pi = 11{,}14$$

para a salsicha, mas

$$6 + \pi + \sqrt{3} = 10{,}87$$

para um triângulo de círculos.

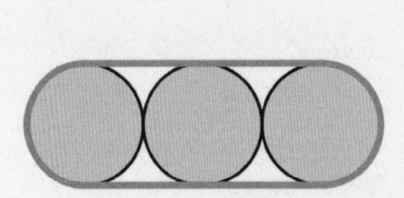

FIG 163 Formato de salsicha e o invólucro com três círculos. O triângulo tem área menor.

Contudo, se você usar *esferas* idênticas em vez de círculos, e espremê-las o máximo dentro da superfície com a menor *área* possível, então agora constatamos que para sete esferas a salsicha comprida leva a um *volume* menor do que o arranjo hexagonal. Na verdade, este padrão de salsicha fornece o menor volume dentro do invólucro para qualquer número de esferas até 56 inclusive. Mas com 57 esferas ou mais, os arranjos mínimos são mais rotundos.

Menos intuitivo ainda é o que se passa em espaços de quatro ou mais dimensões. O arranjo de esferas quadridimensionais cujo invólucro dê o menor "volume" quadridimensional é uma salsicha para qualquer quantidade de esferas até pelo menos 50 mil. Todavia, *não* é uma salsicha para mais de 100 mil esferas. Então o empacotamento de menor volume usa salsichas de esferas finas muito compridas até que haja montões delas. Ninguém sabe o valor exato no qual as salsichas quadridimensionais deixam de ser a melhor solução.

A mudança realmente fascinante *provavelmente* ocorre em cinco dimensões. Seria de imaginar que em cinco dimensões as salsichas funcionem melhor para, digamos, 50 bilhões de esferas, mas aí algo mais rotundo produz um volume pentadimensional menor; e para seis dimensões acontece o mesmo tipo de coisa até 29 zilhões de esferas, e assim por diante. Mas, em 1975, Laszlo Fejes Tóth formulou a *conjectura da salsicha*, que afirma que, para cinco ou mais dimensões, o arranjo de esferas cujo invólucro convexo tenha volume mínimo é *sempre* uma salsicha – por maior que seja a quantidade de esferas.

Em 1998, Ulrich Betke, Martin Henk e Jörg Wills provaram que Tóth estava certo para qualquer número de dimensões maior ou igual a 42. Até a presente data, é o máximo que sabemos.

168

Geometria finita

DURANTE SÉCULOS, a geometria euclidiana foi a única geometria. Ela era considerada a verdadeira geometria do espaço, o que significava que nenhuma outra geometria era possível. Nós não acreditamos mais em nenhuma dessas afirmações. Há muitos tipos de geometria não euclidiana, correspondente a superfícies curvas. A relatividade geral demonstrou que o espaço-tempo real é curvo, não plano, perto de corpos de grande massa como as estrelas [ver 11]. Todavia, um outro tipo de geometria, a geometria projetiva, veio da perspectiva na arte. Há até mesmo geometrias com finitos muitos pontos. A mais simples tem sete pontos, sete retas e 168 simetrias. Ela leva à história extraordinária dos grupos simples finitos, culminando no bizarro grupo conhecido – justificadamente – como o monstro.

Geometria não euclidiana

Quando os seres humanos começaram a navegar pelo globo, a geometria esférica – a geometria natural sobre a superfície de uma esfera – ganhou proeminência, porque uma esfera é um modelo bastante acurado do formato da Terra. Não era um modelo exato; a Terra se assemelha mais a um esferoide, achatada nos polos. Mas a navegação tampouco era exata. No entanto, uma esfera é uma superfície no espaço euclidiano, então tinha-se a sensação de que a geometria esférica não era um tipo novo de geometria, apenas uma especialização de Euclides. Afinal, ninguém considerava a geometria de um triângulo um afastamento radical de Euclides, ainda que tecnicamente um triângulo não seja um plano.

Tudo isso mudou quando os matemáticos começaram a olhar atentamente uma das características da geometria euclidiana: a existência de retas paralelas. Estas retas que nunca se encontram, por mais que sejam estendidas. Euclides deve ter percebido que as paralelas têm sutilezas, porque foi perspicaz o suficiente para fazer da sua existência um dos axiomas básicos para o desenvolvimento da geometria. Ele deve ter percebido que não era algo óbvio.

A maioria dos seus axiomas eram claros e intuitivos: "quaisquer dois ângulos retos são iguais", por exemplo. Em contraste, o axioma das paralelas era um bom pedaço de texto. "Se um segmento de reta intercepta duas retas formando ângulos internos do mesmo lado cuja soma é menor que dois ângulos retos, então as duas retas, se estendidas infinitamente, encontram-se do lado em que os ângulos somam menos de dois ângulos retos." Os matemáticos começaram a se perguntar se este tipo de complexidade era necessário. Seria possível provar a existência de paralelas a partir do restante dos axiomas de Euclides?

Eles conseguiram substituir a incômoda formulação de Euclides por premissas mais simples e intuitivas. Talvez a mais simples de todas seja o axioma de Playfair: dada uma reta, e um ponto fora dela, há uma única reta paralela à reta dada passando por esse ponto. O axioma recebe o nome de John Playfair, que o enunciou no seu *Elements of Geometry*, de 1795. Estritamente falando, ele afirmava que existia no máximo uma paralela, porque outros axiomas podiam ser usados para provar que uma paralela existe. Foram feitas muitas tentativas para derivar o axioma das paralelas do restante dos axiomas de Euclides, mas todas fracassaram. Por fim, o motivo ficou aparente: é impossível de ser feito. Existem modelos de geometria que satisfazem todos os axiomas de Euclides, *exceto* o das paralelas. Se houvesse uma prova do axioma das paralelas, então o axioma seria válido em tal modelo; no entanto, não é. Portanto, nada de prova.

De fato, a geometria esférica provê um modelo desses. "Reta" é reinterpretado como "círculo máximo", um círculo no qual um plano passando pelo centro encontra a esfera. Quaisquer dois círculos máximos se encontram, portanto nesta geometria não há paralelas. Este contraexemplo passou despercebido, porém, porque quaisquer dois círculos máximos encontram-se em dois pontos, diametralmente opostos um ao outro. Em contraste, Euclides requer que duas retas quaisquer se encontrem num único ponto, a menos que sejam paralelas e não se encontrem em ponto nenhum.

Do ponto de vista moderno, a resposta é imediata: reinterpretar "ponto" como "par de pontos diametralmente opostos". Isso resulta no que agora chamamos de geometria elíptica. Mas era algo abstrato demais para os paladares antigos, e deixava uma brecha que Playfair explorou ao descartar essa geometria. Em vez disso, os matemáticos desenvolveram a geometria hiperbólica, na qual por um ponto passam infinitas paralelas a uma reta dada. Um modelo padrão é o disco de Poincaré, que é o interior de um círculo. Uma *reta* é definida como qualquer arco de círculo que encontre com a fronteira em ângulos retos. Levou praticamente um século para que essas ideias penetrassem e deixassem de ser controversas.

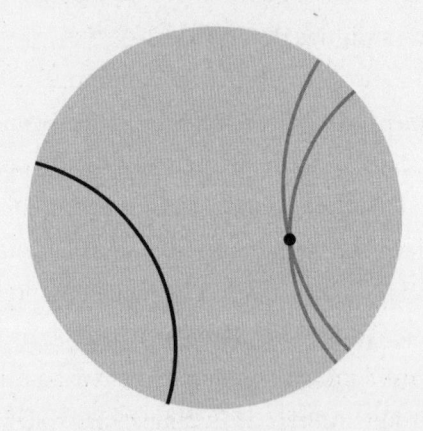

FIG 164 Modelo do disco de Poincaré do plano hiperbólico (sombreado). As duas retas de cor cinza são paralelas à reta preta e passam pelo mesmo ponto.

Geometria projetiva

Nesse meio-tempo, surgia outra variante da geometria euclidiana. Esta veio da arte e da arquitetura, quando artistas da Renascença italiana estavam desenvolvendo o desenho em perspectiva. Suponha que você está parado sobre um plano euclidiano, entre duas paralelas – como alguém no meio de uma estrada infinitamente longa e absolutamente reta. O que você vê?

O que você *não vê* são duas retas que nunca se encontram. Em vez disso, vê duas retas que se encontram no horizonte.

Como é possível? Euclides diz que as paralelas não se encontram; o olho lhe diz que se encontram, sim. Mas, na verdade, não há nenhuma contradição lógica. Euclides diz que as paralelas não se encontram *num ponto do plano*. O horizonte não é parte do plano. Se fosse, seria a borda do plano, mas o plano não tem bordas. O que o artista necessita não é um plano euclidiano, mas um plano com um elemento adicional: o horizonte. E este pode ser pensado como uma "reta no infinito", composto de "pontos no infinito" – que é onde as paralelas se encontram.

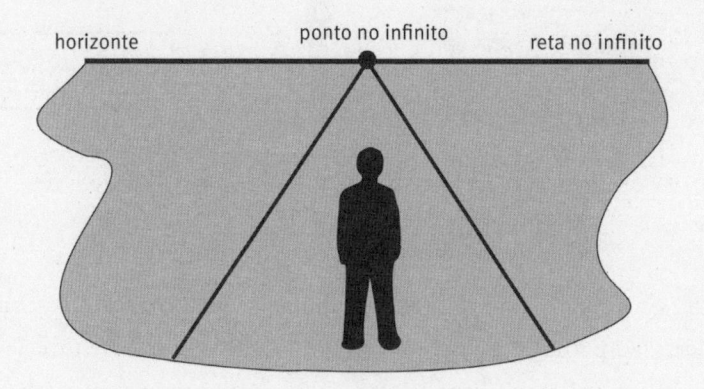

FIG 165 Paralelas se encontram no horizonte.

Esta descrição faz mais sentido se pensarmos sobre o que o artista faz. Ele monta o cavalete com uma tela e transfere a cena à sua frente para a tela, *projetando-a*. Ele o faz a olho, ou utilizando dispositivos mecânicos ou óticos. Matematicamente, você projeta um ponto na tela desenhando uma reta que vai do ponto até o olho do artista, e desenha um ponto no lugar onde a reta encontra a tela. É basicamente assim que funciona uma câmera: a lente projeta o mundo exterior sobre o filme ou, no caso de câmeras digitais, um dispositivo de carga acoplada. De maneira semelhante, o olho projeta a cena sobre a retina.

Para ver de onde vem o horizonte, refazemos o desenho das paralelas visto lateralmente (figura da direita). Pontos no plano euclidiano (em cinza) projetam pontos abaixo do horizonte. Retas diante do artista projetam retas que *terminam* no horizonte. O horizonte em si não é projeção de nenhum ponto do plano. Suponha que você tente encontrar tal ponto projetando o horizonte de volta, como mostra a seta. Esta é paralela ao plano, então nunca o encontra. Ela continua "até o infinito" sem atingir o plano. Assim, nada *no plano* corresponde ao horizonte.

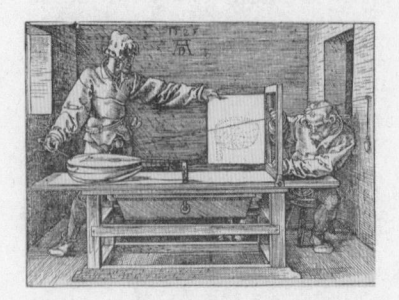

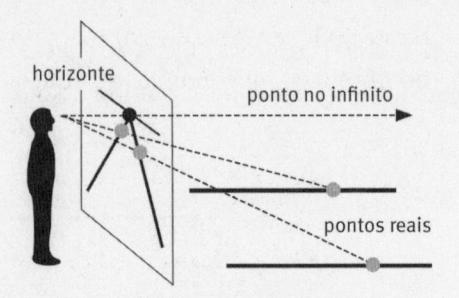

FIG 166 *Esquerda:* Gravura de Dürer de 1525 ilustrando projeção. *Direita:* Projetando retas paralelas sobre a tela.

Uma geometria consistentemente lógica pode ser montada com base nessa ideia. O plano euclidiano é estendido adicionando-se uma "reta no infinito", feita de "pontos no infinito". Nesta montagem, chamada geometria projetiva, não existem paralelas. Duas retas distintas quaisquer sempre se encontram, exatamente num ponto. Além disso, como na geometria euclidiana, dois pontos quaisquer podem ser unidos por uma reta. Assim, agora há uma agradável "dualidade": se trocarmos pontos por retas e retas por pontos, todos os axiomas permanecem válidos.

O plano de Fano

Perseguindo essa nova ideia, os matemáticos se perguntaram se poderia haver análogas finitas da geometria projetiva. Ou seja, configurações feitas de um número finito de pontos e retas, nas quais

- Quaisquer dois pontos distintos estejam exatamente sobre uma reta.
- Quaisquer duas retas distintas se encontrem exatamente num ponto.

Na verdade, tais configurações existem – não necessariamente como desenhos no plano ou no espaço. Elas podem ser definidas algebricamente estabelecendo um tipo de sistema de coordenadas para geometria projetiva. Em vez do par de números reais (x,y) que normalmente usamos no plano euclidiano, usamos um trio (x,y,z). Habitualmente, trios definem coordenadas no espaço euclidiano tridimensional, mas nós impomos uma condição adicional: as únicas coisas que importam são as razões entre as coordenadas. Por exemplo, (1,2,3) representa a mesma posição que (2,4,6) ou que (3,6,9).

Agora podemos *quase* substituir (x,y,z) pelo par $(x/z, y/z)$, que nos leva de volta a duas coordenadas e ao plano euclidiano. No entanto, z pode ser zero. Se for, podemos pensar em x/z e y/z como "infinito", com a maravilhosa característica de que a razão x/y ainda faz sentido. Logo, pontos com coordenadas $(x,y,0)$ estão "no infinito", e o conjunto de todos eles forma uma reta no infinito – o horizonte. Apenas um trio precisa ser excluído para fazer tudo dar certo: estamos de acordo que (0,0,0) não representa um ponto. Se representasse, representaria todos os pontos, já que (x,y,z) e $(0x,0y,0z)$ seriam a mesma coisa. Mas este último é (0,0,0).

Tendo nos acostumado a essas coordenadas homogêneas, como são chamadas, podemos fazer um jogo semelhante com maior generalidade. Em particular, podemos obter configurações finitas com as propriedades exigidas mudando as coordenadas de números reais para inteiros módulo p, onde p é primo. Se pegarmos $p = 2$, o caso mais simples, as coordenadas possíveis são 0 e 1. Há oito trios, porém mais uma vez (0,0,0) não é permitido, deixando sete pontos:

(0,0,1)   (0,1,0)   (1,0,0)   (0,1,1)   (1,0,1)   (1,1,0)   (1,1,1)

A "geometria projetiva finita" resultante é chamada plano de Fano, em homenagem ao matemático italiano Gino Fano, que publicou a ideia em 1892. Na verdade, ele descreveu um espaço projetivo finito tridimensional com quinze pontos, 35 retas e quinze planos. Emprega quatro coordenadas, sempre 0 ou 1, excluindo (0,0,0,0). Cada plano tem a mesma geometria que o plano de Fano.

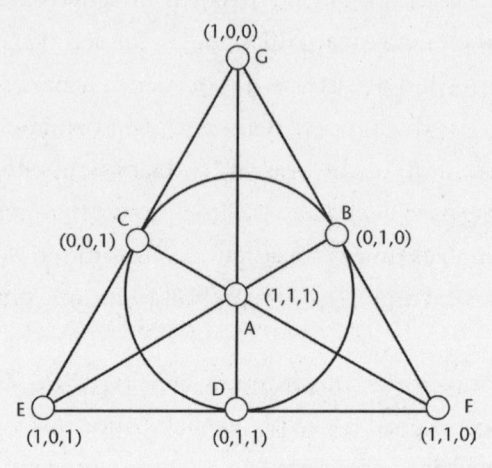

FIG 167   Os sete pontos e sete retas do plano de Fano.

O plano de Fano tem sete retas, cada uma consistindo de três pontos, e sete pontos, cada um sobre três retas. No desenho, todos os segmentos são retos, exceto BCD, que é circular, mas isso provém da tentativa de representar inteiros módulo 2 num plano convencional. Na verdade, todos os sete pontos são tratados simetricamente. As coordenadas de três pontos quaisquer que formam uma reta sempre somam zero: por exemplo, a reta inferior corresponde a

$$(1,0,1) + (0,1,1) + (1,1,0) = (1 + 0 + 1, 0 + 1 + 1, 1 + 1 + 0) = (0,0,0)$$

já que $1 + 1 = 0$ módulo 2.

Simetrias no plano de Fano

Até agora nem sinal do número 168, mas estamos perto. A chave é a simetria.

Uma *simetria* de um objeto ou sistema matemático é um modo de transformá-lo preservando sua estrutura. As simetrias naturais da geometria euclidiana são movimentos rígidos, que não modificam ângulos nem distâncias. Exemplos são translações, que fazem deslizar o plano para os lados; rotações, que giram o plano ao redor de um ponto fixo; e reflexões, que o espelham em relação a uma linha fixa.

As simetrias naturais da geometria projetiva não são movimentos rígidos, porque projeções podem distorcer formas e encolher ou ampliar comprimentos e ângulos. São projeções: transformações que não alteram relações de incidência, isto é, quando um ponto encontra ou não uma reta. Simetrias são agora reconhecidas como propriedades vitais de todos os objetos matemáticos. Então, é natural perguntar quais são as simetrias do plano de Fano.

Aqui não me refiro às simetrias de movimento rígido do desenho. Como um triângulo equilátero, ele tem seis simetrias de movimento rígido. Refiro-me a permutações dos sete pontos, tais que sempre que três pontos formem uma reta, os pontos permutados também formem uma reta. Por exemplo, poderíamos transformar a reta da base EDF no círculo CDB. Vamos representar isso por

$E' = C; D' = D; F' = B$

de maneira que o par mostre como transformar essas três letras. Temos de decidir o que devem ser A', B', C' e G', do contrário não terminamos com uma permutação. Precisam ser diferentes de C, D e B. Talvez possamos tentar

$A' = E$

e ver qual é a consequência. Como ADG é uma reta, A' D' G' deve ser uma reta. Mas já resolvemos que A' = E e D' = D. O que deveria ser G'? Para achar a resposta, observe que a única reta contendo E e D é EDF. Logo, temos de fazer G' = F. Completando retas sucessivas desta maneira descobrimos que B' = G e C' = A. Então minha permutação mapeia ABCDEFG como A'B'C'D'E'F'G', que é EGADCBF.

Não é algo imediato visualizar essas transformações, mas podemos achá-las algebricamente dessa maneira. Há mais transformações do que seria de esperar. Na verdade, há 168 delas.

Para provar isso, usamos o método acima, que é típico. Comece pelo ponto A. Aonde ele pode ir? Em princípio para qualquer um dos outros B,C,D,E,F,G, de modo que há sete opções. Suponha que ele se mova para A'. Feito isso, olhe o ponto B. Podemos mover B para qualquer uma das seis posições sem nos metermos em encrenca com as relações de incidência. Isso dá $7 \times 6 = 42$ simetrias potenciais até aqui. Tendo decidido que A e B vão para A' e B', não temos escolha sobre para onde levar E, o terceiro ponto da reta. AB. Ele precisa se mover para a posição do terceiro ponto em A'B', seja ele qual for – não há possibilidades adicionais. No entanto, ainda há quatro pontos cujos destinos não estão decididos. Escolha um deles: ele pode se mover para *qualquer* um desses quatro pontos. Mas uma vez escolhido seu destino, todo o resto é determinado pela geometria.

Pode-se verificar que todas as combinações preservam as relações de incidência: retas correspondentes sempre se encontram em pontos correspondentes. Assim, ao todo há $7 \times 6 \times 4 = 168$ simetrias. Um modo civilizado de provar tudo isso é usar álgebra linear no corpo dos inteiros módulo 2. As referidas transformações são então representadas em matrizes inversíveis 3×3 com entradas 0 e 1.

A quártica de Klein

O mesmo grupo surge em análise complexa. Em 1893, Adolf Hurwitz provou que uma superfície complexa (tecnicamente, uma superfície de Riemann compacta) com g furos tem no máximo $84(g-1)$ simetrias. Quando há três furos, este número é 168. Felix Klein construiu uma superfície conhecida como quártica de Klein, com a equação

$$x^3y + y^3z + z^3x = 0$$

em coordenadas homogêneas *complexas* (x,y,z). O grupo de simetria desta superfície acaba sendo o mesmo que o do plano de Fano, então tem a máxima ordem possível predita pelo teorema de Hurwitz, 168. A superfície está relacionada a um ladrilhamento do plano hiperbólico por triângulos, sete dos quais encontram-se em cada vértice.

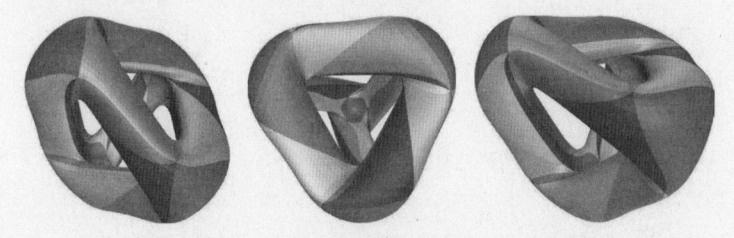

FIG 168 Três seções reais da quártica de Klein.

FIG 169 Ladrilhamento associado do plano hiperbólico, retratado no modelo do disco de Poincaré.

Grupos simples e o monstro

As simetrias de qualquer sistema ou objeto matemático formam um *grupo*. Em linguagem comum isso significa simplesmente uma coleção, ou conjunto, mas em matemática refere-se a uma coleção com uma característica adicional. Quaisquer dois membros dessa coleção podem ser *combinados* para dar outro membro da coleção. É um pouco como a multiplicação: dois membros *g, h* do grupo combinam-se para dar *gh*. Mas os membros, e a operação que os combina, podem ser qualquer coisa que desejarmos. Contanto que tenha algumas propriedades bacanas, que são motivadas por simetrias.

Simetrias são transformações, e o modo como combinar duas transformações é executar primeiro uma delas, depois a outra. Esta noção particular de "multiplicação" obedece a diversas propriedades algébricas simples. A multiplicação é associativa: $(gh)k = g(hk)$. Há uma identidade 1 tal que $1g = g1 = g$. Todo g tem um inverso g^{-1} tal que $g^{-1} = g^{-1}g = 1$. (A propriedade comutativa $gh = hg$ *não é* exigida, pois falha para muitas simetrias.) Qualquer sistema matemático equipado com uma operação que obedeça a essas três regras é chamado *grupo*.

Para simetrias, a propriedade associativa é automaticamente verdadeira porque estamos combinando transformações; a identidade é a transformação "não faça nada", e o inverso de uma transformação é "desfaça". Assim, as simetrias de qualquer sistema ou objeto formam um grupo sob composição. Em particular, isso vale para o plano de Fano. O número de transformações em seu grupo de simetria (chamado ordem do grupo) é 168. E ele acaba se mostrando um grupo bastante incomum.

Muitos grupos podem ser divididos em combinações de grupos menores – é um pouco como decompor números em fatores primos, mas o processo é mais complicado. Os análogos dos fatores primos são chamados *grupos simples*. Esses grupos não podem ser divididos desta maneira. "Simples" não quer dizer "fácil" – quer dizer que "tem um só componente".

Há uma quantidade infinita de grupos finitos – grupos de ordem finita, ou seja, com número de membros finito. Se você escolher um ao acaso, ele raramente é simples – assim como os primos são raros em comparação com os números compostos. No entanto, há infinitos grupos simples, mais uma vez, como os primos. De fato, alguns estão relacionados aos primos, Se *n* é um número qualquer, então os inteiros módulo *n* [ver 7] formam um grupo se compusermos os membros somando-os. Isso se chama grupo cíclico de ordem *n*. E é simples exatamente quando *n* é primo. De fato, todos os grupos simples de ordem prima são cíclicos.

Será que existem outros grupos? Galois, em seu trabalho sobre as quínticas – equações de quinto grau –, achou um grupo simples de ordem 60. Não é um número primo, então o grupo não é cíclico. Consiste em todas as permutações pares [ver 2] de cinco objetos. Para Galois, os objetos eram as cinco soluções de uma equação quíntica [ver 5], e o grupo de simetria da equação consistia em todas as 120 permutações dessas soluções. Dentro dele estava seu grupo de ordem 60, e Galois sabia que, pelo fato de este grupo ser simples, não existe fórmula algébrica para as soluções. A equação tem *o tipo errado de simetria* para ser resolvida por uma fórmula algébrica.

O próximo maior grupo simples não cíclico tem ordem 168, e é o grupo de simetria do plano de Fano. Entre 1995 e 2004, cento e tantos algebristas conseguiram classificar todos os grupos simples finitos; ou seja, listar todos eles. O resultado desse trabalho monumental, que ocupou pelo menos 10 mil páginas em publicações científicas, é que todo grupo simples finito se encaixa numa família infinita de grupos intimamente relacionados, e há dezoito famílias diferentes. Uma família, a dos grupos lineares especiais projetivos, começa com o grupo simples de ordem 168.

Bem, não é exatamente assim. Há precisamente 26 exceções, chamadas grupos esporádicos. Essas criaturas são uma mistureba fascinante – indivíduos excepcionais às vezes frouxamente relacionados entre si. A tabela lista todos os 26, com seus nomes e ordens.

A maioria desses grupos é batizada com o nome de quem os descobriu, mas o maior deles é chamado "o monstro"; com justiça, porque sua ordem é aproximadamente 8×10^{53}. Para ser preciso:

808 017 424 794 512 875 886 459 904 961 710 757 005 754 368 000 000 000

Veja a tabela para fatoração em primos, que é mais útil para os teóricos dos grupos. Fiquei tentado a dedicar um capítulo a esse número, mas me contentei em inseri-lo no 168 para dar um quadro mais amplo.

O monstro foi predito em 1973, por Bernd Fischer e Robert Griess, e construído em 1982 por Griess. É um grupo de simetrias de uma curiosa estrutura algébrica, a álgebra de Griess. O monstro tem uma ligação notável com uma área totalmente diferente da matemática: formas modulares em análise complexa. Algumas coincidências numéricas insinuavam essa relação, levando John Conway e Simon Norton a formular a conjectura do "luar monstruoso", provada em 1992 por Richard Borcherds. É algo técnico demais para explicar aqui; tem conexões com a teoria das cordas em física quântica [ver 11].

símbolo	nome	ordem
M_{11}	Grupo de Mathieu	$2^4.3^2.5.11$
M_{12}	Grupo de Mathieu	$2^6.3^3.5.11$
M_{22}	Grupo de Mathieu	$2^7.3^2.5.7.11$
M_{23}	Grupo de Mathieu	$2^7.3^2.5.7.11.23$
M_{24}	Grupo de Mathieu	$2^{10}.3^3.5.7.11.23$
J_1	Grupo de Janko	$2^3.3.5.7.11.19$
J_2	Grupo de Janko	$2^7.3^3.5^2.7$
J_3	Grupo de Janko	$2^7.3^5.5.17.19$
J_4	Grupo de Janko	$2^{21}.3^3.5.7.11^3.23.29.31.37.43$
Co_1	Grupo de Conway	$2^{21}.3^9.5^4.7^2.11.13.23$
Co_2	Grupo de Conway	$2^{18}.3^6.5^3.7.11.23$
Co_3	Grupo de Conway	$2^{10}.3^7.5^3.7.11.23$
Fi_{22}	Grupo de Fischer	$2^{17}.3^9.5^2.7.11.13$
Fi_{23}	Grupo de Fischer	$2^{18}.3^{13}.5^2.7.11.13.17.23$
Fi_{24}	Grupo de Fischer	$2^{21}.3^{16}.5^2.7^3.11.13.17.23.29$
HS	Grupo de Higman-Sims	$2^9.3^2.5^3.7.11$
McL	Grupo de McLaughlin	$2^7.3^6.5^3.7.11$
He	Grupo de Held	$2^{10}.3^3.5^2.7^3.17$
Ru	Grupo de Rudvalis	$2^{14}.3^3.5^3.7.13.29$
Suz	Grupo de Suzuki	$2^{13}.3^7.5^2.7.11.13$
O'N	Grupo de O'Nan	$2^9.3^4.5.7^3.11.19.31$
HN	Grupo de Harada-Norton	$2^{14}.3^6.5^6.7.11.19$
Ly	Grupo de Lyons	$2^8.3^7.5^6.7.11.31.37.67$
Th	Grupo de Thompson	$2^{15}.3^{10}.5^3.7^2.13.19.31$
B	Bebê-monstro	$2^{41}.3^{13}.5^6.7^2.11.13.17.19.23.31.47$
M	Monstro	$2^{46}.3^{20}.5^9.7^6.11^2.13^3.17.19.23.29.31.41.47.59.71$

TABELA 14 Os 26 grupos simples finitos esporádicos.

Números grandes especiais

Os números inteiros continuam para sempre. Não há um número maior de todos, porque é possível transformar qualquer número em outro maior somando 1.

Segue-se que a maioria dos números inteiros é grande demais para se escrever, qualquer que seja o sistema notacional usado.

É claro que sempre é possível trapacear, e definir o símbolo ☙ como sendo o número grande no qual você está pensando. Mas não é um sistema, apenas um símbolo isolado.

Felizmente, é raro precisarmos de números realmente grandes. Mas eles têm um fascínio próprio. E com alguma frequência, um deles é importante na matemática.

26! = 403 291 461 126 605 635 584 000 000

Fatoriais

O NÚMERO DE MANEIRAS de arranjar as letras do alfabeto em ordem.

Rearranjando as coisas

De quantas maneiras diferentes uma lista pode ser rearranjada? Se a lista contém dois símbolos, digamos A e B, as maneiras são duas:

AB   BA

Se a lista contém três letras, A, B e C, são seis maneiras:

ABC   ACB   BAC   BCA   CAB   CBA

E se a lista contiver quatro letras, A, B, C e D?

Você pode anotar todas as possibilidades, sistematicamente, e a resposta é 24. Há um jeito inteligente de ver por quê. Pense na posição em que D ocorre. Deve ser na primeira, segunda, terceira ou quarta posição. Em cada caso, imagine apagar D. Então você fica com uma lista só com A, B e C; e deve ser uma das seis alternativas acima. Todas seis podem ocorrer: simplesmente ponha D de volta na lista na posição correta. Então podemos anotar todas as possibilidades como um conjunto de quatro listas com seis arranjos, assim:

D na primeira posição:

DABC   DACB   DBAC   DBCA   DCAB   DCBA

D na segunda posição:

ADBC   ADCB   BDAC   BDCA   CDAB   CDBA

D na terceira posição:

ABDC   ACDB   BADC   BCDA   CADB   CBDA

D na quarta posição:

ABCD   ACBD   BACD   BCAD   CABD   CBAD

Todos os arranjos são diferentes, seja porque tenham o D em posição diferente, seja porque tenham D na mesma posição, mas com arranjos diferentes de ABC. Além disso, todo arranjo de ABCD ocorre em algum lugar: a posição de D nos diz que conjunto de seis observar, e então o que acontece quando D é apagado nos diz que arranjo de ABC pegar.

Como temos quatro conjuntos de arranjos, cada um contendo seis alternativas, o número total de arranjos é $4 \times 6 = 24$.

Poderíamos ter calculado os seis arranjos de ABC da mesma maneira: dessa vez considerando a posição de C e aí apagando-o.

CAB   CBA   ACB   BCA   ABC   BAC

Na verdade, podemos fazer o mesmo até para apenas as duas letras AB:

BA   AB

Esta maneira de listar os arranjos sugere um padrão comum:

O número de maneiras de arranjar...

... 2 letras é $2 = 2 \times 1$.
... 3 letras é $6 = 3 \times 2 \times 1$.
... 4 letras é $24 = 4 \times 3 \times 2 \times 1$.

Então quantas maneiras há para arranjar cinco letras ABCDE? O padrão sugere que a resposta deve ser

$5 \times 4 \times 3 \times 2 \times 1 = 120$

e podemos mostrar que é correto pensar em cinco posições para E, cada uma fornecendo 24 arranjos possíveis de ABCD, se E for apagado. Isto mostra que o número que queremos é 5×24, ou seja, $5 \times 4 \times 3 \times 2 \times 1$.

Pelo mesmo raciocínio, o número de maneiras diferentes de rearranjar n letras é

$$n \times (n-1) \times (n-2) \times \ldots \times 3 \times 2 \times 1$$

que é chamado "n fatorial" e escrito $n!$. Basta pegar todos os números de 1 a n e multiplicá-los entre si.

Os primeiros fatoriais são:

$1! = 1$	$6! = 720$
$2! = 2$	$7! = 5\ 040$
$3! = 6$	$8! = 40\ 320$
$4! = 24$	$9! = 362\ 880$
$5! = 120$	$10! = 3\ 628\ 800$

Como você pode ver, os números aumentam rapidamente – na verdade, cada vez mais rápido.

O número de arranjos do alfabeto inteiro de 26 letras é portanto

$$26! = 26 \times 25 \times 24 \times \ldots \times 3 \times 2 \times 1 = 403\ 291\ 461\ 126\ 605\ 635\ 584\ 000\ 000$$

O número de maneiras diferentes de arranjar um baralho de 52 cartas em ordem é:

$$52! = 80\ 658\ 175\ 170\ 943\ 878\ 571\ 660\ 636\ 856\ 403\ 766$$
$$975\ 289\ 505\ 440\ 883\ 277\ 824\ 000\ 000\ 000\ 000$$

A função gama

Existe um sentido no qual

$$\left(-\frac{1}{2}\right)! = \sqrt{\pi}$$

Para dar sentido a esta afirmação, introduzimos a função gama, que amplia a definição de fatorial para todos os números complexos, ao mesmo tempo que retém suas propriedades fundamentais. A função gama é geralmente definida usando cálculo integral:

$$\Gamma(t) = \int_0^\infty x^{t-1}\, e^{-x}\, dx$$

A conexão com fatoriais é que para n inteiro positivo

$$\Gamma(n) = (n-1)!$$

Usando a técnica conhecida como continuação analítica, podemos definir $\Gamma(z)$ para todos os números complexos z.

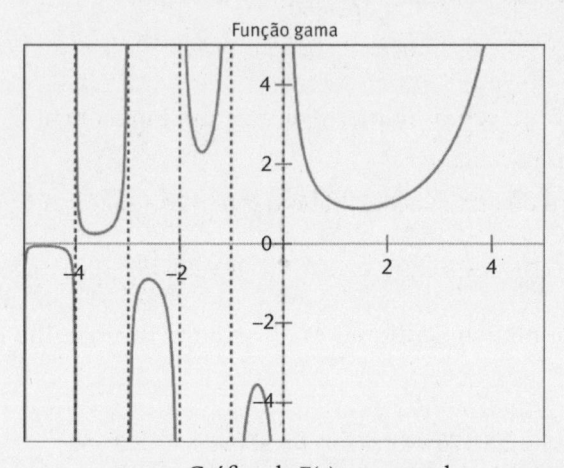

FIG 170 Gráfico de $\Gamma(x)$ para x real.

A função $\Gamma(z)$ é infinita para valores inteiros negativos de z e finita para todos os outros números complexos. Ela tem importante aplicação em estatística. E tem a propriedade-chave que define o fatorial:

$$\Gamma(z+1) = z\Gamma(z)$$

Exceto que isso vale para $(z-1)!$ e não $z!$. Gauss sugeriu resolver isso definindo a função Pi, $\Pi(z) = \Gamma(z+1)$, que coincide com $n!$ quando $z = n$, mas atualmente a notação gama é mais comum.

A duplicação da fórmula para a função gama diz que

$$\Gamma(z)\Gamma\left(z + \frac{1}{2}\right) = 2^{1-2z} \sqrt{\pi}\, \Gamma(2z)$$

Fazendo $z = \frac{1}{2}$ obtemos

$$\Gamma\left(\frac{1}{2}\right)\Gamma(1) = 2^0 \sqrt{\pi}\, \Gamma(1)$$

então

$$\Gamma\left(\frac{1}{2}\right) = \sqrt{\pi}$$

Este é o sentido no qual $(-\frac{1}{2})! = \sqrt{\pi}$.

43 252 003 274 489 856 000

Cubo de Rubik

Em 1974, o professor húngaro Ernő Rubik inventou um quebra-cabeça que consistia em cubos móveis. Hoje conhecido como cubo de Rubik, mais de 350 milhões de exemplares já foram vendidos em todo o mundo. Ainda me lembro da Sociedade Matemática da Universidade de Warwick importando da Hungria caixas do quebra-cabeça, até que a loucura se espalhou tanto que as empresas comerciais assumiram as vendas. O número enorme do título do capítulo nos diz quantas posições diferentes existem para o cubo de Rubik.

Geometria do cubo de Rubik

O quebra-cabeça envolve um cubo, dividido em 27 cubos menores, cada um tendo um terço do tamanho. Os aficionados os chamam de cubinhos. Cada face do cubo tem uma cor. A ideia sagaz de Rubik foi conceber um mecanismo que permite a cada face do cubo girar. Rotações repetidas misturam as cores dos cubinhos. O objetivo é fazer com que os cubinhos voltem à sua posição inicial, de modo que cada face do cubo seja toda da mesma cor.

    O cubinho no centro não pode ser visto, e na verdade ele é substituído pelo perspicaz mecanismo de Rubik. Os cubinhos nos centros das faces giram mas não passam para uma face nova, de modo que sua cor não muda. Então, de agora em diante, assumimos que esses seis *cubinhos de face* não se movem, exceto girando. Ou seja, colocar o cubo de Rubik inteiro numa orientação diferente, sem efetivamente girar alguma face, está condenado a não ter efeito significativo nenhum.

FIG 171 Cubo de Rubik.

Os cubinhos que se movem são de dois tipos: oito *cubinhos de cantos*, nos cantos do cubo grande, e doze *cubinhos de arestas*, no meio de cada aresta do cubo grande.

Se você misturar as cores nesses cubinhos de cantos e arestas de todas as maneiras possíveis – por exemplo, removendo todos os adesivos coloridos e substituindo-os por um arranjo diferente – o número de arranjos de cores possíveis é

519 024 039 293 878 272 000

No entanto, isso não é permitido no quebra-cabeça de Rubik: tudo que se pode fazer é girar as faces dos cubos. Então surge a pergunta: qual desses arranjos pode ser obtido usando uma série de rotações? Em princípio poderia ser uma fração mínima deles, mas matemáticos provaram que exatamente $1/12$ dos arranjos acima podem ser obtidos por uma série de movimentos permitidos, como esboçado adiante. Então o número de arranjos de cores permitidos no cubo de Rubik é

43 252 003 274 489 856 000

Se cada um dos sete bilhões de pessoas da espécie humana pudesse obter um arranjo por segundo, levaria cerca de duzentos anos para percorrer todos eles.

Como calcular esses números

Os oito cubinhos de cantos podem ser arranjados em 8! maneiras. Lembre-se de que

8! = 8 × 7 × 6 × 5 × 4 × 3 × 2 × 1

Este número aparece porque há oito opções para o primeiro cubinho, que podem ser combinadas com qualquer uma das sete opções restantes para o segundo, que podem ser combinadas com qualquer uma das opções restantes para o terceiro, e assim por diante [ver 26!]. Cada cubinho de canto é então girado independentemente em três orientações diferentes. Então, há 3^8 maneiras de escolher a orientação. Ao todo, portanto, há 3^8 × 8! maneiras de arranjar os cubinhos dos cantos.

Da mesma forma, os doze cubinhos de arestas podem ser arranjados em 12! maneiras, onde

12! = 12 × 11 × 10 × 9 × 8 × 7 × 6 × 5 × 4 × 3 × 2 × 1

Cada um pode ser colocado em duas orientações, então podem ser escolhidos em 2^{12} maneiras. Ao todo, há 2^{12} × 12! maneiras de arranjar cubinhos de arestas.

O número de maneiras possíveis de combinar esses arranjos é obtido multiplicando os dois números entre si, o que dá 3^8 × 8! × 2^{12} × 12! E isso perfaz 519 024 039 293 878 272 000.

Como eu disse, a maioria dos arranjos não podem ser obtidos por uma série de rotações do cubo. Cada rotação afeta diversos cubinhos ao mesmo tempo, e certas características de todo o conjunto de cubinhos não podem ser mudadas. Essas características são chamadas invariantes, e neste caso há três delas:

Paridade nos cubinhos. As permutações são de dois tipos, pares e ímpares [ver 2]. Uma permutação par troca a ordem de um número par de pares de objetos. Se duas permutações pares são combinadas executando-as uma de cada vez, a permutação resultante é par. Agora, cada rotação do cubo de Rubik é uma permutação par dos cubinhos. Portanto, qualquer combinação de rotações também é uma permutação par. Esta condição corta pela metade o número de arranjos possíveis.

Paridade nas facetas de arestas. Cada rotação é uma permutação par das facetas de arestas, então a mesma coisa vale para uma série de rotações. Esta condição corta novamente pela metade o número de arranjos possíveis.

Trialidade nos cantos. Numere as 24 facetas dos cantos com inteiros 0, 1, 2 de modo que os números rodem no sentido horário na ordem 0, 1, 2 em cada canto. Faça isso de modo que os números em duas faces opostas sejam rotulados de 0, como na figura da direita. A soma de todos esses números, considerados módulo 3 – isto é, considerando apenas o resto da divisão por 3 –, fica inalterada por qualquer rotação do cubo. Esta condição divide o número de arranjos possíveis por 3.

Levando todas essas três condições em consideração, o número de arranjos possíveis precisa ser dividido por 2 × 2 × 3 = 12. Ou seja, o número de arranjos que podem ser produzidos por uma série de rotações é

$$3^8 \times 8! \times 2^{12} \times \frac{12!}{12} = 43\,252\,003\,274\,489\,856\,000$$

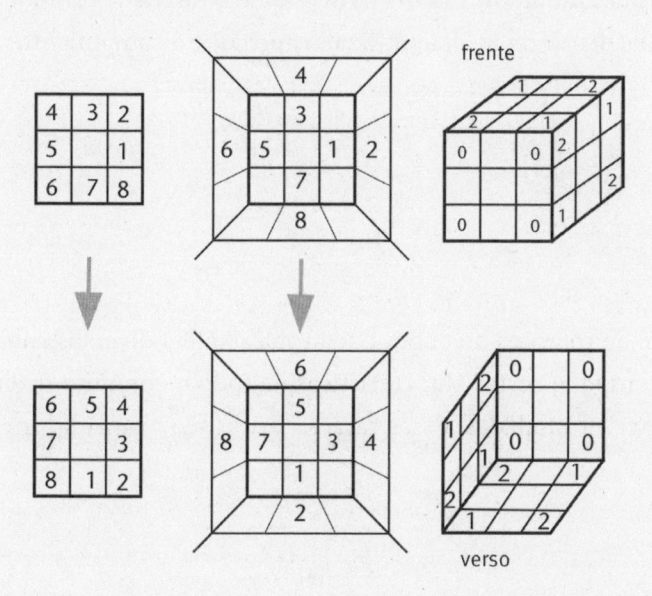

FIG 172 Invariantes do grupo de Rubik. *Esquerda:* Efeito do quarto de volta no sentido horário sobre os cubinhos. *Centro:* Rótulos das facetas de arestas. *Direita:* Rótulos das facetas dos cantos.

As técnicas matemáticas usadas para analisar o cubo de Rubik também levam a um modo sistemático de resolvê-lo. No entanto, esses métodos são complicados demais para serem descritos aqui, e compreender por que funcionam é um processo demorado e às vezes técnico.

Número de Deus

Defina um *movimento* como um giro de uma única face por qualquer quantidade de ângulos retos. O menor número de movimentos que resolvem o quebra-cabeça, não importa qual seja a posição inicial, é chamado número de Deus – provavelmente porque parecia que a resposta estaria além das habilidades dos meros mortais. Mas isso acabou se revelando pessimista demais. Em 2010, Tomas Rokicki, Herbert Kociemba, Morley Davidson e John Dethridge aplicaram um pouco de matemática inteligente mais a força bruta do computador para provar que o número de Deus é 20. O cálculo rodou simultaneamente num grande número de computadores, e teria levado 350 anos se fosse utilizado apenas um computador.

6 670 903 752 021 072 936 960

Sudoku

O SUDOKU VARREU o mundo em 2005, mas seus antecedentes remontam a muito tempo atrás. É necessário colocar os algarismos de 1 a 9 num quadrado 9 × 9 que foi dividido em nove subquadrados 3 × 3. Cada linha, coluna ou subquadrado deve conter um algarismo de cada, e alguns são fornecidos por quem compôs o jogo. O número do título do capítulo é a quantidade de grades distintas de sudoku. Não vamos conseguir esgotá-las.

5				7				
6			1	9	5			
	9	8					6	
8				6				3
4			8		3			1
7				2				6
	6					2	8	
			4	1	9			5
				8			7	9

5	3	4	6	7	8	9	1	2
6	7	2	1	9	5	3	4	8
1	9	8	3	4	2	5	6	7
8	5	9	7	6	1	4	2	3
4	2	6	8	5	3	7	9	1
7	1	3	9	2	4	8	5	6
9	6	1	5	3	7	2	8	4
2	8	7	4	1	9	6	3	5
3	4	5	2	8	6	1	7	3

FIG 173 *Esquerda:* Uma grade de sudoku. *Direita:* Sua solução.

Dos quadrados latinos ao sudoku

A história do sudoku é frequentemente remetida ao trabalho de Euler com quadrados latinos [ver 10]. Uma grade de sudoku completa é um tipo especial de quadrado latino: os subquadrados 3 × 3 introduzem restrições adicionais. Um quebra-cabeça semelhante apareceu em 1892 quando o jornal francês *Le Siècle* pediu a seus leitores que completassem um quadrado mágico com alguns números removidos. Logo depois, o *La France* usou quadrados mágicos contendo apenas os algarismos de 1 a 9. Nas soluções, blocos de 3 × 3 também continham nove dígitos, mas esta exigência não foi explicitada.

A forma moderna do sudoku deve ser creditada provavelmente a Howard Garns, que se acredita ter inventado uma série de quebra-cabeças publicados em 1979 pela Dell Magazines como "lugar de números". Em 1986, a Nikoli, uma empresa japonesa, publicou quebra-cabeças de sudoku no Japão. Inicialmente o nome era *sūji wa dokushin ni kagiru* (os algarismos estão limitados a uma ocorrência), mas rapidamente virou *sū doku*. O *Times* começou a publicar quebra-cabeças de sudoku no Reino Unidos em 2004, e em 2005 viraram uma febre mundial.

O número grande

6 670 903 752 021 072 936 960

que enfeita este capítulo é o número de diferentes grades de sudoku. A quantidade de quadrados latinos 9 × 9 é cerca de 1 milhão de vezes maior:

5 524 751 496 156 892 842 531 225 600

O número de grades de sudoku foi postado em 2003 no grupo noticioso *rec.puzzle* da Usenet sem prova. Em 2005, Bertram Felgenhauer e Frazer Jarvis explicaram os detalhes, com assistência do computador, apoiando-se em algumas asserções plausíveis mas não provadas. O método envolve compreender as simetrias do sudoku. Cada grade completada específica tem seu próprio grupo de simetria [ver 168], consistindo em transformações (trocas de linhas por colunas, mudanças de notação) que deixam a grade inalterada. Mas a estrutura-chave é o grupo de simetria do conjunto de todas as grades possíveis: maneiras de transformar qualquer grade em outra (talvez a mesma grade, mas não necessariamente).

As transformações de simetria envolvidas são de diversos tipos. As mais óbvias são as 9! permutações dos nove algarismos. Permutar sistematicamente os algarismos de uma grade de sudoku obviamente produz outra grade de sudoku. Mas você pode também trocar linhas, contanto que preserve a estrutura de três blocos. E pode fazer o mesmo com colunas. E pode também espelhar uma dada grade na sua diagonal principal. O grupo de simetria tem ordem $2.6^4.6^4 = 3\ 359\ 232$. Ao contar as grades, essas simetrias foram levadas em consideração. A prova é complicada, daí o uso de computadores. As lacunas na prova original foram preenchidas desde então. Para detalhes e mais informações, ver: http://en.wikipedia.org/wiki/Mathematics_of_Sudoku.

Como as variações simétricas numa dada grade são essencialmente a mesma grade disfarçada, podemos também perguntar: quantas grades *distintas* existem se as simetricamente relacionadas forem consideradas equivalentes? Em 2006, Jarvis e Ed Russell computaram este número como sendo

5 472 730 538

Não é o número todo dividido por 3 359 232 porque algumas grades têm suas próprias simetrias.

Quanto ao cubo de Rubik, as técnicas matemáticas usadas para analisar o sudoku também fornecem meios sistemáticos de resolver quebra-cabeças de sudoku. No entanto, os métodos são complicados demais para serem descritos aqui e podem ser mais bem resumidos como tentativa e erro sistemáticos.

$2^{57\,885\,161} - 1$ (total de 17 425 170 dígitos)

Maior primo conhecido

QUAL É O MAIOR número primo? Já em 300 a.C., ou por aí, Euclides provou que tal número não existe. "Os números primos são mais do que qualquer imensidão especificada." Ou seja, existem infinitos números primos. Os computadores podem ampliar consideravelmente a lista de primos; a principal razão de parar é que eles podem esgotar a memória ou a impressão ficar ridiculamente grande. O número acima é o atual recordista.

Números de Mersenne

Uma pequena indústria surgiu em torno da busca pelo maior primo conhecido. Essa busca é interessante principalmente como exercício em quebra de recordes e para testar novos computadores. Em abril de 2014, o maior primo conhecido era $2^{57\,885\,161} - 1$, um número tão grande que tem 17 425 170 dígitos decimais.

Números da forma

$$M_n = 2^n - 1$$

são chamados números de Mersenne em homenagem ao monge francês Marin Mersenne. Se você está a fim de quebrar recordes de números primos, os números de Mersenne são o caminho a seguir, porque têm características especiais que nos permitem decidir se são primos, mesmo quando se tornam grandes demais para métodos de trabalho mais genéricos.

Uma álgebra simples prova que se $2^n - 1$ é primo então n deve ser primo. Matemáticos antigos parecem ter pensado que o inverso também é verdade: M_n é primo toda vez que n é primo. No entanto, Hudalricus Regius notou em 1536 que $M_{11} = 2\,047$ não é primo, mesmo que 11 seja primo. De fato,

$$2^{11} - 1 = 2\,047 = 23 \times 89$$

Pietro Cataldi mostrou que M_{17} e M_{19} são primos, uma tarefa fácil com os computadores de hoje, mas no seu tempo todos os cálculos precisavam ser feitos à mão. Ele também alegou que M_n é primo para $n = 23, 29, 31$ e 37. No entanto,

$$M_{23} = 8\,388\,607 = 47 \times 178\,481$$
$$M_{29} = 536\,870\,911 = 233 \times 1\,103 \times 2\,089$$
$$M_{37} = 137\,438\,953\,471 = 223 \times 616\,318\,177$$

de modo que esses três números de Mersenne são todos compostos. Fermat descobriu os fatores de M_{23} e M_{37} em 1640, e Euler descobriu os fatores de M_{29} em 1738. Mais tarde, Euler provou que Cataldi estava certo sobre M_{31} ser primo.

Em 1644, Mersenne, no prefácio do seu livro *Cogitata Physica-Mathematica*, afirmou que Mn é primo para $n = 2, 3, 5, 7, 13, 17, 19, 31, 67, 127$ e 257. Esta lista intrigou os matemáticos por mais de duzentos anos. Como ele obteve resultados referentes a números tão grandes? Acabou ficando claro: ele simplesmente fez uma adivinhação informada. Sua lista contém diversos erros. Em 1876, Lucas provou que Mersenne estava certo em relação a

$$M_{127} = 170\,141\,183\,460\,469\,231\,731\,687\,303\,715\,884\,105\,727$$

usando um engenhoso teste para a primalidade de M_n que ele próprio inventara. Em 1930, Derrick Lehmer concebeu um ligeiro aperfeiçoamento para o teste de Lucas. Define-se uma sequência de números S_n como $S_2 = 4$, $S_3 = 14$, $S_4 = 194$, ... onde $S_{n+1} = S_n^2 - 2$. O teste Lucas-Lehmer afirma que M_p é primo se, e somente se, se M_p dividir S_p. É esse teste que fornece uma alavanca para a primalidade – ou não – dos números de Mersenne.

Acabou que Mersenne estava errado em vários casos: dois números na sua lista são compostos ($n = 67$ e 257), e ele omitiu $n = 61$, 89 e 107, que levam a primos. Considerando a dificuldade de cálculos à mão, porém, ele até que se saiu bem.

Em 1883, Ivan Mikheevich Pervushin provou que M_{61} é primo, um caso omitido por Mersenne. R.E. Powers mostrou então que Mersenne também tinha deixado de fora M_{89} e M_{107}, ambos primos. Em 1947, o status de M_n havia sido checado para n até 257. Os primos de Mersenne nessa faixa ocorrem para $n = 2, 3, 5, 7, 13, 17, 19, 31, 61, 89, 107$ e 127. A lista atual para os primos de Mersenne é:

n	ano	descobridor
2	–	antigo
3	–	antigo
5	–	antigo
7	–	antigo
13	1456	anônimo
17	1588	Cataldi
19	1588	Cataldi
31	1772	Euler
61	1883	Pervushin
89	1911	Powers
107	1914	Powers
127	1876	Lucas
521	1952	Robinson
607	1952	Robinson
1 279	1952	Robinson
2 203	1952	Robinson
2 281	1952	Robinson
3 217	1957	Riesel
4 253	1961	Hurwitz
4 423	1961	Hurwitz

9 689	1963	Gillies
9 941	1963	Gillies
11 213	1963	Gillies
19 937	1971	Tuckerman
21 701	1978	Noll & Nickel
23 209	1979	Noll
44 497	1979	Nelson & Slowinski
86 243	1982	Slowinski
110 503	1988	Colquitt & Welsh
132 049	1983	Slowinski
216 091	1985	Slowinski
756 839	1992	Slowinski, Gage et al.
859 433	1994	Slowinski & Gage
1 257 787	1996	Slowinski & Gage
1 398 269	1996	Armengaud, Woltman et al.
2 976 221	1997	Spence, Woltman et al.
3 021 377	1998	Clarkson, Woltman, Kurowski et al.
6 972 593	1999	Hajratwala, Woltman, Kurowski et al.
13 466 917	2001	Cameron, Woltman, Kurowski et al.
20 996 011	2003	Shafer, Woltman, Kurowski et al.
24 036 583	2004	Findley, Woltman, Kurowski et al.
25 964 951	2005	Nowak, Woltman, Kurowski et al.
30 402 457	2005	Cooper, Boone, Woltman, Kurowski et al.
32 582 657	2006	Cooper, Boone, Woltman, Kurowski et al.
37 156 667	2008	Elvenich, Woltman, Kurowski et al.
42 643 801	2009	Strindmo, Woltman, Kurowski et al.
43 112 609	2008	Smith, Woltman, Kurowski et al.
57 885 161	2013	Cooper, Woltman, Kurowski et al.

TABELA 15

A busca por primos realmente grandes tem se centrado basicamente nos números de Mersenne por diversos motivos. Na notação binária usada nos computadores, 2^n é 1 seguido por uma fileira de n zeros, e $2^n - 1$ é uma fileira de n uns. Isso acelera parte da aritmética. E, o mais importante, o teste de Lucas-Lehmer é muito mais eficiente do que métodos gerais para testar primalidade, de modo que é prático para números muito maiores. Este teste leva a 47 primos de Mersenne na tabela. Atualizações e informação adicional podem ser encontradas em http://primes.utm.edu/mersenne/.

Números infinitos

Como disse antes, os matemáticos nunca param de fazer uma coisa só porque é impossível. Se for muito interessante, eles acham meios de *torná-la* possível.

Não existe algo como o maior número inteiro. Os números continuam para sempre. Todo mundo sabia disso.

Mas quando Georg Cantor resolveu perguntar *quão grande* era aquele conceito particular de "para sempre", deparou com um método novo para dar sentido a números infinitamente grandes. Uma consequência é que alguns infinitos são maiores que outros.

Muitos dos seus contemporâneos acharam que ele estava louco. Mas havia método na loucura de Cantor, e seus novos números transfinitos acabaram se revelando sensatos e importantes.

Só era preciso acostumar-se a eles.

O que não foi fácil.

$\aleph_0$

Alef-zero: o menor infinito

MATEMÁTICOS FAZEM LIVRE e extensivo uso da palavra "infinito". Informalmente, algo é infinito se não se pode contar o tamanho usando números inteiros comuns, ou medindo seu comprimento usando números reais. Na ausência de um número convencional, usamos "infinito" para ocupar o espaço a ele reservado. Infinito não é um número no sentido usual. É, por assim dizer, o que *seria* o maior número possível, se essa frase fizesse algum sentido lógico. Mas, a não ser que você seja muito, muito cuidadoso sobre o que está querendo dizer, ela não faz sentido.

Cantor achou um jeito de tornar o infinito um número genuíno contando conjuntos infinitos. Aplicar sua ideia ao conjunto de todos os números inteiros define um número infinito que é chamado $\aleph_0$ (alef-zero ou alef-nulo). Ele é maior do que qualquer número inteiro. Então é infinito, certo? Bem, mais ou menos. Com toda a certeza, é *um* infinito. Na verdade, o menor dos infinitos. Existem outros, que são maiores.

Infinito

Quando as crianças aprendem a contar, e começam a se sentir à vontade com números grandes como mil ou 1 milhão, frequentemente elas se perguntam qual é o maior número possível. Talvez, elas pensam, seja algo como

1 000 000 000 000 000

Mas então percebem que podem formar um número maior colocando outro zero no fim – ou simplesmente somando 1 e obter

1 000 000 000 000 000 001

Nenhum número inteiro pode ser o maior de todos, porque somar 1 forma outro número maior. Os números inteiros continuam para sempre. Se você começar a contar e seguir sempre em frente, não chegará ao maior número possível e poderá parar, porque isso não existe. Há uma quantidade infinita de números.

Durante centenas de anos, os matemáticos foram muito cautelosos em relação ao infinito. Quando Euclides provou que existem infinitos números primos, ele não o disse dessa forma. Disse que "os primos são maiores que qualquer imensidão especificada". Ou seja, não existe um número primo maior que todos.

Jogando a cautela aos ventos, a coisa óbvia a fazer é seguir precedentes históricos e introduzir um novo tipo de número, maior que qualquer número inteiro. Vamos chamá-lo de "infinito" e dar-lhe um símbolo. O símbolo usual é ∞, como um algarismo 8 deitado. Mas o infinito pode gerar encrenca, porque às vezes seu comportamento é paradoxal.

Seguramente ∞ deve ser o maior número possível, não? Bem, por definição ele é maior que qualquer número inteiro, mas as coisas ficam menos imediatas se quisermos fazer operações aritméticas com o nosso novo número. O problema óbvio é: quanto é $\infty + 1$? Se for maior que ∞, então ∞ não é o maior número possível. Mas se for a mesma coisa que ∞, então $\infty = \infty + 1$. Subtraindo ∞, obtemos $0 = 1$. E quanto a $\infty + \infty$? Se for maior que ∞, temos a mesma dificuldade. Mas se é a mesma coisa, então $\infty + \infty = \infty$. Subtraia ∞ e você obtém $\infty = 0$.

A experiência com extensões anteriores dos sistemas numéricos mostra que sempre que se introduzem novos tipos de número, talvez seja preciso sacrificar algumas das regras de aritmética e álgebra. Aqui, parece que temos de proibir a subtração se houver ∞ envolvido. Por motivos semelhantes, não podemos assumir que dividir por ∞ funcione da maneira que seria habitualmente de esperar. Mas então trata-se de um número bastante débil se não puder ser usado para subtração ou divisão.

Este poderia ter sido o fim da história, mas os matemáticos achavam extremamente útil trabalhar com processos infinitos. Resultados úteis podiam ser descobertos dividindo figuras em pedaços que iam ficando cada vez menores, seguindo nesse processo para sempre. O motivo de o mesmo número π ocorrer tanto na circunferência quanto na área de um círculo é um exemplo disso [ver π]. Arquimedes fez bom uso dessa ideia por volta de 200 a.C. em seu trabalho com círculos, esferas e cilindros. Ele descobriu uma prova complicada, mas logicamente rigorosa, de que o método fornece as respostas certas.

Do século XVII em diante, a necessidade de uma teoria sensata desse tipo de processo tornou-se premente, em especial para séries infinitas, nas quais números e funções importantes podiam ser aproximados com qualquer acurácia desejada, somando mais e mais números sempre decrescentes. Por exemplo, em [π] vimos que

$$\frac{\pi^2}{6} = 1 + \frac{1}{4} + \frac{1}{9} + \frac{1}{16} + \frac{1}{25} + \frac{1}{36} + \ldots$$

onde a soma dos inversos dos quadrados é expressa em termos de π. Este enunciado é verdadeiro apenas se continuarmos a série para sempre. Se pararmos, a série dá um número racional, que é uma aproximação de π, mas não pode ser igual a π já que π é irracional. Em todo caso, onde quer que paremos, ao somar o termo seguinte a soma fica maior.

A dificuldade com somas infinitas é que às vezes elas parecem não fazer sentido. O caso clássico é

$$1 - 1 + 1 - 1 + 1 - 1 + 1 - 1 + \ldots$$

Se a soma for escrita como

$$(1 - 1) + (1 - 1) + (1 - 1) + (1 - 1) + \ldots$$

ela se torna

$$0 + 0 + 0 + 0 + \ldots$$

que é claramente 0. Mas se for escrita de outra forma, assumindo que as leis habituais da álgebra se apliquem, teremos

$$1 + (-1 + 1) + (-1 + 1) + (-1 + 1) + \ldots$$

Que é

$$1 + 0 + 0 + 0 + \ldots$$

Que, de maneira igualmente clara, deve ser 1.

O problema aqui acontece porque esta série não converge; isto é, ela não se estabiliza no sentido de um valor específico, chegando cada vez mais perto desse valor à medida que mais termos vão sendo acrescentados. Em vez disso, o valor se alterna repetidamente entre 1 e 0:

$$1 = 1$$
$$0 = 1 - 1$$
$$1 = 1 - 1 + 1$$
$$0 = 1 - 1 + 1 - 1$$

e assim por diante. Esta não é a única fonte de potenciais problemas, mas aponta o caminho para uma teoria lógica de séries infinitas. Aquelas que fazem sentido são as que convergem, significando que à medida que mais e mais termos são acrescentados, a soma se estabiliza rumo a um número específico. A série dos inversos dos quadrados é convergente, e para onde ela converge é *exatamente* $\pi^2/6$.

Filósofos fazem uma distinção entre infinito potencial e infinito real. Uma coisa é potencialmente infinita se, em princípio, puder continuar indefinidamente – como somar mais e mais termos a uma série. Cada soma individual é finita, mas o processo que gera essas somas não tem um ponto de parada fixado. O infinito real ocorre quando um processo ou sistema infinito inteiro é tratado como um único objeto. Os matemáticos encontraram um modo sábio de interpretar o infinito potencial de séries infinitas. Usaram diversos processos infinitos potencialmente diferentes, mas em todos eles o símbolo foi interpretado como "continue fazendo isso por tempo suficiente e você chegará tão perto quanto quiser da resposta correta".

O infinito real era algo totalmente diferente, e eles tentaram arduamente ficar longe dele.

O que é um número infinito?

Eu já fiz esta pergunta no começo do livro com referência aos números inteiros finitos comuns 1, 2, 3, ... Cheguei até a ideia de Frege, a classe de todas as classes em correspondência com uma classe dada, e parei aí, insinuando que podia haver um nó.

Aí está ele.

A definição é muito elegante, uma vez que você se acostume com esse tipo de pensamento, e tem a virtude de definir um objeto único. Mas a tinta mal tinha secado na obra-prima de Frege quando Russell levantou uma objeção. Não uma objeção à ideia subjacente, sobre a qual ele próprio vinha meditando, mas ao tipo de classe que Frege tinha de usar. A classe de todas as classes em correspondência com a nossa classe de xícaras é *enorme*. Pegue quaisquer três objetos, junte-os numa classe, e o resultado deve ser um membro da classe de classes inteira. Por exemplo, a classe cujos membros são a torre Eiffel, uma margarida específica num campo em Cambridgeshire e a perspicácia de Oscar Wilde precisa ser incluída.

Paradoxo de Russell

Será que classes tão abrangentes fazem sentido? Russell percebeu que, de forma plenamente genérica, não fazem. Seu exemplo foi uma versão do famoso paradoxo do barbeiro. Num certo vilarejo, há um barbeiro que faz a barba de precisamente todos os homens que não se barbeiam sozinhos. Quem barbeia o barbeiro? Com a condição de que todo mundo no vilarejo é barbeado por alguém, esse barbeiro não existe. Se o barbeiro não se barbeia, então, por definição, ele precisa se barbear. Se ele se barbeia, está violando a condição de que ele só barbeia as pessoas que não se barbeiam sozinhas.

Aqui assumimos que o barbeiro é homem para evitar problemas de gênero. Porém, senhoras, estamos cientes de que muitas de vocês raspam seus pelos – embora geralmente não a barba. Assim sendo, uma barbeira mulher não é uma solução tão satisfatória para o paradoxo quanto costumavam imaginar.

Russell encontrou uma classe, muito parecida com aquelas que Frege queria usar, que se comportava exatamente como o barbeiro: *a classe de todas as classes que não contêm a si mesmas*. Esta classe contém a si mesma, ou não? Ambas as possibilidades são excluídas. Se ela, *sim*, contém a si mesma, então faz o que todos os seus membros fazem: *não* contém a si mesma. Mas se ela *não* contém a si mesma, satisfaz a condição de pertencer à classe, então contém a si mesma.

Embora este paradoxo de Russell não prove que a definição de número dada por Frege seja logicamente contraditória, significa, sim, que não se pode simplesmente assumir, sem provar, que qualquer condição verdadeiro/falso defina uma classe, ou seja, aqueles objetos para os quais a condição é verdadeira. E isso expulsou o estofo lógico da abordagem de Frege. Mais tarde, Russell e seu colaborador Alfred North Whitehead tentaram preencher a lacuna desenvolvendo uma elaborada teoria sobre classes que podem ser sensatamente definidas num contexto matemático. O resultado foi uma obra em três volumes, *Principia Mathematica* (Princípios da matemática, uma deliberada homenagem a Isaac Newton), que desenvolvia toda a matemática a partir de propriedades lógicas de classes. São várias centenas de páginas para definir o número 1 e uma porção de outras para definir + e provar que $1 + 1 = 2$. Depois disso, o progresso se torna bem mais rápido.

Alef-zero: o menor número infinito

Poucos matemáticos continuam usando a abordagem de classes de Russell-Whitehead, porque existem abordagens mais simples que funcionam melhor. Uma figura-chave na formulação atual das fundações lógicas da matemática é Cantor. Ele começou como Frege, tentando entender as fundações lógicas de números inteiros. Mas sua pesquisa conduziu a uma nova direção:

atribuir números a conjuntos *infinitos*. Estes tornaram-se conhecidos como cardinais transfinitos ("cardinais" são os números de contagem usuais). Sua característica mais notável é que existe mais de um desses números.

Cantor também trabalhou com coleções de objetos, que chamou de conjuntos (em alemão) em vez de classes, porque os objetos neles incluídos eram mais restritos que aqueles que Frege permitira (ou seja, tudo). Como Frege, Cantor começou a partir da ideia intuitiva de que dois conjuntos têm o mesmo número de elementos se, e somente se, puderem ser postos em correspondência. Diferentemente de Frege, ele também fez isso para conjuntos infinitos. Na verdade, é possível que tenha começado com a ideia de que este era o modo de definir infinito. Seguramente qualquer conjunto infinito pode ser posto em correspondência com qualquer outro, não? Se assim for, existiria exatamente um único número infinito, e ele seria maior que qualquer número finito – fim de papo.

Como se descobriu, esse era apenas o começo.

O conjunto infinito básico é o conjunto de todos os números inteiros. Como estes são usados para contar coisas, Cantor definiu um conjunto como contável se seus elementos puderem ser postos em correspondência com o conjunto dos números inteiros. Note que, ao considerar o conjunto inteiro, Cantor estava falando de um infinito real, não potencial.

O conjunto de todos os números inteiros é obviamente contável – basta fazer todo número corresponder a si mesmo:

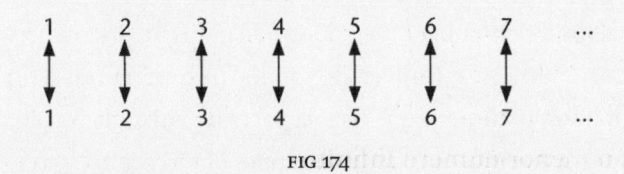

FIG 174

Existem outros? Sim – e são esquisitos. Que tal o seguinte?

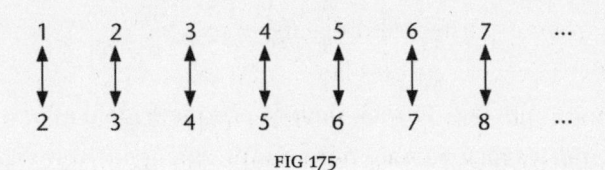

FIG 175

Remova o número 1 do conjunto de números inteiros, e a quantidade de elementos do conjunto *não* diminui de 1: fica exatamente igual.

Tudo bem, se pararmos em algum número finito acabamos com um número sobrando na extremidade direita, mas quando usamos *todos* os números inteiros, essa extremidade da direita não existe. Todo número n se associa a um $n + 1$, e esta é uma correspondência entre o conjunto de números inteiros e o mesmo conjunto com o 1 removido. A parte tem o mesmo tamanho que o todo.

Cantor chamou seus números infinitos de cardinais, porque este é um nome rebuscado para os números de contar na aritmética comum. Como ênfase, nós os chamamos de cardinais transfinitos, ou simplesmente cardinais infinitos. Para o cardinal dos números inteiros ele escolheu um símbolo incomum, a primeira letra do alfabeto hebraico, א (alef), porque a ideia toda era incomum. E adicionou o subscrito 0 de modo a obter $\aleph_0$, por motivos que explicarei no próximo capítulo.

Se todo conjunto infinito pudesse ser associado aos números de contagem, $\aleph_0$ seria apenas um símbolo rebuscado para "infinito". E para começar, parecia que este poderia muito bem ser exatamente o caso. Por exemplo, há montes de números irracionais que não são inteiros, então parece plausível que o cardinal dos racionais poderia ser maior que $\aleph_0$. Contudo, Cantor provou que é possível associar os racionais aos números de contagem. Então seu cardinal *também* é $\aleph_0$.

Para ver aproximadamente como isso funciona, vamos nos ater aos números racionais entre 0 e 1. O truque é listá-los na ordem certa, que *não* é a sua ordem numérica. Em vez disso, nós os ordenamos pelo tamanho do denominador, o número que fica na parte de baixo da fração. Para cada denominador específico nós os ordenamos então segundo o numerador, o número de cima. Então a listagem fica assim:

$$\frac{1}{2} \quad \frac{1}{3} \quad \frac{2}{3} \quad \frac{1}{4} \quad \frac{3}{4} \quad \frac{1}{5} \quad \frac{2}{5} \quad \frac{3}{5} \quad \frac{4}{5} \quad \frac{1}{6} \quad \frac{5}{6} \quad \ldots$$

onde, por exemplo, ²⁄₄ é deixado de fora porque é igual a ½. Agora podemos associar esses racionais aos números de contagem, tomando-os nessa ordem específica. Todo racional entre 0 e 1 ocorre em algum ponto da lista, de modo que não deixamos nenhum de fora.

Até aqui, a teoria de Cantor levou apenas a um cardinal infinito, $\aleph_0$. Mas não é tão simples assim, como o próximo capítulo vai demonstrar.

𝔠

Cardinal de continuum

A SACAÇÃO MAIS BRILHANTE de Cantor é que alguns infinitos são maiores que outros. Ele descobriu algo notável em relação ao "continuum" – um nome pomposo para o sistema de números reais. Seu cardinal, que é representado por 𝔠, é maior que $\aleph_0$. Não estou simplesmente dizendo que alguns números reais não são números inteiros. Alguns números racionais (na verdade, a maioria) não são inteiros, mas os inteiros e racionais têm *o mesmo* cardinal, $\aleph_0$. Para cardinais infinitos, o todo não precisa ser maior que a parte, como percebeu Galileu. O que significa que não se pode associar todos os números reais um a um a todos os números inteiros, não importa a maneira como sejam embaralhados.

Como 𝔠 é maior que $\aleph_0$, Cantor se perguntou se haveria algum cardinal infinito no meio. Sua hipótese do continuum afirma que não há. Ele não conseguiu nem provar nem refutar esta afirmação. Entre eles, Kurt Gödel, em 1940, e Paul Cohen, em 1963, provaram que a resposta é "sim e não". Depende de como se estabelecem as fundações lógicas da matemática.

Infinito incontável

Lembre-se de que um número real pode ser escrito como decimal, que pode ou parar após uma quantidade finita de dígitos, como 1,44, ou continuar para sempre, como π. Cantor percebeu (embora não nesses termos) que o infinito dos números reais é decididamente maior que o infinito dos números de contagem, $\aleph_0$.

A ideia é enganosamente simples. Ela emprega a prova por contradição. Suponha, na esperança de chegar a uma contradição lógica, que os números reais possam ser associados aos números de contagem. Então há uma lista de decimais infinitos, da forma

$1 \leftrightarrow a_0, \mathbf{a_1} a_2 a_3 a_4 a_5 \ldots$
$2 \leftrightarrow b_0, b_1 \mathbf{b_2} b_3 b_4 b_5 \ldots$
$3 \leftrightarrow c_0, c_1 c_2 \mathbf{c_3} c_4 c_5 \ldots$
$4 \leftrightarrow d_0, d_1 d_2 d_3 \mathbf{d_4} d_5 \ldots$
$5 \leftrightarrow e_0, e_1 e_2 e_3 e_4 \mathbf{e_5} \ldots$

de tal modo que todo decimal infinito possível apareça em algum lugar do lado direito. Por um instante, ignore os negritos (a_1, b_2, c_3, d_4, e_5); logo voltarei a eles.

A ideia brilhante de Cantor é construir um decimal infinito que não tenha possibilidade de aparecer. Ele assume a forma

$0, x_1 x_2 x_3 x_4 x_5 \ldots$

onde

x_1 é diferente de a_1
x_2 é diferente de b_2
x_3 é diferente de c_3
x_4 é diferente de d_4
x_5 é diferente de e_5

e assim por diante. Esses são os dígitos que assinalei em negrito.

O ponto principal aqui é que se você pegar um decimal infinito e mudar apenas *um* de seus dígitos, por mais distante que esteja, você muda o valor dele. Talvez não seja uma mudança tão grande, mas isso não importa. O que importa é que o valor mudou. Nós obtemos o nosso novo número "que faltava" fazendo esse jogo com todo número dessa lista que supostamente é completa.

A condição de x_1 significa que este novo número não é o primeiro da lista, porque tem o dígito errado na primeira casa depois da vírgula decimal. A condição de x_2 significa que este número novo não é o segundo da lista, porque tem o dígito errado na segunda casa depois da vírgula decimal. E assim por diante. Como tanto os decimais quanto a lista continuam indefinidamente, a conclusão é que o número novo *não* está em *nenhum* lugar da lista.

Mas a nossa premissa foi: ele *está* na lista. Isto é uma contradição, de modo que a nossa premissa está errada, e essa lista não existe.

Um detalhe técnico requer atenção: evite usar 0 ou 9 como dígitos no número que está em construção, porque a notação decimal é ambígua. Por exemplo, 0,10000... é exatamente o mesmo número que 0,09999... (são duas formas distintas de escrever ¹⁄₁₀ como um decimal infinito). Esta ambiguidade ocorre *somente* quando o decimal termina numa sequência infinita de 0s ou numa sequência infinita de 9s.

Esta ideia é chamada de argumento da diagonal de Cantor, porque os dígitos a_1, b_2, c_3, d_4, e_5, e assim por diante, correm ao longo da diagonal do lado direito da lista. (Olhe onde estão os dígitos em negrito.) A prova funciona precisamente porque tanto os dígitos como a lista podem ser associados aos números de contagem.

É importante compreender a lógica da prova. Reconhecidamente, podemos lidar com o número particular que construímos prendendo-o no alto da lista e descendo todos os outros uma linha. Mas a lógica da prova por contradição é que já assumimos que não será necessário. O número que construímos supostamente já está na lista, *sem* modificação adicional. Mas não está. Portanto: nada de lista.

Como todo número inteiro é um número real, isso implica que na montagem de Cantor o infinito de todos os números reais é maior que o infinito de todos os números inteiros. Modificando o paradoxo de Russell, ele foi além, provando que não existe um infinito maior de todos. O que o levou a conceber uma série infinita de números infinitos cada vez maiores, conhecida como *cardinais* infinitos (ou transfinitos).

Não há o maior infinito de todos

Cantor pensou que sua série de números infinitos deveria começar da seguinte maneira:

$$\aleph_0 \quad \aleph_1 \quad \aleph_2 \quad \aleph_3 \quad \aleph_4 \quad ...$$

com cada número infinito sucessivo sendo o "seguinte", no sentido de não haver nada no meio. Os números inteiros correspondem a $\aleph_0$. Assim também os números racionais. Mas os números reais não precisam ser racionais. O argumento da diagonal de Cantor prova que $\mathfrak{c}$ é maior que $\aleph_0$, então presumivelmente os números reais deveriam corresponder a $\aleph_1$. Mas será que correspondem?

A prova não nos diz isso. Ela diz que $\mathfrak{c}$ é maior que $\aleph_0$, mas não exclui a possibilidade de haver alguma outra coisa entre eles. Pelo que Cantor soubesse, $\mathfrak{c}$ poderia ser, digamos, $\aleph_3$. Ou pior.

Ele podia provar parte disso. Cardinais infinitos podem de fato ser dispostos dessa maneira. Ademais, os subscritos 0, 1, 2, 3, 4 ... não param com os números inteiros finitos. Deve haver também um número transfinito $\aleph_{\aleph_0}$, por exemplo: o menor número transfinito que é maior que todos os $\aleph_n$ com n sendo qualquer número inteiro. E se as coisas parassem por aí, isso violaria o teorema de que não existe nenhum número transfinito maior de todos, então não param. Nunca.

O que ele não conseguiu provar foi que os números reais correspondem a $\aleph_1$. Talvez fossem $\aleph_2$ e houvesse algum outro conjunto intermediário, de modo que *esse* conjunto fosse $\aleph_1$. Por mais que tentasse, não conseguiu achar tal conjunto, mas não conseguiu provar que não existia. Onde estariam os números reais nessa lista de alefs? Ele não tinha ideia. Desconfiava de que os números reais de fato correspondiam a $\aleph_1$, mas era pura conjectura. Então acabou usando um símbolo diferente: o $\mathfrak{c}$ gótico, que representa "continuum", o nome usado naquela época para o conjunto de todos os números reais.

Um conjunto finito de n elementos tem 2^n subconjuntos diferentes. Então Cantor definiu 2^A, para qualquer cardinal A, pegando algum conjunto com cardinal A e definindo 2^A como sendo o cardinal do conjunto de todos os subconjuntos desse conjunto. Então pôde provar que 2^A é maior que A para qualquer cardinal infinito A. O que, aliás, implica que não existe nenhum cardinal infinito maior que todos. E pôde provar também que $\mathfrak{c} = 2^{\aleph_0}$. Parecia provável que $\aleph_{n+1} = 2^{\aleph_n}$. Ou seja, tomando o conjunto de todos os subconjuntos leva ao segundo maior cardinal infinito. Mas não conseguiu provar isso.

Ele não conseguiu provar sequer o caso mais simples, quando $n = 0$, que é equivalente a afirmar que $\mathfrak{c} = \aleph_1$. Em 1878, Cantor conjecturou que esta equação é verdadeira, e ela tornou-se conhecida como a hipótese do continuum. Em 1940, Gödel provou que a resposta "sim" é logicamente consistente com as premissas habituais da teoria dos conjuntos, o que foi encorajador. Mas então, em 1963, Cohen provou que a resposta "não" *também* é logicamente consistente.

Opss!

Esta não é uma contradição lógica em matemática. Seu significado é muito mais estranho, e de certo modo mais perturbador: a resposta depende de qual versão da teoria dos conjuntos é usada. Há mais de uma maneira de estabelecer as fundações lógicas para a matemática, e se, por um lado, todas concordam quanto ao material básico, podem discordar quanto a conceitos mais avançados. Como diria o personagem Pogo dos quadrinhos de Walt Kelly: "Nós conhecemos o inimigo e ele é nós." Nossa insistência em lógica axiomática está nos mordendo os calcanhares.

Hoje sabemos que muitas outras propriedades dos cardinais infinitos também dependem de qual versão da teoria dos conjuntos usamos. Além disso, essas questões têm estreitas ligações com outras propriedades dos conjuntos que não envolvem explicitamente os cardinais. A área é um alegre campo de caça para lógicos matemáticos, mas, no todo, o resto da matemática parece funcionar qualquer que seja a versão da teoria dos conjuntos usada.

Vida, o Universo e...

Será que 42 é *realmente* o número mais chato que existe?

42

Chato coisa nenhuma

Bem, acabei de entregar o jogo.

Como mencionei no Prefácio, este número aparece proeminentemente em *O guia do mochileiro das galáxias*, de Douglas Adams, onde é a resposta para "a grande questão da vida, do Universo e de tudo". Essa descoberta imediatamente levanta outra questão: qual era realmente a grande questão da vida, do Universo e de tudo. Adams disse que escolheu este número porque uma rápida pesquisa entre seus amigos sugeriu que era um número totalmente chato.

Quero aqui defender o 42 contra essa calúnia. Reconheço que 42 não está à altura de 4 ou π, ou mesmo 17, em termos de importância matemática. No entanto, ele não é totalmente desprovido de interesse. É um número prônico, um número de Catalan e a constante mágica do menor cubo mágico. Mais algumas outras coisas.

Número prônico

Um número prônico (oblongo, retangular, heteromécico) é o produto de dois números inteiros consecutivos. É, portanto, da forma $n(n+1)$. Quando $n = 6$ obtemos $6 \times 7 = 42$. Como o enésimo número triangular é $\frac{1}{2}n(n+1)$, um número prônico é o dobro de um número triangular. Portanto, é a soma dos primeiros n números pares. Um número prônico de pontos pode ser arranjado num retângulo, com um lado superando o outro em 1.

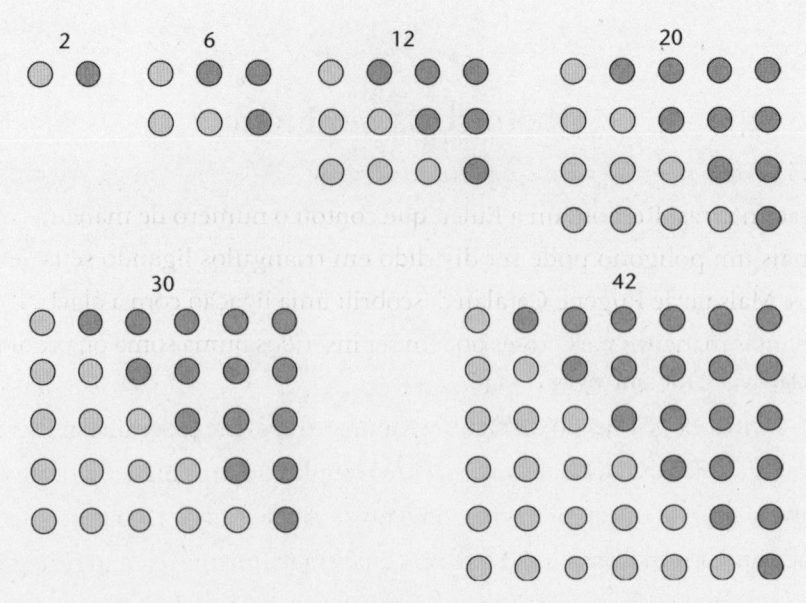

FIG 176 Os seis primeiros números prônicos. O sombreado mostra por que cada um é o dobro de um número triangular.

Há uma história sobre Gauss, contando que ele, quando jovem, teve de resolver um problema do tipo genérico

$1 + 2 + 3 + 4 + \ldots + 100$

Ele percebeu imediatamente que se a mesma soma for escrita em ordem decrescente

$100 + 99 + 98 + 97 + \ldots + 1$

então os pares correspondentes somam 101. Como há cem desses pares, o total geral é $100 \times 101 = 10\,100$. Este é um número prônico. A resposta ao problema do professor é metade disso: 5 050. No entanto, não sabemos realmente quais números o professor de Gauss passou para a classe, e provavelmente eram piores que isso. Se foi o que aconteceu, a sacada de Gauss foi ainda mais perspicaz.

Sexto número de Catalan

Os números de Catalan aparecem em muitos problemas combinatórios diferentes; ou seja, contam o número de maneiras de realizar várias tarefas matemáticas. Remontam a Euler, que contou o número de maneiras nas quais um polígono pode ser dividido em triângulos ligando seus vértices. Mais tarde Eugène Catalan descobriu uma ligação com a álgebra: de quantas maneiras parênteses podem ser inseridos numa soma ou produto. Chegarei a isso em breve, mas primeiro deixe-me introduzir os números.

Os primeiros números de Catalan C_n, para $n = 0, 1, 2, \ldots$, são

1   1   2   5   14   42   132   429   1 430   4 862

Há uma fórmula usando fatoriais:

$$C_n = \frac{(2n)!}{(n+1)!\, n!}$$

Uma boa aproximação para n grandes é

$$C_n \sim \frac{4n}{n^{3/2}\sqrt{\pi}}$$

que é outro exemplo de π surgindo num problema que parece não ter ligação alguma com círculos ou esferas.

C_n é o número de maneiras diferentes de cortar um $(n + 2)$-ágono em triângulos.

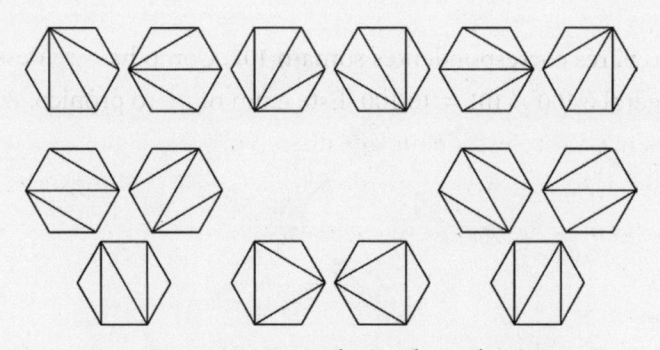

FIG 177 As catorze triangulações de um hexágono.

É também o número de árvores binárias de nós raízes com $n + 1$ folhas. Estas são obtidas começando com um único ponto, o nó raiz, e então fazendo brotar dois ramos desse ponto. Cada ramo termina ou num ponto ou numa folha. Cada ponto deve, por sua vez, fazer brotar dois ramos.

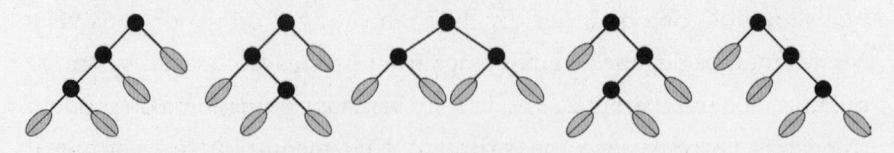

FIG 178 A árvore binária de nós raízes com quatro folhas.

Se essa ideia parece esotérica, ela tem uma ligação direta com a álgebra: é o número de maneiras diferentes de inserir parênteses num produto tal como *abcd*, onde há $C_3 = 5$ possibilidades:

$((ab)c)d$ $(a(bc))d$ $(ab)(cd)$ $a((bc)d)$ $a(b(cd))$

Em geral, com $n + 1$ símbolos, o número de pares de parênteses é C_n. Para ver a ligação, escreva os símbolos perto das folhas da árvore e insira parênteses segundo quais pares se juntam num ponto. Em maior detalhe (ver figura) nós rotulamos as quatro folhas *a, b, c, d* da esquerda para a direita. Trabalhando de baixo para cima, escreva (*bc*) ao lado do ponto que une *b* com *c*. Então o ponto acima, que junta *a* com o ponto marcado (*bc*), de modo que o novo ponto corresponde a (*a*(*bc*)). Finalmente, o ponto no alto une isso a *d*, de modo que recebe o rótulo ((*a*(*bc*))*d*).

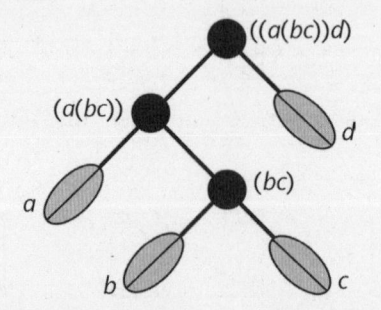

FIG 179 Transformando uma árvore binária de nós raízes em álgebra.

Muitos dos problemas combinatórios levam aos números de Catalan; os números acima são uma pequena amostra dos mais fáceis de descrever.

Cubos mágicos

A constante mágica de um cubo mágico 3 × 3 × 3 é 42. Esse cubo contém cada um dos números 1, 2, 3, ..., 27, e a soma ao longo de cada aresta paralela à borda, ou qualquer diagonal passando pelo centro, é a mesma – a constante mágica. A soma de todos os 27 números é $1 + 2 + \ldots + 27 = 378$. Ela se divide em nove triplas que não se interseccionam e cuja soma é a constante mágica, que deve ser: $^{378}/_9 = 42$.

Tais arranjos existem; a figura mostra um deles.

1	17	24
15	19	8
26	6	10

23	3	16
7	14	21
12	25	5

18	22	2
20	9	13
4	11	27

FIG 180 Camadas sucessivas de um cubo mágico 3 × 3 × 3.

Outras características especiais

- 42 é o número de partições de 10 – maneiras de escrever o 10 como soma de números inteiros na ordem natural, tais como

    1 + 2 + 2 + 5   3 + 3 + 4

- 42 é o segundo número esfênico – números que são produtos de três primos distintos. Aqui $42 = 2 \times 3 \times 7$. Os primeiros números esfênicos são:

    30   42   66   70   78   102   105   110   114   130

- 42 é o terceiro número pentadecagonal – análogos aos números triangulares mas com base num polígono regular de quinze lados.

- 42 é supermultiperfeito: a soma dos divisores da soma de seus divisores (incluindo 42) é seis vezes o próprio número.

- Durante um tempo, 42 foi a melhor medida de irracionalidade para π – um meio preciso de quantificar "quão irracional" é π. Especificamente, Kurt Mahler provou em 1953 que

$$\left|\pi - \frac{p}{q}\right| \geq \frac{1}{q^{42}}$$

para qualquer racional p/q. No entanto, em 2008, V. Kh. Salikov substituiu 42 por 7,60630853, de modo que 42 voltou a ser chato nesse contexto.

- 42 é o terceiro pseudoperfeito primário. Estes números satisfazem a condição

$$\frac{1}{p_1} + \frac{1}{p_2} + \ldots + \frac{1}{p_K} + \frac{1}{N} = 1$$

onde os p_j são os distintos primos que dividem N.

Os primeiros números pseudoperfeitos primários são

2   6   42   1 806   47 058   2 214 502 422   52 495 396 602

- 42 é o número n de conjuntos de quatro inteiros positivos distintos $a, b, c, d < n$ tais que $ab - cd$, $ac - bd$ e $ad - bc$ são todos divisíveis por n. É o único número *conhecido* com esta propriedade, mas não se sabe se existem outros.

- 42 é a menor dimensão para a qual a conjectura da salsicha foi *provada* correta [ver 56]. No entanto, conjectura-se que ela seja verdadeira para todas as dimensões maiores ou iguais a 5, então a importância de 42 aqui depende do estado corrente do conhecimento.

Está vendo? Chato coisa nenhuma!

Leituras complementares

Boyer, Carl B. *A History of Mathematics*. Nova York, Wiley, 1968.
Conway, John H. e Richard K. Guy. *The Book of Numbers*. Nova York, Springer, 1996.
____ e Derek A. Smith. *On Quaternions and Octonions*. Natick MA, A.K. Peters, 2003.
____, Heidi Burgiel e Chaim Goodman-Strauss. *The Symmetries of Things*. Wellesley MA, A.K. Peters, 2008.
Dantzig, Tobias. *Number: The Language of Science*. Nova York, Pi Press, 2005.
De Morgan, Augustus. *A Budget of Paradoxes* (2 vols.). Nova York, Books for Libraries Press, 1969.
Dudley, Underwood. *Mathematical Cranks*. Nova York, Mathematical Association of America, 1992.
Du Sautoy, Marcus. *The Music of Primes*. Nova York, HarperPerennial, 2004. (Ed. bras.: *A música dos números primos*. Rio de Janeiro, Zahar, 2007.)
Gillings, Richard J. *Mathematics in the Time of the Pharaohs*. Nova York, Dover, 1982.
Glaser, Anton. *History of Binary and Other Nondecimal Numeration*. Los Angeles, Tomash, 1981.
Gullberg, Jan. *Mathematics from the Birth of Numbers*. Nova York, Norton, 1997.
Guy, Richard K. *Unsolved Problems in Number Theory*. Nova York, Springer, 1994.
Hardy, G.H. e E.M. Wright. *An Introduction to the Theory of Numbers*. 4ª ed. Oxford, Oxford University Press, 1960.
Hinz, Andreas M., Sandi Klavzar, Uros Milutinovic e Ciril Petr. *The Tower of Hanoi: Myths and Maths*. Basileia, Birkhäuser, 2013.
Jones, Gareth A. e J. Mary Jones. *Elementary Number Theory*. Berlim, Springer, 1998.
Joseph, George Gheverghese. *The Crest of the Peacock: Non-European Roots of Mathematics*. Londres, Penguin, 1992.
Klee, Viktor e Stan Wagon. *Old and New Unsolved Problems in Plane Geometry and Number Theory*. Nova York, Mathematical Association of America, 1991.
Livio, Mario. *The Golden Ratio*. Nova York, Broadway, 2002. (Ed. bras.: *A razão áurea*. Rio de Janeiro, Record, 2006.)
____. *The Equation That Couldn't Be Solved*. Nova York, Simon & Schuster, 2005. (Ed. bras.: *A equação que ninguém conseguia resolver*. Rio de Janeiro, Record, 2008.)
McLeish, John. *Number*. Londres, Bloomsbury, 1991.
Neugebauer, O. *A History of Ancient Mathematical Astronomy* (3 vols.). Berlim, Springer, 1975.
Ribenboim, Paulo. *The Book of Prime Number Records*. Nova York, Springer, 1984.
Rubik, Ernő, Támás Varga, Gerszon Kéri, György Marx e Támás Vekerdy. *Rubik's Cubic Compendium*. Oxford, Oxford University Press, 1987.

Sabbagh, Karl. *Dr. Riemann's Zeros*. Londres, Atlantic Books, 2002.
Sierpiński, W. *Elementary Theory of Numbers*. Amsterdã, North-Holland, 1998.
Singh, Simon. *Fermat's Last Theorem*. Londres, Fourth Estate, 1997. (Ed. bras.: *O último teorema de Fermat*. Rio de Janeiro, Record, 1999.)
Stewart, Ian. *Professor Stewart's Cabinet of Mathematical Curiosities*. Londres, Profile, 2008. (Ed. bras.: *Almanaque das curiosidades matemáticas*. Rio de Janeiro, Zahar, 2009.)
____. *Professor Stewart's Hoard of Mathematical Treasures*. Londres, Profile, 2009. (Ed. bras.: *Incríveis passatempos matemáticos*. Rio de Janeiro, Zahar, 2010.)
____. *Professor Stewart's Casebook of Mathematical Mysteries*. Londres, Profile, 2014. (Ed. bras.: *Os mistérios matemáticos do Professor Stewart*. Rio de Janeiro, Zahar, 2015.)
Swetz, Frank J. *Legacy of the Luoshu*. Wellesley MA, A.K. Peters, 2008.
Tignol, Jean-Pierre. *Galois's Theory of Algebraic Equations*. Londres, Longman, 1988.
Watkins, Matthew e Matt Tweed. *The Mystery of the Prime Numbers*. Dursley, Inamorata Press, 2010.
Webb, Jeremy (org.). *Nothing*. Londres, Profile, 2013.
Wilson, Robin. *Four Colors Suffice*. 2ª ed. Princeton, Princeton University Press, 2014.

Fontes on-line

Fontes on-line específicas são mencionadas no texto. Para todas as outras informações matemáticas, começar pela Wikipedia e Wolfram MathWorld.

Créditos das figuras

O autor e o editor são gratos pela permissão de uso das seguintes figuras:

Fig 1. Wikimedia creative commons, Albert1ls; Fig 3. Wikimedia creative commons, Marie-Lan Nguyen; Fig 31. Livio Zucca; Fig 32. Metropolitan Museum of Art, Nova York; cortesia de Chester Dale; Fig 63. Wikimedia creative commons, Fir0002/Flagstaffotos; Fig 77. Arquivo Lessing; Fig 108. Allianz SE; Fig 119. Kenneth Libbrecht; Fig 130. thoughtyoumayask.com; Fig 133. Jeff Bryant e Andrew Hanson; Fig 153. Wolfram MathWorld; Fig 159. Wikimedia creative commons; Fig 160. Wikimedia creative commons, Matt Crypto; Fig 168. Joe Christy.

Apesar de terem sido feitos todos os esforços para contatar os detentores de direitos autorais das ilustrações, o autor e o editor agradecem informações sobre quaisquer ilustrações cuja origem não conseguiram determinar, e de bom grado farão emendas nas próximas edições.

1ª EDIÇÃO [2016] 3 reimpressões

ESTA OBRA FOI COMPOSTA POR MARI TABOADA EM DANTE PRO
E IMPRESSA EM OFSETE PELA GRÁFICA BARTIRA SOBRE PAPEL PÓLEN NATURAL
DA SUZANO S.A. PARA A EDITORA SCHWARCZ EM JUNHO DE 2023

A marca FSC® é a garantia de que a madeira utilizada na fabricação do papel deste livro provém de florestas que foram gerenciadas de maneira ambientalmente correta, socialmente justa e economicamente viável, além de outras fontes de origem controlada.